权威·前沿·原创

皮书系列为
"十二五"国家重点图书出版规划项目

生态文明绿皮书

GREEN BOOK OF ECO-CIVILIZATION

中国省域生态文明建设评价报告（ECI 2015）

ANNUAL REPORT ON CHINA'S PROVINCIAL ECO-CIVILIZATION INDEX (ECI 2015)

北京林业大学生态文明研究中心

主 编／严 耕

副主编／吴明红 樊阳程 杨志华 杨智辉
　　　　金灿灿 陈 佳 巩前文

社会科学文献出版社
SOCIAL SCIENCES ACADEMIC PRESS（CHINA）

图书在版编目（CIP）数据

中国省域生态文明建设评价报告.（ECI 2015）/严耕主编.
—北京：社会科学文献出版社，2015.12
　（生态文明绿皮书）
　ISBN 978 - 7 - 5097 - 8645 - 1

　Ⅰ.①中…　Ⅱ.①严…　Ⅲ.①省 - 区域生态环境 - 生态环境
建设 - 研究报告 - 中国 - 2015　Ⅳ.①X321.2

　中国版本图书馆 CIP 数据核字（2015）第 314125 号

生态文明绿皮书

中国省域生态文明建设评价报告（ECI 2015）

主　　编／严　耕
副 主 编／吴明红　樊阳程　杨志华　杨智辉　金灿灿　陈　佳　巩前文

出 版 人／谢寿光
项目统筹／王　绯
责任编辑／曹长香

出　　版／社会科学文献出版社·社会政法分社（010）59367156
　　　　　地址：北京市北三环中路甲 29 号院华龙大厦　邮编：100029
　　　　　网址：www.ssap.com.cn
发　　行／市场营销中心（010）59367081　59367090
　　　　　读者服务中心（010）59367028
印　　装／北京季蜂印刷有限公司

规　　格／开本：787mm × 1092mm　1/16
　　　　　印张：22.25　字数：340 千字
版　　次／2015 年 12 月第 1 版　2015 年 12 月第 1 次印刷
书　　号／ISBN 978 - 7 - 5097 - 8645 - 1
定　　价／98.00 元

皮书序列号／B - 2010 - 146

《中国省域生态文明建设评价报告（ECI 2015）》编写组

主　编　严　耕

副主编　吴明红　樊阳程　杨志华　杨智辉　金灿灿
　　　　　　陈　佳　巩前文

成　员　田　浩　陈丽鸿　张秀芹　李　飞　仲亚东
　　　　　　高兴武　徐保军　杨昌军　郎　洁　展洪德
　　　　　　李媛辉　王广新　孙　宇　王艳芝　吴守蓉
　　　　　　揭　芳　周景勇

主要编撰者简介

严　耕　男，博士，二级教授，博士生导师，北京林业大学人文社会科学学院院长，生态文明建设与管理学科和林业史学科带头人。北京林业大学和国家林业局生态文明研究中心常务副主任，全国政府绩效管理研究会副会长，北京市高等教育学会马克思主义原理研究会会长，中国自然辩证法研究会环境哲学专业委员会副理事长。享受国务院政府特殊津贴。

吴明红　男，博士，硕士生导师，生态文明建设评价研究团队核心成员。主持国家社科基金一般项目、中央高校基本科研业务费专项，参与国家科技基础性工作专项等多项课题。

樊阳程　女，博士，硕士生导师，生态文明建设评价研究团队核心成员。主持国家社科基金青年项目、中央高校基本科研业务费专项资金项目。

杨志华　男，博士，硕士生导师，美国过程研究中心访问学者，兼中国自然辩证法研究会环境哲学专业委员会副秘书长。

杨智辉　男，博士，硕士生导师。北京市英才计划入选者，《心理学报》《心理科学进展》等期刊审稿人。

金灿灿　男，博士，硕士生导师。入选北京市优秀人才培育项目计划，主持中央高校基本科研业务费专项资金项目，《心理发展与教育》《中国特殊教育》等期刊审稿人。

陈　佳　女，博士，研究方向为政策执行与评估，生态环境治理。主持国家自然科学基金项目、教育部人文社会科学研究项目等多项课题。

巩前文　男，博士，研究方向为资源与环境经济政策。主持国家自然科学基金、博士后基金等国家课题。

摘　要

　　生态文明绿皮书已连续出版六个年头。随着我国生态文明建设的全面推进，生态文明的制度体系不断完善，而构建可量化、操作性强的生态文明建设评价指标体系正是生态文明体制建设的重要内容之一。早在 2010 年，本课题组就在第一部 ECI 报告中，尝试建构了生态文明建设评价指标体系（ECCI 2010），首次实现了中国生态文明建设的综合量化评价。ECCI 2015，延续了此前五个版本 ECCI 的整体框架，从生态活力、环境质量、社会发展和协调程度四个考察领域入手，基于政府部门发布的权威数据，以独立公正的学界第三方视角对中国及各省生态文明建设展开全方位的评价分析。

　　随着课题组研究的不断深入，ECCI 的理论体系日趋成熟。本报告首度系统阐释了生态与环境、资源的关系理论，即"一体两用论"。这是理解人与自然关系的新理论，其核心观点认为，自然是包含人类在内、以生态系统形式存在的"体"，环境和资源则是生态系统被人使用而产生的两种基本功用。当下人类面临的生态危机，是人对资源、环境的利用不当造成的。要实现人与自然的和谐，关键是要"强体善用"，摆正生态之本体地位，强健生态之体，改善资源、环境的使用方式，促进协调发展。

　　国际比较显示，中国生态文明建设水平的国际排名远落后于经济发展水平，与中国的世界地位严重不符。在 111 个国家中，中国生态文明指数排名倒数第三。中国生态文明建设各领域与发达国家以及经济社会发展水平相近国家均有较大差距，环境质量尤为落后。中国既面临着经济发展水平较高的国家也存在的环境质量和协调程度均有待提高的共性难题，又面临着经济社会发展速度与生态环境质量尖锐冲突的个性挑战。借鉴他国经验，走出有特色的生态文明建设道路，将是中国创造历史的最新机遇。

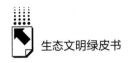
　　具体到省域层面，各省份生态文明建设水平差异仍然显著。总体上可划分出六大建设类型，但建设类型有逐渐集中的趋势，地理分布特征也愈发明显。当前，东部沿海借助社会经济发展的雄厚实力，有望走向均衡发展。东北和西南地区遥相呼应，为中国提供了生态安全屏障和环境容量库存。华北、西北和华中等中北部地区则是生态文明建设水平提升潜力最大的区域，亟待崛起。但需要指出，类型划分只是相对排名的结果，实际上，生态文明建设应立足于自我比较和绝对改善。

　　相关性分析表明，中国现阶段生态文明建设的关键性问题，是要实现经济发展的质量与环境容量相匹配。当前环境质量已经成为最重要的生态文明指标，环境下限已成为制约社会经济发展和生态文明建设的瓶颈，中国的社会经济发展仍处在以牺牲环境质量为代价的阶段。相关性分析同时显示，ECCI在不断完善的过程中，保持着良好的稳定性。四个建设领域中与生态文明建设相关性最显著的核心变量，构成了把握当前生态文明建设的关键因子。

　　从发展态势来看，全国上下重视程度不断提高，但生态文明建设并未取得立竿见影的效果。2013～2014年中国整体生态文明建设水平、近半数省份的生态文明建设水平不进反退，值得高度关注。具体表现在，自然生态系统活力恢复进展缓慢，生态保护隐忧重重；环境污染问题已进入集中爆发期，环境质量持续恶化；资源能源消耗与污染物排放总量居高不下，协调发展存在明显短板。在新常态下，中国致力于转变发展方式，调整经济结构，促进社会的全面发展进步。但受制于协调程度低，中国经济发展付出的生态、环境代价仍然巨大，导致了环境恶化，致使整体生态文明建设水平下降。

　　综上，本报告建议，基于生态系统的基础性地位和作用，树立生态立国理念已经刻不容缓。生态立国与两型社会建设应相互配合：一方面，要强体固基，加强生态建设和保护；另一方面，要将削减污染物排放与扩大环境容量并重，以改善当今日益突出的环境问题。针对资源的优化利用和环境的治理改善，生产和生活方式的绿色转型应齐抓并举、全面铺开。此外，还须加强区域间的联动协作，加强中国与其他国家的合作，助力中国在生态文明建设领域创造新的世界奇迹。

关键词：生态文明建设评价　一体两用论　生态立国　国际比较 类型分析　相关性分析　进步指数

Abstract

The Green Book of Eco-Civilization has been continuously published for six years. ECI addresses quantitative analysis, and it's one important part of institutional strengthening on eco-civilization construction. The first Eco-Civilization Construction Index (ECCI 2010), a comprehensive quantitative evaluation, had been proposed in 2010. ECCI 2015, a continuation of the previous version of the ECCI, regards ecological condition, environmental quality, social development and the degree of coordination as the analysis variables. And based on authoritative data released by the government, ECCI 2015 conducts an independent and impartial quantitative evaluation on the eco-civilization construction in China.

This report systematically elaborates the theoretical basis of ECCI. It is the theory of one system in itself and two uses for people, revealing the relationship between human and nature. Nature is the system, presented as the form of ecological system, and human is the part of it. Environment and resource are the uses, the basic functions of ecology depended on human. These two functions are the key points of eco-civilization construction. Human's unreasonable use ways of environment and resource caused ecological crisis. In order to improve the relationship between human and nature, it is necessary to strengthen the system and optimize the uses. In short, for the sake of sustainable development, it needs to clarify and consolidate the basic status of ecology, improve the use ways of environment and resource.

International comparison report shows that China ranks 109 in 111 countries, seriously inconsistent with China's status in the world. There is a greater gap between China and other countries in eco-civilization construction, especially in the level of environment quality. Compared to the other 110 countries, China's eco-civilization construction faces general problems (such as to improve environment quality and the degree of coordination) and particular issues (such as to solve the sharp conflict between economic development and ecology damage). Learning from other countries and exploring the development mode with Chinese characteristics are both important for eco-civilization construction.

According to Eco-Civilization Construction Types Analysis, every province has something that significantly differences it from another. It can be categorized into six types, but the types have become centralized, and the geographic distribution characteristics are also becoming increasingly apparent. The eastern coastal provinces which have great strength of social development, are expected to move towards balanced development. Northeast and southwest provinces provided China with ecological security barrier and environmental capacity inventory. Northwest provinces, the North and Central of China are with the greatest potential to enhance the ecological civilization construction. It's worth noting that the type analysis is only relative ranking of ECI, but not superior or inferior. Eco-civilization construction should be paid more attentions on self-improvement.

Correlation analysis shows that the key point of Chinese eco-civilization construction is to make the economic development quality match to the environmental capacity. In eco-civilization construction, environmental quality has emerged as the most important indicator. Environmental limit has become the most important bottleneck for the socio-economic development and eco-civilization construction. But China still develops economy and society at the expense of environment. It also shows, ECCI maintains a good stability in the continuous improvement process. The key variables in four core areas, that are highly relevant to eco-civilization, constitute a simplified edition of ECCI.

The concern on eco-civilization construction in China had been raised to an unprecedented level. But Rome wasn't built in a day. In fact, compared to 2013, China's whole construction level made no progress in 2014, so did the half of 31 provinces. The problems embodied in ecological system's slow recovery; ecological protection's hidden troubles; environmental pollution problems' outbreak; environmental quality's deterioration; high quantity of resource consumption and pollution emission; short slab of harmonious development, etc. The new normal of Chinese economy requires changing the development mode,

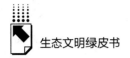

transforming the development structure, realizing the full-scale development and progress of society. At present, the main problem is the disharmony development of economy, which causes large ecological cost and environment deterioration, eco-civilization having no progress.

In summary, this report suggests that, considering the basic status and effect of ecological system, China must take the ecology as the country's base. China needs to build a society of environmental friendly and resource saving. And it demands that to strengthen the ecological construction and protection, reduce the pollutant emission and improve environment capacity. The most fundamental way to meet these requirements is to build the sustainable production mode and lifestyle. At the same time, China must enhance the interaction between different districts, deepen and promote cooperation with other countries. By these means, China will create new miracle in eco-civilization.

Keywords: Eco-Civilization Construction Evaluation; one system in itself and two uses for people; Taking the Ecology as the Country's Base; International Comparison; Type Analysis; Correlation Analysis; Progress Index

目　录

GI　第一部分　中国省域生态文明建设评价总报告

一　一张令人担忧的生态文明成绩单 …………………………… 002

二　两个积重难返的生态文明建设难题 ………………………… 012

三　四项迫在眉睫的生态文明建设举措 ………………………… 015

GII　第二部分　ECCI 的理论与分析

G.1　第一章　ECCI 2015 理论框架 ……………………………… 021

一　ECCI 2015 的理论根据——一体两用论及强体善用论 …… 022

二　ECCI 2015 设计与修改 ……………………………………… 030

三　ECCI 2015 算法及分析方法改进 …………………………… 034

四　ECCI 的检测 ………………………………………………… 035

G.2　第二章　中国生态文明建设的国际比较 ………………… 036

一　ECCI 2015 国际版 …………………………………………… 036

二　环境质量——中国与世界各国的最大差距 ………………… 041

三　中国生态文明建设面临的共性难题与个性挑战 …………… 049

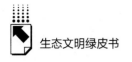

Gr.3 **第三章 生态文明建设类型** ⋯⋯⋯⋯⋯⋯⋯⋯⋯⋯⋯⋯ 056

　一 划分方法 ⋯⋯⋯⋯⋯⋯⋯⋯⋯⋯⋯⋯ 056

　二 2014 年六大类型 ⋯⋯⋯⋯⋯⋯⋯⋯⋯⋯⋯ 060

　三 类型地理分布 ⋯⋯⋯⋯⋯⋯⋯⋯⋯⋯ 068

　四 类型变动分析 ⋯⋯⋯⋯⋯⋯⋯⋯⋯⋯ 070

　五 基本结论 ⋯⋯⋯⋯⋯⋯⋯⋯⋯⋯⋯⋯ 073

Gr.4 **第四章 相关性分析** ⋯⋯⋯⋯⋯⋯⋯⋯⋯⋯⋯⋯⋯ 075

　一 二级指标与 ECI 相关性分析 ⋯⋯⋯⋯⋯⋯⋯ 075

　二 二级指标相关性分析 ⋯⋯⋯⋯⋯⋯⋯⋯⋯ 077

　三 三级指标相关性分析 ⋯⋯⋯⋯⋯⋯⋯⋯⋯ 082

　四 偏相关分析 ⋯⋯⋯⋯⋯⋯⋯⋯⋯⋯⋯ 086

　五 结论与建言 ⋯⋯⋯⋯⋯⋯⋯⋯⋯⋯⋯ 088

Gr.5 **第五章 年度进步指数** ⋯⋯⋯⋯⋯⋯⋯⋯⋯⋯⋯⋯ 090

　一 全国整体生态文明建设进步指数 ⋯⋯⋯⋯⋯⋯ 090

　二 省域生态文明建设进步指数 ⋯⋯⋯⋯⋯⋯⋯ 111

　三 进步指数分析结论 ⋯⋯⋯⋯⋯⋯⋯⋯⋯ 119

G Ⅲ 第三部分 省域生态文明建设分析

Gr.6 **第六章 北京** ⋯⋯⋯⋯⋯⋯⋯⋯⋯⋯⋯⋯⋯⋯ 121

　一 北京 2014 年生态文明建设状况 ⋯⋯⋯⋯⋯⋯ 121

　二 分析与展望 ⋯⋯⋯⋯⋯⋯⋯⋯⋯⋯⋯ 124

Gr.7 **第七章 天津** ⋯⋯⋯⋯⋯⋯⋯⋯⋯⋯⋯⋯⋯⋯ 127

　一 天津 2014 年生态文明建设状况 ⋯⋯⋯⋯⋯⋯ 127

　二 分析与展望 ⋯⋯⋯⋯⋯⋯⋯⋯⋯⋯⋯ 129

G.8   第八章   河北 ……………………………………… 132

　一　河北 2014 年生态文明建设状况 …………………… 132

　二　分析与展望 ……………………………………… 135

G.9   第九章   山西 ……………………………………… 137

　一　山西 2014 年生态文明建设状况 …………………… 137

　二　分析与展望 ……………………………………… 139

G.10   第十章   内蒙古 …………………………………… 142

　一　内蒙古 2014 年生态文明建设状况 ………………… 142

　二　分析与展望 ……………………………………… 145

G.11   第十一章   辽宁 ……………………………………… 148

　一　辽宁 2014 年生态文明建设状况 …………………… 148

　二　分析与展望 ……………………………………… 150

G.12   第十二章   吉林 ……………………………………… 154

　一　吉林 2014 年生态文明建设状况 …………………… 154

　二　分析与展望 ……………………………………… 156

G.13   第十三章   黑龙江 …………………………………… 160

　一　黑龙江 2014 年生态文明建设状况 ………………… 160

　二　分析与展望 ……………………………………… 163

G.14   第十四章   上海 ……………………………………… 165

　一　上海 2014 年生态文明建设状况 …………………… 165

　二　分析与展望 ……………………………………… 168

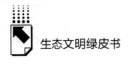
Ꮐ.15 第十五章 江苏 ··· 172

　　一 江苏 2014 年生态文明建设状况 ···································· 172

　　二 分析与展望 ·· 175

Ꮐ.16 第十六章 浙江 ··· 179

　　一 浙江 2014 年生态文明建设状况 ···································· 179

　　二 分析与展望 ·· 182

Ꮐ.17 第十七章 安徽 ··· 185

　　一 安徽 2014 年生态文明建设状况 ···································· 185

　　二 分析与展望 ·· 188

Ꮐ.18 第十八章 福建 ··· 191

　　一 福建 2014 年生态文明建设状况 ···································· 191

　　二 分析与展望 ·· 193

Ꮐ.19 第十九章 江西 ··· 197

　　一 江西 2014 年生态文明建设状况 ···································· 197

　　二 分析与展望 ·· 199

Ꮐ.20 第二十章 山东 ··· 204

　　一 山东 2014 年生态文明建设状况 ···································· 204

　　二 分析与展望 ·· 206

Ꮐ.21 第二十一章 河南 ··· 210

　　一 河南 2014 年生态文明建设状况 ···································· 210

　　二 分析与展望 ·· 212

G.22　第二十二章　湖北 ·· 215

　　一　湖北 2014 年生态文明建设状况 ················· 215

　　二　分析与展望 ·· 218

G.23　第二十三章　湖南 ·· 220

　　一　湖南 2014 年生态文明建设状况 ················· 220

　　二　分析与展望 ·· 223

G.24　第二十四章　广东 ·· 225

　　一　广东 2014 年生态文明建设状况 ················· 225

　　二　分析与展望 ·· 228

G.25　第二十五章　广西 ·· 231

　　一　广西 2014 年生态文明建设状况 ················· 231

　　二　分析与展望 ·· 233

G.26　第二十六章　海南 ·· 237

　　一　海南 2014 年生态文明建设状况 ················· 237

　　二　分析与展望 ·· 240

G.27　第二十七章　重庆 ·· 243

　　一　重庆 2014 年生态文明建设状况 ················· 243

　　二　分析与展望 ·· 245

G.28　第二十八章　四川 ·· 248

　　一　四川 2014 年生态文明建设状况 ················· 248

　　二　分析与展望 ·· 250

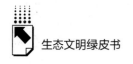
Ĝ.29　第二十九章　贵州 ·· 254

　　一　贵州 2014 年生态文明建设状况 ························· 254

　　二　分析与展望 ·· 257

Ĝ.30　第三十章　云南 ··· 261

　　一　云南 2014 年生态文明建设状况 ························· 261

　　二　分析与展望 ·· 264

Ĝ.31　第三十一章　西藏 ·· 268

　　一　西藏 2014 年生态文明建设状况 ························· 268

　　二　分析与展望 ·· 271

Ĝ.32　第三十二章　陕西 ·· 275

　　一　陕西 2014 年生态文明建设状况 ························· 275

　　二　分析与展望 ·· 277

Ĝ.33　第三十三章　甘肃 ·· 281

　　一　甘肃 2014 年生态文明建设状况 ························· 281

　　二　分析与展望 ·· 283

Ĝ.34　第三十四章　青海 ·· 286

　　一　青海 2014 年生态文明建设状况 ························· 286

　　二　分析与展望 ·· 288

Ĝ.35　第三十五章　宁夏 ·· 291

　　一　宁夏 2014 年生态文明建设状况 ························· 291

　　二　分析与展望 ·· 294

Ｇ.36 第三十六章 新疆 ………………………………………… 297

　　一 新疆 2014 年生态文明建设状况 ………………………… 297

　　二 分析与展望 …………………………………………… 299

Ｇ.37 附录 1 ECCI 2015 指标解释和数据来源 ……………… 304

Ｇ.38 附录 2 ECCI 2015 算法及分析方法 …………………… 311

Ｇ.39 参考文献 ………………………………………………… 318

Ｇ.40 后记 ……………………………………………………… 328

皮书数据库阅读**使用指南**

CONTENTS

Gr I   Part I   General Report on Chinese Provincial
Eco–Civilization Construction
Indices (ECI 2015)

1. A Worrying Transcript of Chinese Eco-Civilization

Construction   / 002

2. Two Vital Puzzles in Chinese Eco-Civilization Construction   / 012

3. Four Urgent Measures for Eco-Civilization Construction   / 015

Gr II   Part II   Theories and Analyses
of ECCI

G.1   Chapter 1   Theoretical Framework of ECCI 2015   / 021

1. Theoretical Basis of ECCI   / 022

2. Design and Modification of ECCI 2015   / 030

3. Improvement in Calculation and Analytical Methods of

ECCI 2015   / 034

4. Model Verification of ECCI 2015   / 035

G.2   Chapter 2   International Comparison   / 036

1. International Edition of ECCI 2015   / 036

2. Environmental Quality: The Biggest Gap between China
   and Other Countries   / 041

3. General and Particular Issues in Chinese Eco-civilization
   Construction   / 049

G.3   Chapter 3   Eco-Civilization Construction Types   / 056

1. Classification Method   / 056

2. Six Types of Eco-Civilization Construction in 2014   / 060

3. Geographic Distribution Characteristics of Types   / 068

4. Analysis on Type Change of Some Provinces   / 070

5. Conclusions   / 073

G.4   Chapter 4   Correlation Analysis   / 075

1. Analysis on the Correlations between ECI Score and
   Secondary Indices   / 075

2. Correlation Analysis for Secondary Indices   / 077

3. Correlation Analysis for Tertiary Indices   / 082

4. Partial Correlation Analysis for Social Development Indicators / 086

5. Conclusions and Policy Recommendations   / 088

G.5   Chapter 5   Progress Index Anylsis   / 090

1. National Progress Index Analysis   / 090

2. Provincial Progress Index Analysis   / 111

3. Analyses and Conclusions   / 119

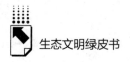
G Ⅲ   Part Ⅲ   Provincial Eco-Civilization Construction Analysis

G.6   Chapter 6   Beijing   / 121

    1. Eco-Civilization Construction in Beijing in 2014   / 121

    2. Analysis and Prospect   / 124

G.7   Chapter 7   Tianjin   / 127

    1. Eco-Civilization Construction in Tianjin in 2014   / 127

    2. Analysis and Prospect   / 129

G.8   Chapter 8   Hebei   / 132

    1. Eco-Civilization Construction in Hebei in 2014   / 132

    2. Analysis and Prospect   / 135

G.9   Chapter 9   Shanxi   / 137

    1. Eco-Civilization Construction in Shanxi in 2014   / 137

    2. Analysis and Prospect   / 139

G.10   Chapter 10   Inner Mongolia   / 142

    1. Eco-Civilization Construction in Inner Mongolia in 2014   / 142

    2. Analysis and Prospect   / 145

G.11   Chapter 11   Liaoning   / 148

    1. Eco-Civilization Construction in Liaoning in 2014   / 148

    2. Analysis and Prospect   / 150

G.12 Chapter 12 Jilin / 154

   1. Eco-Civilization Construction in Jilin in 2014 / 154

   2. Analysis and Prospect / 156

G.13 Chapter 13 Heilongjiang / 160

   1. Eco-Civilization Construction in Heilongjiang in 2014 / 160

   2. Analysis and Prospect / 163

G.14 Chapter 14 Shanghai / 165

   1. Eco-Civilization Construction in Shanghai in 2014 / 165

   2. Analysis and Prospect / 168

G.15 Chapter 15 Jiangsu / 172

   1. Eco-Civilization Construction in Jiangsu in 2014 / 172

   2. Analysis and Prospect / 175

G.16 Chapter 16 Zhejiang / 179

   1. Eco-Civilization Construction in Zhejiang in 2014 / 179

   2. Analysis and Prospect / 182

G.17 Chapter 17 Anhui / 185

   1. Eco-Civilization Construction in Anhui in 2014 / 185

   2. Analysis and Prospect / 188

G.18 Chapter 18 Fujian / 191

   1. Eco-Civilization Construction in Fujian in 2014 / 191

   2. Analysis and Prospect / 193

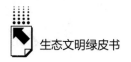
G.19 Chapter 19 Jiangxi / 197

1. Eco-Civilization Construction in Jiangxi in 2014 / 197

2. Analysis and Prospect / 199

G.20 Chapter 20 Shandong / 204

1. Eco-Civilization Construction in Shandong in 2014 / 204

2. Analysis and Prospect / 206

G.21 Chapter 21 Henan / 210

1. Eco-Civilization Construction in Henan in 2014 / 210

2. Analysis and Prospect / 212

G.22 Chapter 22 Hubei / 215

1. Eco-Civilization Construction in Hubei in 2014 / 215

2. Analysis and Prospect / 218

G.23 Chapter 23 Hunan / 220

1. Eco-Civilization Construction in Hunan in 2014 / 220

2. Analysis and Prospect / 223

G.24 Chapter 24 Guangdong / 225

1. Eco-Civilization Construction in Guangdong in 2014 / 225

2. Analysis and Prospect / 228

G.25 Chapter 25 Guangxi / 231

1. Eco-Civilization Construction in Guangxi in 2014 / 231

2. Analysis and Prospect / 233

G.26   **Chapter 26   Hainan**   / 237

    1. Eco-Civilization Construction in Hainan in 2014   / 237

    2. Analysis and Prospect   / 240

G.27   **Chapter 27   Chongqing**   / 243

    1. Eco-Civilization Construction in Chongqing in 2014   / 243

    2. Analysis and Prospect   / 245

G.28   **Chapter 28   Sichuan**   / 248

    1. Eco-Civilization Construction in Sichuan in 2014   / 248

    2. Analysis and Prospect   / 250

G.29   **Chapter 29   Guizhou**   / 254

    1. Eco-Civilization Construction in Guizhou in 2014   / 254

    2. Analysis and Prospect   / 257

G.30   **Chapter 30   Yunnan**   / 261

    1. Eco-Civilization Construction in Yunnan in 2014   / 261

    2. Analysis and Prospect   / 264

G.31   **Chapter 31   Tibet**   / 268

    1. Eco-Civilization Construction in Tibet in 2014   / 268

    2. Analysis and Prospect   / 271

G.32   **Chapter 32   Shaanxi**   / 275

    1. Eco-Civilization Construction in Shaanxi in 2014   / 275

    2. Analysis and Prospect   / 277

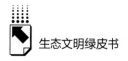
G.33   Chapter 33   Gansu   / 281

    1. Eco-Civilization Construction in Gansu in 2014   / 281

    2. Analysis and Prospect   / 283

G.34   Chapter 34   Qinghai   / 286

    1. Eco-Civilization Construction in Qinghai in 2014   / 286

    2. Analysis and Prospect   / 288

G.35   Chapter 35   Ningxia   / 291

    1. Eco-Civilization Construction in Ningxia in 2014   / 291

    2. Analysis and Prospect   / 294

G.36   Chapter 36   Xinjiang   / 297

    1. Eco-Civilization Construction in Xinjiang in 2014   / 297

    2. Analysis and Prospect   / 299

G.37   Appendix 1   Index Explanations and Data Sources of
                   ECCI 2015   / 304

G.38   Appendix 2   Calculation and Analysis Methods of
                   ECCI 2015   / 311

G.39   References   / 318

G.40   Postscript   / 328

第一部分 中国省域生态文明建设评价总报告

General Report on Chinese Provincial Eco – Civilization
Construction Indices（ECI 2015）

中国的发展正面临优化调整结构、兼顾质量与速度的重大挑战。应对这个挑战，生态文明建设的全方位展开已经迫在眉睫。为持续跟踪中国及各省域生态文明建设的进展，我们使用最新版生态文明建设评价指标体系（Eco-Civilization Construction Indices，ECCI 2015）展开了评价研究。

ECCI 的理论根据是人与自然关系的"一体两用论"。一方面，自然是本体，以生态系统的形式存在。自然生态系统不断演化，人及人类社会都是其中的一部分。另一方面，自然有两个功用，即资源和环境。这是两种相对于人的需要而言的功用，生态系统中的要素作为自然资源，取决于人类文明的科学技术水平；生态系统提供的自然环境，则围绕人类的生物性特质展开。生态文明建设，本质上就是要"强体善用"，以生态系统的稳定健康为基础和前提，改进资源利用方式，减少环境污染，实现人类社会与自然的协调并进发展。

ECCI 2015 是此前 ECCI 2010 至 ECCI 2014 这 5 个省域生态文明建设评价指标体系的延续和改进。ECCI 2015 仍从生态活力、环境质量、社会发展、协调程度四个维度，测评生态文明建设水平。这四个维度均有不同政策

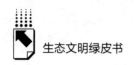

导向。生态活力指标考察生态系统的状况，其政策导向是"强体"。环境质量和协调程度指标，分别考察环境保护和资源利用状况，其政策导向是"善用"。社会发展指标考察人类发展状况，其政策导向是"发展"（详见第一章）。

从 ECCI 2015 的评价研究中，我们得到五点基本结论。

第一，中国经济社会发展成就卓著，但生态产品供给相对不足，环境质量每况愈下。当前中国与发达国家最大的差距就是环境质量。

第二，各省份生态文明建设水平不一，类型各异，有明显的地理分布特征。

第三，生产生活与自然的协调程度不够高、绿色转型举步维艰，是限制中国生态文明发展的根本因素。

第四，实现人与自然和谐发展的美丽中国梦，应坚持"强体善用"的生态文明建设策略，须确立"生态立国"理念。

第五，推进中国生态文明建设，要以生态建设为基础，加强两型社会建设，促进产业转型升级，优化国土空间布局，健全制度体系。

一　一张令人担忧的生态文明成绩单

我们从国际比较、省域比较和动态比较三个角度，考察了中国当前生态文明建设的真实状况。

（一）国际差距大，与中国的世界地位严重不符

在国际比较研究中，我们使用 ECCI 2015 国际版，对包含中国在内的111 个国家的生态文明指数（Eco-Civilization Index，ECI）进行了测算（详见第二章）。

测算发现，中国的 ECI 得分（44.19 分）排名倒数第三位，略高于孟加拉国（42.67 分）和巴基斯坦（38.77 分）；得分仅为排名第一的加拿大（81.71 分）的 54.08%；未达 111 国平均水平（61.31 分）（见表 1）。

表1　各国生态文明指数及排名 ECI 2015（以得分为序）

国家	ECI 得分	排名	国家	ECI 得分	排名	国家	ECI 得分	排名
加拿大	81.71	1	纳米比亚	64.82	38	阿尔巴尼亚	58.53	75
瑞士	78.36	2	尼加拉瓜	64.76	39	斯里兰卡	58.19	76
苏里南	76.62	3	日本	64.53	40	阿尔及利亚	57.94	77
芬兰	75.45	4	希腊	64.49	41	塔吉克斯坦	57.78	78
斯洛文尼亚	75.03	5	科特迪瓦	64.39	42	马来西亚	57.64	79
澳大利亚	74.97	6	哥斯达黎加	63.78	43	摩尔多瓦	56.74	80
瑞典	73.93	7	巴拿马	63.71	44	博茨瓦纳	56.61	81
卢森堡	73.34	8	南非	63.44	45	吉尔吉斯斯坦	56.24	82
伯利兹	71.73	9	多米尼加	63.35	46	伊朗	55.80	83
冰岛	71.63	10	荷兰	63.09	47	泰国	55.29	84
新西兰	71.01	11	玻利维亚	63.05	48	尼泊尔	55.08	85
立陶宛	70.74	12	比利时	62.88	49	津巴布韦	54.98	86
葡萄牙	70.71	13	喀麦隆	62.87	50	马耳他	54.97	87
爱尔兰	70.68	14	黑山	62.83	51	哈萨克斯坦	54.92	88
斯洛伐克	70.10	15	塞浦路斯	62.78	52	以色列	54.72	89
丹麦	70.03	16	塞尔维亚	62.70	53	摩洛哥	54.17	90
德国	69.95	17	莫桑比克	62.68	54	乌克兰	54.06	91
英国	69.75	18	俄罗斯	62.56	55	埃塞俄比亚	53.21	92
不丹	69.54	19	几内亚比绍	62.18	56	肯尼亚	53.04	93
刚果（布）	69.21	20	坦桑尼亚	62.08	57	海地	52.66	94
美国	68.91	21	墨西哥	62.05	58	突尼斯	52.55	95
奥地利	68.61	22	乌拉圭	62.02	59	约旦	52.50	96
法国	68.39	23	洪都拉斯	61.40	60	土耳其	52.30	97
西班牙	68.31	24	哥伦比亚	61.31	61	塞内加尔	50.93	98
巴西	68.30	25	刚果（金）	61.18	62	苏丹	50.88	99
拉脱维亚	67.65	26	罗马尼亚	61.02	63	韩国	50.64	100
保加利亚	67.64	27	危地马拉	60.66	64	也门	50.29	101
爱沙尼亚	67.17	28	意大利	60.44	65	加纳	49.12	102
赤道几内亚	65.44	29	毛里求斯	60.37	66	沙特阿拉伯	48.33	103
赞比亚	65.40	30	牙买加	60.26	67	越南	47.33	104
亚美尼亚	65.32	31	缅甸	60.16	68	冈比亚	46.92	105
挪威	65.27	32	特立尼达和多巴哥	59.84	69	埃及	45.52	106
克罗地亚	65.25	33	印度尼西亚	59.84	69	印度	44.80	107
安哥拉	65.22	34	波兰	59.82	71	土库曼斯坦	44.45	108
匈牙利	65.22	34	秘鲁	59.25	72	中国	44.19	109
阿根廷	64.87	36	黎巴嫩	58.95	73	孟加拉国	42.67	110
捷克	64.86	37	智利	58.54	74	巴基斯坦	38.77	111

　　注：ECI 国际排名使用各国可获取的最新数据计算得出，满分为102分，最低分为17分。ECI 2015 中，排名第1～18位的国家得分处于第一等级，排名第19～61位的国家得分处于第二等级，排名第62～93位的国家得分处于第三等级，其余国家得分处于第四等级。

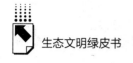

具体从生态活力、环境质量、社会发展、协调程度这四个二级指标看，环境质量方面中国与世界平均水平差距最大，得分排名倒数第一（见表2）。中国环境空气质量整体堪忧，排名倒数第四，PM2.5和PM10的国家级年均浓度未达世界卫生组织（WHO）标准中的最低目标值；中国土壤环境污染不容轻视，农药施用强度排名倒数第三，化肥施用超标量排名倒数第十（这两项指标为逆指标，排名越靠后表明情况越糟糕）。

表2　中国生态文明建设国际比较二级指标情况汇总

二级指标	得分	排名	等级
生态活力（满分为30.6）	19.55	38	2
环境质量（满分为25.5）	5.20	111	4
社会发展（满分为15.3）	8.90	73	3
协调程度（满分为30.6）	10.54	109	4

国际排名还显示，世界各国的经济发展水平与生态文明建设水平有一致性，经济发展水平越高，生态文明建设水平一般也较高。但中国的生态文明建设水平远落后于经济社会发展水平。中国在经济上已进入中等收入国家行列，然而，中国生态文明建设四大领域只有生态活力排名尚可，环境质量目前排名倒数第一，协调程度倒数第三，社会发展排名也只是中游，因而生态文明水平与经济发展水平严重不匹配。

经济发展与生态环境不协调，是国际上生态文明建设面临的共性难题，不管是经济合作与发展组织（OECD）中的发达国家，还是新兴经济体中的金砖国家，都或多或少地存在这个问题，中国也不例外。然而中国的问题更加突出，经济发展速度最快的中国，是背负生态环境欠账最多的金砖国家，面临的个性挑战超乎寻常。经济快速发展与生态文明建设落伍之间的矛盾，已成为中国进一步崛起的巨大障碍。

（二）省域生态文明水平差异显著，建设类型分布明了

我们通过评价得到了各省域ECI 2015的最新排名，为把握中国各省域生

态文明建设水平提供了直观的参考（见表3）。总体来看，中国各省域生态文明建设水平仍有较明显的差异，但仍可以划分出六大建设类型。建设类型的变化有逐渐集中的趋势，并呈现出清晰的地理分布特征（详见第三章）。

表3　省域生态文明指数（ECI 2015）及排名

排名	地　区	生态活力	环境质量	社会发展	协调程度	ECI 2015
1	海　南	29.83	24.40	13.28	28.11	95.62
2	北　京	27.77	19.60	20.48	27.43	95.28
3	福　建	27.77	22.00	13.73	27.43	90.93
4	西　藏	26.74	29.20	12.04	20.23	88.21
5	广　东	28.80	20.80	15.98	21.26	86.83
6	广　西	25.71	24.80	10.35	25.71	86.58
7	四　川	33.94	19.20	11.48	20.91	85.53
8	云　南	25.71	25.20	10.13	23.31	84.35
9	江　西	27.77	22.40	10.35	22.29	82.81
10	湖　南	23.66	22.80	11.70	24.34	82.50
11	青　海	25.71	27.20	11.70	17.14	81.76
12	浙　江	26.74	20.80	16.65	17.49	81.68
13	黑龙江	31.89	23.20	12.60	13.03	80.71
14	江　苏	25.71	20.40	17.33	16.80	80.24
15	上　海	23.66	20.80	20.48	15.09	80.02
16	辽　宁	31.89	20.80	15.30	12.00	79.99
17	吉　林	29.83	23.20	13.05	12.34	78.42
18	重　庆	27.77	20.40	13.95	16.11	78.24
19	天　津	24.69	18.00	18.68	16.80	78.16
20	贵　州	23.66	24.80	11.48	16.11	76.05
21	内蒙古	24.69	20.80	14.18	15.77	75.43
22	新　疆	22.63	22.00	12.83	17.83	75.28
23	陕　西	24.69	19.60	12.38	18.17	74.83
24	山　东	24.69	16.80	15.08	17.49	74.05
25	宁　夏	21.60	20.00	12.83	17.49	71.91
26	湖　北	25.71	19.60	12.38	14.06	71.75
27	安　徽	24.69	18.80	9.20	17.49	70.20
28	甘　肃	22.63	19.60	10.13	14.06	66.41
29	山　西	21.60	17.20	11.93	15.43	66.15
30	河　南	22.63	16.80	10.13	14.74	64.30
31	河　北	20.57	14.80	10.58	12.34	58.29

注：ECI 2015 基于各省 2014 年数据计算得出，ECI 2014 等以此类推，后文不再作特别说明。

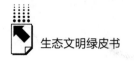

1. 海南蝉联第一，继续当好优等生

继在 ECI 2013、ECI 2014 夺得排行榜冠军之后，海南省生态文明指数在 ECI 2015 中再次位居第一。从二级指标得分来看，海南省在生态文明建设评价的四个维度上表现都较为突出，排名靠前，其中协调程度得分在全国排名第一（见表4）。

表4　海南省 ECI 2015 得分及排名

维度	生态活力	环境质量	社会发展	协调程度	ECI 2015
得分	29.83	24.40	13.28	28.11	95.62
排名	4	6	12	1	1

2. 闽藏粤三省各出奇招，闯入榜单前五强

在 ECI 2015 排名中，福建、西藏、广东三个省域排名变化最为突出。ECI 2014 排名中，福建排名第 10 位、西藏排名第 7 位、广东排名第 11 位。而在 ECI 2015 排名中，三个省域排名均跃居前 5 位，其中，福建从排名第 10 位进步到第 3 位；西藏从排名第 7 位进步到第 4 位；广东从排名第 11 位进步到第 5 位（见表5）。

表5　闽藏粤生态文明评价排名变化

		生态活力	环境质量	社会发展	协调程度	ECI
福建	ECI 2014	13	10	10	9	10
	ECI 2015	8	11	11	3	3
西藏	ECI 2014	11	1	20	24	7
	ECI 2015	11	1	19	10	4
广东	ECI 2014	7	16	6	14	11
	ECI 2015	6	13	6	8	5

从生态活力、环境质量、社会发展和协调程度四个维度分析，可以发现，三个省份生态文明建设水平的提升各有侧重，但整体上均依赖协调程度的提高。例如，西藏的协调程度得分排名从 ECI 2014 的第 24 位进步到 ECI

2015 的第 10 位，整整提高了 14 位，福建、广东的协调程度得分排名也都提高了 6 位。可见，提高协调发展能力，改善资源利用方式，是各省生态文明建设的重要抓手。

3. 东南沿海经济实力雄厚，生态文明建设排名靠前

我们根据四个二级指标的得分及等级，将中国 31 个省份划分为六大生态文明建设类型。连续几年的类型分析结果显示，各类型具有明显的地理分布特征。例如，排名前列的均衡发展型和社会发达型省份，主要集中在北起天津、南到海南的东南沿海地区（见表 6 中字体加粗省份）。

表 6　ECI 2015 各省社会发展得分排名

排名	地　区	社会发展	排名	地　区	社会发展
1	北　京	20.48	17	陕　西	12.38
1	上　海	20.48	17	湖　北	12.38
3	天　津	18.68	19	西　藏	12.04
4	江　苏	17.33	20	山　西	11.93
5	浙　江	16.65	21	湖　南	11.70
6	广　东	15.98	21	青　海	11.70
7	辽　宁	15.30	23	四　川	11.48
8	山　东	15.08	23	贵　州	11.48
9	内蒙古	14.18	25	河　北	10.58
10	重　庆	13.95	26	广　西	10.35
11	福　建	13.73	26	江　西	10.35
12	海　南	13.28	28	云　南	10.13
13	吉　林	13.05	28	甘　肃	10.13
14	新　疆	12.83	28	河　南	10.13
14	宁　夏	12.83	31	安　徽	9.23
16	黑龙江	12.60			

东南沿海省份成绩的取得，离不开多年改革开放积累的较强经济基础，也离不开在此基础上推进生态文明建设的努力。可以说，东南沿海省份靠较强的经济实力推进了自身的生态文明建设。在经济社会发展的基础上，这些省份逐步重视生态涵养和环境治理，生态文明各方面开始走向协调发展，成为均衡发展类型。这在一定程度上显示，目前中国的生态文明建设以经济繁荣为前提，发展经济是建设生态文明的重要手段，将经济发展与生态文明建

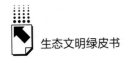

设对立起来是错误的。

4. 东北生态承载力强，西南环境质量占优

有些省份虽然ECI得分不高，但具有鲜明特点，有条件走出一条特色生态文明建设道路（见表7中字体加粗省份）。例如，东北三省以及四川和江西等省份的森林和自然保护区建设、城市绿化等均排在全国前列，生态优势较为突出。

表7　ECI 2015 各省生态活力得分排名

排名	地 区	生态活力	排名	地 区	生态活力
1	四　川	33.94	13	湖　北	25.71
2	黑龙江	31.89	18	天　津	24.69
2	辽　宁	31.89	18	内蒙古	24.69
4	海　南	29.83	18	陕　西	24.69
4	吉　林	29.83	18	山　东	24.69
6	广　东	28.80	18	安　徽	24.69
7	北　京	27.77	23	湖　南	23.66
7	福　建	27.77	23	上　海	23.66
7	江　西	27.77	23	贵　州	23.66
7	重　庆	27.77	26	新　疆	22.63
11	西　藏	26.74	26	甘　肃	22.63
11	浙　江	26.74	26	河　南	22.63
13	广　西	25.71	29	宁　夏	21.60
13	云　南	25.71	29	山　西	21.60
13	青　海	25.71	31	河　北	20.57
13	江　苏	25.71			

西南地区的空气、水和土地状况较好，环境质量较其他省份领先一筹。这些地方或者由于自身自然资源丰富，或者因为开发力度不大，具有较为明显的生态或环境优势（见表8中字体加粗省份）。正所谓，"绿水青山也是金山银山"。真正善用生态环境优势，将其转化为经济优势和生态文明实效，避免重蹈"先污染、后治理"的覆辙，是这些省份生态文明建设的根本出路。

表8 ECI 2015 各省环境质量得分排名

排名	地 区	环境质量	排名	地 区	环境质量
1	西 藏	29.20	13	内蒙古	20.80
2	青 海	27.20	18	江 苏	20.40
3	云 南	25.20	18	重 庆	20.40
4	广 西	24.80	20	宁 夏	20.00
4	贵 州	24.80	21	北 京	19.60
6	海 南	24.40	21	陕 西	19.60
7	黑龙江	23.20	21	湖 北	19.60
7	吉 林	23.20	21	甘 肃	19.60
9	湖 南	22.80	25	四 川	19.20
10	江 西	22.40	26	安 徽	18.80
11	福 建	22.00	27	天 津	18.00
11	新 疆	22.00	28	山 西	17.20
13	广 东	20.80	29	山 东	16.80
13	浙 江	20.80	29	河 南	16.80
13	上 海	20.80	31	河 北	14.80
13	辽 宁	20.80			

5. 中北部建设水平欠佳，特色不明，亟须加强

相对来讲，中北部地区是中国生态文明建设的洼地，与其他地区存在明显差距。例如，华北的河北、山西、内蒙古，西北的甘肃、宁夏、陕西、新疆，中部的河南、安徽、湖北等省份。中部省份没有明显劣势，各方面发展相对均衡，但也缺少优势或亮点。华北和西北的省份，经济社会发展水平较低，生态承载力较弱，环境容量较差且环境压力较大，协调发展能力有待提升，目前是中国生态文明建设的低地，亟须采取有效措施，实现快速崛起。

各省域生态文明建设类型的地理分布见图1。

（三）全国生态文明建设水平整体退步，进展不畅

年度进步指数分析显示，中国整体生态文明建设水平不断下降，经济社会发展与生态、环境保护之间的矛盾愈发尖锐（详见第五章）。2013～2014年，全国层面的生态文明建设水平出现1.87%的小幅退步（见表9）。在全面推进生态文明建设的大背景下，生态文明建设水平的退步值得高度关注。

■■均衡发展型 ⊟⊟社会发达型 ▥▥生态优势型 ∷∷环境优势型 ☰☰低度均衡型 ≣≣相对均衡型

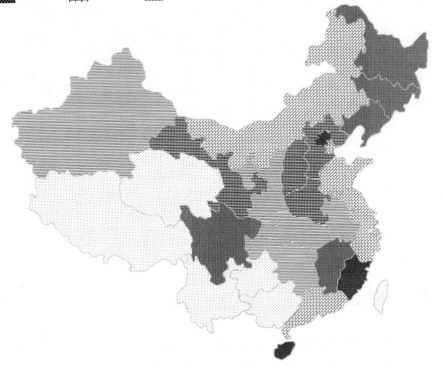

图1 ECI 2015 各省生态文明建设类型分布

说明：由于比例尺原因，图中未呈现港澳、南海和澎湖诸岛；受数据所限，也未研究港澳台等地区的生态文明情况。

中国生态文明建设的整体态势体现为：自然生态系统活力恢复缓慢，隐忧重重；环境质量恶化的趋势仍在继续，污染问题已进入集中爆发期；经济社会发展全面进步，但发展质量有待提升；资源能源消耗与污染物排放总量高位运行，生态环境长期超负荷承载，远未实现协调发展。

从各省来看，有近半数省份生态文明建设水平不升反降。其中山西下降幅度最大，达14.63%（见表9）。具体到环境质量方面，除了宁夏和天津外，其他省份均出现不同程度的退步。各省在协调程度方面也出现大面积退步现象，只有西藏、宁夏、天津、安徽、吉林保持进步，其中西藏、宁夏进步指数均在25%以上。

不论是从全国来看，还是从各省来看，环境质量和协调程度的提升均难以令人满意。目前中国与世界各国生态文明建设的主要差距就体现在环境质量和协调程度方面，但中国目前这两方面的建设水平仍不能止跌回升，情况堪忧。

表9 2013～2014年全国及各省年度进步指数

排名	区 域	生态活力	环境质量	社会发展	协调程度	总进步指数
	全 国	0.78	-8.78	8.48	-3.94	-1.87
1	西 藏	-2.48	-7.87	8.12	67.57	18.78
2	宁 夏	7.98	16.81	4.67	27.97	15.69
3	重 庆	59.45	-8.86	6.20	-9.18	13.79
4	天 津	22.17	4.02	3.34	8.72	10.77
5	贵 州	28.03	-4.41	8.02	-2.64	7.71
6	江 苏	26.36	-7.18	5.04	-0.39	6.75
7	新 疆	25.20	-7.57	4.53	-4.55	4.98
8	安 徽	13.73	-8.08	4.87	3.10	3.76
9	云 南	20.66	-10.11	5.98	-2.79	3.73
10	青 海	18.37	-10.52	4.77	-4.54	2.23
11	福 建	18.04	-10.89	4.73	-6.26	1.52
12	四 川	12.78	-8.01	5.40	-3.97	1.45
13	山 东	5.81	-4.26	4.29	-0.44	1.19
14	广 东	8.64	-6.63	4.22	-1.44	1.14
15	湖 北	17.80	-9.75	6.19	-10.05	0.82
16	陕 西	4.79	-4.89	3.35	-0.17	0.67
17	北 京	13.94	-14.54	2.41	-1.54	0.45
18	甘 肃	8.86	-11.19	4.95	-2.38	-0.11
19	广 西	4.64	-7.31	5.75	-2.89	-0.44
20	河 南	5.79	-9.84	5.00	-3.04	-0.89
21	吉 林	-0.35	-7.79	4.18	0.53	-1.26
22	河 北	3.45	-7.56	3.18	-3.63	-1.47
23	浙 江	10.03	-11.34	4.20	-8.97	-1.89
24	黑龙江	4.36	-12.36	3.14	-4.11	-2.54
25	湖 南	-1.90	-7.33	5.39	-4.42	-2.92
26	江 西	-1.01	-5.39	4.89	-7.40	-3.14
27	海 南	4.27	-9.85	4.66	-11.18	-3.84
28	上 海	18.11	-21.78	2.82	-16.26	-4.47
29	内蒙古	8.26	-17.15	3.33	-10.62	-4.49
30	辽 宁	8.50	-12.96	4.00	-15.51	-4.74
31	山 西	-2.88	-26.80	2.79	-24.93	-14.63

注：表中数据均是2013～2014年的年度进步指数，具体计算方法见第一章及附录2。

二 两个积重难返的生态文明建设难题

ECCI 评价研究结果一再显示，中国目前面临一个尖锐矛盾：经济快速发展与环境污染、资源短缺、生态退化之间的矛盾。这个矛盾显示为两大难题：表面的难题是环境污染积重难返；深层的难题是对资源环境的利用方式不当，生产和生活方式不够"绿色"。

（一）表面难题：环境污染积重难返

如果说人与自然生态系统之间的矛盾，是人类始终需要面对的一对基本矛盾，那么，目前人类活动与环境容量之间的尖锐矛盾，则是这对基本矛盾的主要表现形式，或者说是众多矛盾中的主要矛盾。这一点在中国表现得尤其明显。

国际比较显示，环境质量拉开了中国与世界各国的差距。环境质量对生态文明建设得分的突出影响，也反映在国内各省份之间。海南、福建、广东、西藏等生态文明建设得分较高的省份，环境质量均相对较好；反之，中北部省份生态文明建设成效不彰，这些省份恰好也是中国环境质量较差的区域，得分受到环境质量的拖累。从动态发展的角度来看，中国整体的环境质量仍在退步，各省除宁夏和天津之外，环境质量均有退步。

相关性分析结果从另一个角度揭示了中国环境问题的严重性（详见第四章）。24 项 ECCI 三级指标中，共有 8 项与 ECI 2015 显著相关。按相关度由高到低的顺序排列，它们分别是：环境空气质量、地表水体质量、森林覆盖率、COD 排放变化效应、服务业产值占 GDP 比例、水土流失率、农药施用强度和人均教育经费投入（见表10）。其中，环境质量类指标占4 项，且占据相关程度最高的前两席。结合绝大多数省份环境质量下降的状况，可以看到，环境污染积重难返，已成为限制中国生态文明建设水平提升的瓶颈。

表 10　与 ECI 显著相关的三级指标排序

按相关度排序	三级指标	与 ECI 相关度	所属二级指标
1	环境空气质量	0.646 **	环境质量
2	地表水体质量(%)	0.547 **	环境质量
3	森林覆盖率(%)	0.501 **	生态活力
4	COD 排放变化效应(吨/千米)	0.484 **	协调程度
4	服务业产值占 GDP 比例(%)	0.484 **	社会发展
6	水土流失率(%)	- 0.479 **	环境质量
7	农药施用强度(千克/公顷)	0.422 *	环境质量
8	人均教育经费投入(元/人)	0.415 *	社会发展

（二）深层难题：生产生活绿色转型艰难

从根本上说，环境问题就是发展问题，源于经济发展对资源环境的利用方式不当。如果没有发展的绿色化，没有生产和生活方式的绿色化，环境就不可能绿色化。就环境谈环境是极其片面的，应该从生态学的视野，从与经济社会发展关联的角度来谈环境治理。

相关性分析显示，协调发展、绿色发展对生态文明建设具有决定性意义。二级指标中，协调程度与 ECI 相关性最高（见表 11）。三级指标中，属于协调程度的 COD 排放变化效应指标与 ECI 的相关性排名第 4，并呈显著正相关。而且，社会发展指标中，彰显结构转型的服务业产值占 GDP 比例指标的相关性与 COD 排放变化效应并列第 4，同样与 ECI 显著正相关（见表 10）。这说明，走绿色发展、协调发展道路，加快产业结构绿色转型、升级和优化，是生态文明建设的重要抓手。

表 11　ECI 2015、GECI 2015 * 与二级指标相关性

	生态活力	环境质量	社会发展	协调程度
ECI 2015	0.651 **	0.614 **	0.366 *	0.759 **
GECI 2015	0.641 **	0.720 **	0.023	0.800 **

　* GECI 即 Green Eco - Civilization Index，绿色生态文明指数。GECI 仅从生态活力、环境质量和协调程度三个方面评价各省生态文明建设状况，去除了社会发展方面的评价。GECI 的得分更"绿"。

从各省具体得分来看，经济发展与生态承载力不协调，是中国普遍存在的难题。除了海南、北京、福建在协调程度方面表现尚可之外，中国绝大部分省份表现欠佳。协调程度得分排名后 15 位的，不仅有甘肃、山西、河南、河北等整体表现不佳的低度均衡型省份，也有上海、天津、江苏、内蒙古这样的社会发达型省份，还有属于生态优势型的东北三省，属于环境优势型的青海和贵州，以及属于相对均衡型的重庆和湖北（见表 12 中字体加粗省份）。

表 12　ECI 2015 各省协调程度得分排名

排名	地　区	协调程度	排名	地　区	协调程度
1	海　南	28.11	17	青　海	17.14
2	北　京	27.43	18	江　苏	16.80
2	福　建	27.43	18	天　津	16.80
4	广　西	25.71	20	重　庆	16.11
5	湖　南	24.34	20	贵　州	16.11
6	云　南	23.31	22	内蒙古	15.77
7	江　西	22.29	23	山　西	15.43
8	广　东	21.26	24	上　海	15.09
9	四　川	20.91	25	河　南	14.74
10	西　藏	20.23	26	湖　北	14.06
11	陕　西	18.17	26	甘　肃	14.06
12	新　疆	17.83	28	黑龙江	13.03
13	浙　江	17.49	29	吉　林	12.34
13	山　东	17.49	29	河　北	12.34
13	宁　夏	17.49	31	辽　宁	12.00
13	安　徽	17.49			

从国际比较来看，中国虽然采取了种种措施提高协调发展能力，发展绿色经济，促进产业升级换代，但产业发展有其自身缓慢演替的规律，并且受国际产业布局的影响，因此，中国的绿色转型还在艰难中前行，协调程度仍与世界各国存在差距。中国的协调程度得分在 111 个评价国家中排名倒数第三。表现产业结构的服务业附加值占 GDP 比例，中国的最新指标值是46.09%，排名第 90 位（参见第二章）。

从发展情况来看，全国仅西藏、宁夏、天津、安徽和吉林 5 个省份整体协调程度有所提高，其余地区均在走低（见图 2）。由此可见，中国经济社会发展与生态环境改善的冲突依然激烈。中国生产方式的绿色化，任重而道远。

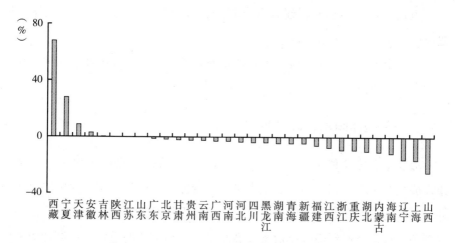

图 2　2013～2014 年各省协调程度进步态势

值得关注的是，生产方式绿色化的老难题还未解决，中国又叠加了生活方式绿色化的新难题。随着中国经济三十余年的快速发展，全面建成小康社会已经曙光在前，居民生活水平和消费水平都有了质的飞跃，生活用的水、电、气、车、住房数量节节攀升，但同时，由此带来的资源消耗和废弃物排放也陡然上升。数据显示，改革开放以来，中国城市生活垃圾清运量的增长率，基本上与 GDP 增长率同步，增速保持在 10% 左右。因此，一边是光鲜亮丽的经济积累，一边是恶臭熏天的垃圾堆积。如果不从现在开始遏制消费消耗的疯涨势头，避开西方发达国家曾经走过的过度消费老路，就难以避免踩上生态红线，迈入生态红色警戒区，发展难以为继。

三　四项迫在眉睫的生态文明建设举措

中国环境污染积重难返，生产生活绿色转型艰难，是世界上生态文明建设任务最艰巨的国家，幸而也是目前最重视生态文明建设的国家。2015 年 4 月《中共中央、国务院关于加快推进生态文明建设的意见》出台，首次明确提出"协同推进新型工业化、城镇化、信息化、农业现代化和绿色化"。这"五化"都与生态文明建设息息相关，特别是绿色化，更是为生态文明建设进一步明确了发展方向。

针对中国生态文明建设中存在的普遍难题，本报告提出如下四项迫在眉睫的生态文明建设举措。

（一）强体固基，确立生态立国理念

加强生态建设和保护，确立"生态立国"理念，是一个决定生态文明建设成败的观念认识大问题。生态是体，资源和环境只是用。要解决资源短缺和环境污染的问题，其前提是生态之体要保持健康稳定。当前，中国环境治理的重点是降低污染物排放强度和总量；资源节约的重点是提高资源利用效率，并逐渐减少资源利用总量。环境治理和资源节约固然重要，却只是生态文明建设的"减法"；提高生态系统活力，则是生态文明建设的"加法"。只有通过生态建设和保护，才能扩增生态容量和空间，克服加速发展的人类文明与相对匀速演化的自然生态系统之间的矛盾。

当前，生态立国的理念和国家战略已经呼之欲出，生态立国已经具备了一定基础。中国已经确立了资源节约和环境友好这两大国家战略，全国也正在推行主体功能区发展战略，划定生态红线，加强对生态涵养区的保护和建设，各地也提出了生态立省、生态立市、生态立县等战略，多个省市在开展生态省、生态市的试点建设。我们特别重申两年前就已提出的生态立国理念，呼吁尽快将生态立国确立为国家战略。在此尤其强调如下两点。

第一，生态建设应遵循自然规律。

所谓强体固基，就是按照生态学规律加强生态建设和保护，提高生态系统活力。当然，不同的生态系统有不同的特点，强体也须充分考虑这些不同的特点，尊重自然规律，宜耕则耕，宜林则林，宜草则草，宜湿则湿，宜荒则荒，不应该千篇一律、不切实际地搞生态建设和国土绿化。

第二，生态立国理念应发挥统领作用。

生态立国不限于生态建设。要用尊重自然、顺应自然、保护自然的生态文明理念，审视生态文明建设的方方面面，在"生态立国"理念指导下，加强资源节约型和环境友好型社会建设，并将生态立国理念渗透到五位一体的中国特色社会主义事业整体布局当中去。

（二）绿色生产和绿色生活两手抓，推动绿色化进程

中国面临的环境污染表面难题和绿色转型深层难题，都源于对资源和环境利用不合理，都要求生产生活方式的绿色转型。此外，为应对经济进入新常态的挑战，中国经济发展将从重增长数量转向重发展质量，从拼资源转向拼创新，从求总量转向优结构。这些都有利于中国经济快速转入绿色发展的快车道，推进绿色生产和绿色生活大发展。

应对经济新常态的挑战，也为中国生态文明建设带来了良好契机。过去高速发展的 30 年，也是中国大拼资源的 30 年。随着经济体量跃升世界第二，环境污染日益加剧，中国经济增速必然从高速向中高速换挡回落。在 21 世纪知识革命和信息革命的背景下，兴起的是知识经济、创意经济，经济发展的动力，已从要素驱动、投资驱动转向创新驱动。与世界各国一样，中国在经济发展到一定阶段后，经济结构、消费模式有了优化的条件，第三产业也应逐步成为产业主体，消费需求逐步成为主要拉动力，城乡区域差距将逐步缩小，居民收入占比上升，等等。

针对生产和生活的绿色化，我们在此强调如下三点。

第一，绿色生产不只是企业的任务，而是全社会的事业。

从企业自身来说，生态文明要求清洁生产，节能减排，从全生命周期考察产品的生态、环境效应。然而更重要的是，要从全社会角度考虑和推进绿色生产。尤其要研究推广低成本循环经济模式，建立真正的循环型社会。

推行循环经济发展模式，是奠定生态文明建设经济基础的重要方向。长期以来，循环经济模式因成本太高而难以普及。因此，迫切需要筛选一批低成本循环经济模式，重点加以推广。同时，打破单一产业内循环的传统思

路，综合考虑不同产业在同一资源利用链条上的节点特征，形成优势互补、资源共享、互利共赢的产业间循环经济联合体，全面提升产业循环发展水平，从根本上改变资源利用方式。

第二，绿色生活既是每个人的选择，也应是全社会的风尚。

脱离了绿色生活方式，每个人都既是环境污染的受害者，又是环境污染的制造者。中国是人口大国，任何污染和浪费，考虑人口规模，都是一个天文数字。目前，中国人口结构有未富先老的特征，中国消费结构有未富先奢之弊病。中国的生活资源消费及生活垃圾排放不断攀升，已经成为善用资源和环境的新挑战。过一种简约而不简单的生活，从重视对商品的实物消费，转向重视对商品的功能利用，是生态文明时代的绿色生活新风尚，应在全社会加以推广。

第三，抓绿色生产和绿色生活，均须强化制度保障和机制激励。

建立健全生态文明建设的法律法规体系，是在依法治国大背景下推进生态文明建设的重大任务。目前，中国已经出台了多部专门法律法规，保护生态环境，促进生态文明建设。但是，生态法律法规体系依然不健全，特别是绿色生产和绿色生活方面的法律法规还极不健全，搭生态便车的现象还普遍存在，为生态文明建设做贡献往往得不偿失。这些不公现象严重阻碍了绿色生产和绿色生活方式的推广，也无法为生态文明大船的漫漫远航保驾护航。今后一段时间应强化这方面工作，扎实推进。

（三）省域联动，区域协作，增进协调发展

连续多年的生态文明评价得分榜和类型分析结果表明，中国省域之间生态文明建设差别显著，地理特征明显，区域发展不协调的特点一直存在。东南沿海省份生态文明建设整体绩效较好，东北生态承载力强，西南环境质量占优，中部生态文明建设特色不明，西北和华北地区整体水平欠佳。就促进中国生态文明建设区域协调发展，我们提出如下三点建议。

第一，各省份应因地制宜，坚持特色发展之路。

不同省域应基于自身特点，走出各具特色的"强体善用"之路，协调

生态、环境、资源与经济发展之间的关系。

第二，各省域和各区域之间应联动协作。

污染没有边界，雾霾无须签证，推动生态文明建设需要各省域和区域之间联动协作，共同应对公共性的生态、环境、资源问题。位置相邻、产业结构相似、发展短板相同的省域，在生态保护和环境治理上应坚持同步规划、相同标准，做到规划编制、质量监测和执法一体化，加快促进省域生态共同体的形成。如果部分省份实行高标准，部分实行低标准，部分实行中标准，只会导致污染转移而不能真正解决问题。

第三，加大生态补偿，全国统筹协调发展。

推进生态文明建设还需要坚持全国一盘棋，特别需要抓紧落实生态补偿机制。比如，西北和华北一些省份的生态文明建设困境重重，很难以一己之力破局。推进这些省份生态补偿工作的关键，是要打破区域之间的失衡。全国主体功能区战略的确立，已为优化国土空间开发格局开启了良好开端。建立健全生态补偿机制，以国家转移支付形式或省域、区域之间补偿的方式，促进生态文明建设的平衡发展，已成为迫切需要落实的任务。

（四）借鉴他国有益经验，促进快速发展

中国生态文明建设必须走中国特色社会主义生态文明发展道路，同时也要借鉴他国经验。在此方面，ECI 得分靠前的 OECD 国家可以给中国提供一些启示。

国际比较研究发现，加拿大、瑞士、澳大利亚、德国、英国等 ECI 得分靠前的 OECD 国家，生态文明建设各方面都相对较好、建设水平较为均衡，是我们需要长期学习的目标和努力的方向。

而冰岛、丹麦、葡萄牙和爱尔兰等 OECD 国家，生态基础相对较弱，环境质量中等，但社会发展和协调程度较好，也能获得较好的生态文明建设成效，相对而言，这种发展类型给予我们更多的思考和更大的启示，更值得中国目前推进生态文明加以参考借鉴。

中国的发展，一直是在严峻的挑战中奋力前行，开拓创新。

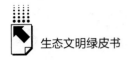

如今，建设生态文明，打造美丽中国，让中国"美起来"，就是中国面临的第三次历史性飞跃的挑战和机遇。

如果说通过革命战争"站起来"的中国，是中国特色社会主义 1.0，通过改革开放"富起来"的中国，是中国特色社会主义 2.0，那么，通过生态文明建设"美起来"的中国，则是中国特色社会主义 3.0。

中国每一次的历史性飞跃，都对世界作出了巨大贡献，尤以第三次的历史性飞跃贡献巨大。

第二部分
ECCI 的理论与分析

Theories and Analyses of ECCI

G.1
第一章
ECCI 2015理论框架

2010 年，首部生态文明绿皮书《中国省域生态文明建设评价报告（ECI 2010)》发布，我们以各省域为评价对象，建构了一个特色鲜明的生态文明建设评价指标体系 ECCI，包括生态活力、环境质量、社会发展和协调程度四个考察领域。在此后连续发布的四版绿皮书中，以及 2015 年最新版的绿皮书中，ECCI 不断完善，一直维持了四个考察领域的整体框架。

目前，生态文明评价研究已是一个学术热点。据不完全统计，我国学者提出的各类生态文明评价指标（体系）已不下 40 种，评价对象多种多样，考察领域各不相同，评价方法各有千秋。

ECCI 为何要坚持从以上四个方面展开评价？其合理性何在？ECCI 背后的理论根据是什么？

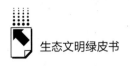

在以往的五个 ECCI 版本中，我们一直以"一体两用论"和"强体善用论"① 为理论根据。2015 年首次系统阐释该理论根据，并进一步改善指标体系及算法。

一 ECCI 2015 的理论根据——
一体两用论及强体善用论

尽管学界对生态文明有狭义和广义两种理解②，但现在逐渐形成的共识是，生态文明是人与自然和谐双赢的文明，其宗旨是要解决当前面临的资源短缺、环境污染、生态退化这三类不同的问题，并保障和增进人类福祉。

目前，仍然有人认为经济社会发展与生态环境是相互冲突的，二者不可兼得，或者认为经济发展与环境质量必然存在环境库兹涅茨倒 U 形发展曲线，不可逃避"先污染、后治理"的铁律。那么，真的可以实现人与自然的和谐双赢吗？如果可以，又如何实现？

我们认为，基于人与自然之间的"一体两用"关系，采用"强体善用"的生态文明建设策略，完全可以实现人与自然的和谐双赢。"生态文明建设立意高远，它包括环境保护，又高于环保运动"③，是实现人与自然和解的全新思路。

（一）一体两用论：准确理解人与自然关系

人们在认识自然和理解人与自然关系方面，存在一些误区。这些误区也是导致人与自然关系失衡的认识论根源。

---

① 我们曾最早在《中国省域生态文明建设评价报告（ECI 2014）》和《中国生态文明建设发展报告 2014》中提到过一体两用论，但没有充分展开论述。参见严耕主编《中国省域生态文明建设评价报告（ECI 2014）》，社会科学文献出版社，2014，摘要；严耕主编《中国生态文明建设发展报告 2014》，北京大学出版社，2015，前言，第 216 ~ 218 页。

② 李景源、杨通进、余涌：《论生态文明》，《光明日报》2004 年 4 月 30 日。

③ 严耕主编《中国省域生态文明建设评价报告（ECI 2011）》，社会科学文献出版社，2011，前言。

1. 三种认识误区

一个很大的认识误区，是将自然混同为环境。

现代人在说自然时，说得最多的是"环境"这个概念，但对环境概念的理解又是含混不清的。"环境"有时是狭义的，指不包括人在内的、远离人类社会的自然环境；有时又是广义的，指包括人类在内的一切①。这些含混的理解，或者将人与自然割裂开来，或者将人与环境混为一体，都不利于准确把握并处理人与自然的关系。

另一个认识误区是将自然简化为自然资源和环境，较少从生态学的视角将自然视为一个有机的生态系统。

现代人说起自然，往往将其视为"资源库"和"垃圾场"，也就是将自然等同于人及其他生物居所的自然环境或为人所用的自然资源，很少将自然视为"生态家园"。又比如，人们往往将"环境""资源"与"人口"相提并论，将环境和资源作为可持续发展的重要支柱，而不提生态系统。即使提到"生态"，也往往将"生态"这个概念虚化，将其当作形容词使用，如"生态环境"这个概念，或指"天然的环境"，与"人工的环境"相对，或指"生态的环境"，指美化较好的环境。

在这种简化理解的基础上，人与自然之间的关系，也就变成了利用与被利用的单一关系：人利用资源和环境，资源和环境的价值就在于被人利用。这也就陷入了人类中心主义的偏见之中，而忽略了一种根本的生态视野和生存智慧：人不在作为生态系统整体的自然之上，也不在自然之外，就在自然之中。

此外，即使有些人看到自然不同于资源、环境，也强调从生态系统的角度来看待自然，但在理解生态系统（可简称为生态）和环境、资源的关系时，有人认为是"三足鼎立"的关系，还有人认为是"一体两翼"的关系。然而，生态、环境和资源并不是三种独立自存的事物，也不是三个同等重要的东西，显然不是"三足鼎立"的关系，也无法比喻为鸟的躯体和两只翅

---

① Christopher Belshaw, *Environmental Philosophy*, Montreal & Kingston：McGill-Queen's University Press, 2001, p. 2.

膀这样的"一体两翼"关系。

2. 一体两用的基本含义

我们提出,一体两用论,是理解人与自然关系的一种新理论。其核心观点认为:自然首先是一个包含万有(包括人类)的生态系统(一体),而环境和资源,则是自然提供的相对于人的需要而言的两种基本功用(两用)。体是前提和根本,是矛盾的主要方面,用是体派生出来的,是矛盾的次要方面。具体阐述如下。

一方面,自然首先是以生态系统形式存在的"体"。

1935年,英国植物生态学家坦斯利(A. G. Tansley)提出了"生态系统"这个概念,他说:"更基本的概念是……完整的系统,不仅包括生物复合体,而且还包括人们称为环境的全部物理因素的复合体"[1]。生态系统指的是一定空间内所有生物与环境之间不断进行物质循环、能量流动和信息反馈而形成的统一有机体。从生态系统的角度来认识自然,是一种认识自然的全新视角。

说自然是以生态系统形式存在的"体",又有三方面含义。

其一是"自体",也就是说,生态系统就是它自身,不管人类有没有出现,是否存在,只要生物与环境之间不断进行物质循环、能量流动和信息反馈,生态系统就存在。"生态是指作为有机整体的生态系统,特别是指具有重要生态生产力、对维护生态系统活力具有重要作用的森林生态系统、湿地生态系统和自然保护区。"[2]

其二是"全体",指生态系统包括一切自然生成物,当然也包括人类在内[3]。

① 转引自曹凑贵主编《生态学概论》,高等教育出版社,2002,第17页。
② 〔英〕阿诺德·汤因比著《人类与大地母亲——一部叙事体世界历史》,徐波等译,上海人民出版社,2001,第33页。
③ 根据当代权威的《哲学百科全书》对"自然"(nature)一词的解释,其最宽泛的含义是指"所有事物全体,即宇宙中的一切"。Cf. Ronald W. Hepburn, Philosophical Ideas of Nature, in *The Encyclopedia of Philosophy*, Macmillan Publishing Co. , Inc. & The Free Press, 1967, pp. 454 –456.

其三是"机体"，生态系统不是一个现代人所谓的机械，而是一个能自我演化、具有一定自我修复能力的自组织机体，各种生物之间，生物与环境之间，都具有复杂多样的有机联系①。

从体的角度看，自然生态系统有其客观的运行规律，人类永远都在自然生态系统之中，不能将人类孤立出来，也不能将人类置于自然的价值中心。在此意义上，人类中心主义是错误的。我们必须坚持"顺应自然、尊重自然、敬畏自然"的生态文明理念。

另一方面，自然为人类提供了资源和环境两种功用。人类为了实现富强繁荣，必须利用自然生态系统；自然生态系统恰好也为人类提供了两种最基本的功用：自然环境和自然资源。

环境，是生态系统适宜于人这个物种和其他生物物种生存居住的生境，是自然生态系统提供的、为人与所有生物共享的功用；资源，则是人类为了生存发展而通过科学技术手段对生态系统加以利用的要素，是自然生态系统提供的、相对于人这个智能性存在独有的功用。其他生物只是本能地适应环境，而人却不仅能适应环境，也可以利用自然资源改造环境，更好地适应人类的文化生存。

从用的角度看，人类对环境和资源的利用，是以自己的需要为价值尺度的，其标准是人类中心主义的。不过在考虑自身需要这一内在价值尺度的同时，还得尊重自然生态系统运动规律这一外在尺度。

可以一个流域为例，来理解"一体两用"。首先，一个流域是生态系统（一体），包括各种环境要素、自然资源，也包括微生物、动植物、人类等各种生命，它是自体、全体和机体。同时，流域生态系统又为人类及其他生物提供环境，还为人类提供资源（两用）。比如，适宜于生物生存的大气、水体、土壤等环境要素，特别是为人类提供了鱼虾等水生动物资源、生产生活用水、水电资源、旅游资源，等等。

3. 一体两用之间的相互关系

环境之用与资源之用这两种"用"之间、生态之体与环境资源这两种

---

① 〔英〕罗宾·柯林伍德：《自然的观念》（第2版），吴国盛、柯映红译，华夏出版社，1998，第6、9～14页。

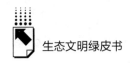
"用"之间，都是辩证关系，其区分是明确的，但也是相对的，在一定条件下可以相互转化。这就是一体两用论的辩证法。

首先，环境与资源两种功用之间是辩证关系。比如，一段河流，作为风景优美的流域，既是多种生物的生存环境，也是当地居民的自然资源。同时，该流域因为风景优美而吸引游客来访，创造经济收益，自然环境又可转化为旅游资源。

其次，生态之体与资源和环境之用之间，也是辩证关系。

一方面，"用"终究是"体之用"，是由生态之体所决定并转化而来的。不管是作为环境还是作为资源，这个风景优美的流域都是整个生态系统的一部分，都包含在生态系统这个"体"当中。如果该流域生态系统的物质变换、能量转换和信息交换保持顺畅，就能营造出良好的自然环境，如清新的空气、洁净的水体、肥沃的土壤、繁茂的植被等，并能提供鱼虾、清洁的水源、水电资源、旅游资源等各种资源。

另一方面，环境和资源之用又反作用于生态之体，用得合理可促进"体"，用得不合理则破坏"体"。孟子曰："不违农时，谷不可胜食也。数罟不入洿池，鱼鳖不可胜食也。斧斤以时入山林，材木不可胜用也。"这是我国古人在尊重生态规律基础上合理利用自然的智慧。近代以来，正是由于人类不顾生态系统的客观规律而不当利用环境和资源，竭泽而渔，乱扔滥排，才导致资源短缺，环境污染，并进而酿成大范围的生态系统退化。生态之"体"被破坏之后，又反过来减损环境和资源之"用"，陷入恶性循环，并导致"体之不存则用无所用"的困境。

4. 一体两用论对于处理人与自然关系的启示

根据一体两用论，人类中心主义和生态中心主义都是错误的。

人类中心主义只看到了自然相对于人类的功用，强调人们必须利用资源环境而否定生态系统之体，不尊重自然生态系统的运行规律，因而是错误的。

生态中心主义则只强调自然作为生态系统之体的意义，甚至否定人类对资源环境的合理利用，同样也是错误的[①]。

---

① 严耕、杨志华：《生态文明的理论与系统建构》，中央编译出版社，2009，第140～143页。

正确对待自然的方式，一方面是尊重顺应自然规律、保护生态系统，另一方面则是合理利用资源和环境。比如，既按照小流域生态系统的运行规律，保持生态系统的健康稳定，又在维护生态稳定的基础上，适当合理地利用其提供的各种资源和环境条件。

总之，自然与人类，其实是一体两用的关系：一方面，自然是体，是生态系统，它始终存在，不断演化，人也包括在其中；另一方面，自然这个生态系统能为人类提供资源和环境这两种功用，人类完全可以合理地加以利用。

（二）强体善用论：生态文明建设基本方略

当今人类面临的生态危机是由于对资源和环境利用不当，进而导致生态之体被破坏。生态文明建设的关键，就是要在生态系统承载范围内，提高协调发展能力，用好资源和环境，即"强体善用"，这是实现人与自然和谐双赢的根本途径，也是生态文明建设的基本方略。

1. 强体善用的基本含义

所谓强体，就是按照生态学规律，对自然生态系统加以保护、修复，提高生态系统活力。

目前最大的生态系统是生物圈系统，人类要保护整个生物圈生态系统，几乎是不可能的，但可以保护或修复人类地球及更小规模的区域生态系统。尽管生态系统具有一定的自我修复能力，但在具有丰富的生态生产力的湿地、森林等生态系统受到破坏的情况下，适当干预乃至人工建设也是必要的。当然，不同的生态系统有不同的特点，强体也需要充分考虑这些不同的特点，尊重自然规律，宜耕则耕，宜林则林，宜草则草，宜湿则湿，宜荒则荒，不应该千篇一律、不切实际地搞生态建设和国土绿化。

善用也就是对自然生态系统提供的环境和资源这两种功用加以科学改造，合理利用。概括起来，"善用"至少有三个方面的要求。

一是用之有度，指对资源和环境的利用不超过生态承载能力，保持利用的可持续性。

二是用之合宜，即根据资源和环境自身的不同特性加以利用，根据不同

的生态服务功能类型（生态调节、农产品提供、人居保障），采取不同的发展战略。

三是用之高效，即对环境和资源的利用，不只是利用其相对于人的经济价值，而是按照对自然生态系统和人类共同福祉最有利的方式，实现整体的生态价值、经济价值、精神价值的最优化。

2. 强体善用之间的相互关系

首先，善用环境和善用资源，不是简单的并列关系，而是相互联系、相互影响的辩证关系。

在这两种"善用"之间，善用资源具有更重要的意义，因为环境污染问题，也源自高消耗自然资源之后的污染物高排放。目前来看，善用的关键是提高资源利用效率，降低资源利用之后的污染物排放强度和水平，并逐渐降低污染物排放总量，提高经济发展与资源消耗和环境容量之间的协调程度。当然，用好环境也有利于用好资源，特别是加强环境的集约利用，以及污染物处理后的回收利用，都有利于资源利用的减量化和高效化。

其次，强体和善用之间，也是辩证关系。第一，强体是第一位的，因为生态系统是第一位的，只有强体，才能为善用奠定坚实基础，也只有强体才能用足。生态文明建设的首要任务就是强体，加强生态建设和保护。第二，善用也有利于强体，因为生态系统具有自我生产和修复能力，只要用之有度、用之合宜、用之高效，就是与生态系统的协同进化。目前生态系统之体被破坏，归根结底也是人类对资源和环境利用不当造成的。

3. 强体善用论对生态文明建设的启示

强体善用论，有力地澄清了生态文明建设的各种误区。

比如，一种误区是由于急切地想克服资源短缺和环境污染难题，将生态文明建设狭隘地等同于资源节约型和环境友好型社会建设，忽视生态建设和保护。

虽然目前的生态危机主要是由于对资源利用不当导致的，资源短缺和环境污染也是生态危机的主要表现形式，并且，人类经济社会发展与资源和环境之间的矛盾是生态文明建设面临的主要矛盾，但是，人类的快速发展与生态系统的缓慢恢复之间的矛盾，才是人类生态文明建设所面临的根本矛盾，强体的战略意义才是第一位的。如果缺乏生态视野和忽视强体，那么，这样的两型社会建设是片面狭隘的，甚至是缘木求鱼，舍本逐末。

强体善用论提示，强体是善用的基础。只有加强生态保护与建设，在提升生态承载能力的基础上，才能真正扩大环境容量，提升资源丰度，为善用奠定基础；如果生态系统脆弱，两型社会建设也就捉襟见肘，巧妇难为无米之炊。

另一种误区是片面强调生态建设和保护，误将生态文明等同于生态健康，以为保护好绿水青山就实现了生态文明，忽视对资源和环境的善用。

比如，我国一些经济欠发达地区，由于生态条件较好，就自称是生态文明地区乃至生态文明示范区。可事实上，当地的资源环境并未得到合理利用，经济社会发展水平相对落后，很多人也都离开了这一片土地。生态健康是生态文明的前提，生态建设与保护也是生态文明建设的基础，但光有生态健康是不够的。没有对资源和环境的善用，就没有人类生活水平的提高，也就不会有人与自然的和谐共荣，同样与生态文明建设背道而驰。因为生态文明归根结底是人类与整个自然生态系统、经济与整个自然生态系统的协调发展，人与自然的和谐共荣才是生态文明追求的最终目标。当然，从整个国土开发格局来看，对于有些以生态涵养为主的生态服务功能区，开发资源环境就不是其主要任务，其经济社会发展要以生态补偿的方式来实现；而对于有些不宜人居的生态涵养区，只须将生态环境保护好，而无须开发利用其资源环境。

（三）生态文明建设评价之基本原则

基于对人与自然关系的一体两用之理解，以及强体善用之生态文明策略，可以为生态文明建设评价确定以下四条原则。

第一，生态文明建设评价要全面评价自然状况，包括作为生态之体和资源、环境之用的状况，并且要凸显生态之体的重要性。

第二，生态文明建设评价，绝不只是环境评价，理应包括社会发展评价。

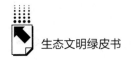
第三，生态文明建设评价，关键在于评价自然状况和人类发展之间的协调状况。

第四，生态文明建设评价，政策导向应明确为三个方面：强健生态之体，善用环境和资源，促进协调发展。

二 ECCI 2015设计与修改

省域生态文明建设评价指标体系（ECCI）就是在以上原则指导下建构起来的，是对以上理论认识的指标化体现。ECCI 2015又在以往基础上有所完善。

（一）ECCI 2015设计思路

第一，ECCI 2015全面评价了自然状况。

ECCI设立了"生态活力"二级指标测评生态系统状况，设立了"环境质量"二级指标测评环境善用状况。资源善用情况的测评，则分别体现在"协调程度"和"社会发展"二级指标当中，协调程度指标反映资源利用是否与生态系统承载力相协调，而社会发展指标则反映资源利用是否转化为真正的社会福祉。

为了凸显生态之体的基础作用和协调发展对于生态文明建设的关键作用，生态活力和协调程度二级指标被赋予了最高的权重。

第二，ECCI 2015包括了社会发展评价。

生态文明建设要实现人与自然的和谐双赢，既要重视自然保护，也要促进人类发展。因此，ECCI一直强调要包含社会发展类指标，使其内涵更全面。这使得ECCI不同于国际上流行的环境可持续指数（ESI）、环境绩效指数（EPI）等环境类指标体系，不同于生态足迹（EF）等自然资源消耗类指标体系，也不同于我国资源节约型和环境友好型社会建设类指标体系。

第三，ECCI 2015强调了经济社会发展、资源利用相对于生态系统承载力而言的绝对协调状况。

善用资源是生态文明建设的重要抓手。所谓善用，指在生态系统承载能力基础上，优化资源利用，减少资源利用之后的污染物排放，真正实现经济社会与自然之间的协调发展。为此，ECCI 2015创设了特色鲜明的"协调程度"评价指标，具体包括8项三级指标。

其中，环境污染治理投资占GDP比重指标，考察的是经济发展与环境治理之间的协调状况。工业固体废物综合利用率和城市生活垃圾无害化率指标，考察的是资源利用与环境之间的协调状况。而COD排放变化效应、氨氮排放变化效应、二氧化硫排放变化效应、氮氧化物排放变化效应、烟（粉）尘排放变化效应等5项指标，考察的是COD、氨氮、二氧化硫等污染物排放相对于水、气、土等生态系统而言的绝对协调状况，也就是说，只有污染物排放没有导致生态系统状况恶化，才是协调的。这是一种底线思维，考虑了生态系统的承载能力。

单位GDP能耗、单位GDP水耗、单位GDP二氧化硫排放量等指标，以及单位GDP人均生态足迹等指标，只是考虑了污染物排放或资源利用相对于经济而言的协调程度，也就是说，只要单位GDP增速快于污染物排放或资源消耗增速，就是协调的。这是一种未考虑生态系统承载极限的相对协调。

第四，ECCI 2015政策导向明确，包括三个方面：强健生态之体，善用环境资源，促进协调发展。

评价生态文明建设的最终目的，是为了促进人与自然和谐双赢的新社会建设：一方面要促进人类经济社会发展，另一方面要促进生态之体加强，资源环境之用变好，二者不可偏废。

ECCI的社会发展指标考察的是人类发展状况，其政策目标是"发展"；生态活力指标考察的是生态建设状况，其政策目标是"强体"；而环境质量和协调程度指标考察的是环境和资源利用状况，其政策目标指向"善用"。

因此，ECCI 2015仍然包括社会发展、生态活力、环境质量和协调程度四项二级指标，并被赋予了相应的权重[①]（参见表1）。

[①]　参见严耕主编《中国省域生态文明建设评价报告（ECI 2010）》，社会科学文献出版社，2010，以及2011、2012、2013、2014年度出版的评价报告。

表1 生态文明建设评价框架

一级指标	二级指标
生态文明建设评价指标体系 ECCI 2015	生态活力(30%)
	环境质量(25%)
	社会发展(15%)
	协调程度(30%)

要说明的是，政府在考评下级政府的生态文明建设绩效时，往往强调考评领导在观念上是否重视，是否制定了相关规章制度，是否开展了相关创建活动，等等，涉及器物、行为、制度和观念等各个层面。而作为第三方的学术评价，ECCI 2015对生态文明建设的量化评价，并没有全部涉及器物、行为、制度和观念四个维度，而是侧重从器物和行为层面展开。这一方面是因为制度和观念层面缺乏权威评价数据，另一方面是因为制度和观念最终也要落实和体现到行为和器物层面。

在该评价框架基础上，基于指标数据可获得性，选取能表征各考察领域状况的代表性三级指标，我们修订创设了生态文明评价指标体系ECCI 2015，并相应赋予了权重（参见表2，ECCI 2015指标解释和数据来源见本书附录1）。

表2 中国省域生态文明建设评价指标体系（ECCI 2015）

一级指标	二级指标	三级指标	权重分	权重(%)	指标解释	指标性质
生态文明建设评价指标体系（ECCI 2015）	生态活力(30%)	森林覆盖率	4	8.57	森林覆盖率	正指标
		森林质量	2	4.29	森林蓄积量/森林面积	正指标
		建成区绿化覆盖率	2	4.29	建成区绿化覆盖率	正指标
		自然保护区的有效保护	4	8.57	自然保护区占辖区面积比重	正指标
		湿地面积占国土面积比重	2	4.29	湿地面积占国土面积比重	正指标

一级指标	二级指标	三级指标	权重分	权重（%）	指标解释	指标性质
生态文明建设评价指标体系（ECCI 2015）	环境质量（25%）	地表水体质量	4	6.67	优于三类水河长比例	正指标
		环境空气质量	5	8.33	省会城市空气质量达到及好于二级的天数占全年比例	正指标
		水土流失率	2	3.33	水土流失面积/土地调查面积	逆指标
		化肥施用超标量	2	3.33	化肥施用量/农作物总播种面积－国际公认安全使用上限值	逆指标
		农药施用强度	2	3.33	农药施用量/农作物总播种面积	逆指标
	社会发展（15%）	人均GDP	5	4.69	人均地区生产总值	正指标
		服务业产值占GDP比例	4	3.75	第三产业产值占地区GDP比例	正指标
		城镇化率	2	1.88	城镇人口比重	正指标
		人均教育经费投入	2	1.88	各地区教育经费/地区总人口	正指标
		每千人口医疗卫生机构床位数	2	1.88	每千人口医疗卫生机构床位数数	正指标
		农村改水率	1	0.94	农村用自来水人口的比例	正指标
	协调程度（30%）	环境污染治理投资占GDP比重	3	4.29	环境污染治理投资占GDP比重	正指标
		工业固体废物综合利用率	4	5.71	工业固体废物综合利用量/工业固体废物产生量	正指标
		城市生活垃圾无害化率	2	2.86	城市生活垃圾无害化率	正指标
		COD排放变化效应	3	4.29	（上年度化学需氧量排放量－本年度化学需氧量排放量）/未达三类水质河流长度	正指标
		氨氮排放变化效应	3	4.29	（上年度氨氮排放量－本年度氨氮排放量）/未达三类水质河流长度	正指标
		二氧化硫排放变化效应	2	2.86	（上年度二氧化硫排放总量－本年度二氧化硫排放总量）×空气质量达到及好于二级的天数占全年比例/辖区面积	正指标
		氮氧化物排放变化效应	2	2.86	（上年度氮氧化物排放总量－本年度氮氧化物排放总量）×空气质量达到及好于二级的天数占全年比例/辖区面积	正指标
		烟（粉）尘排放变化效应	2	2.86	（上年度烟（粉）尘排放总量－本年度烟（粉）尘排放总量）×空气质量达到及好于二级的天数占全年比例/辖区面积	正指标

（二）ECCI 2015的修改

相较于 ECCI 2014，由于统计数据方面的问题，ECCI 2015 作了几处修改和调整。

一是在环境质量考察领域，由于 2014 年环境空气质量综合指数缺少 12 月的数据，环境空气质量指标采用省会城市空气质量达到及好于二级的天数占全年比例数据。

二是在协调程度考察领域，相关统计部门未发布 2013 年度各省份的能源消费量数据，能源消耗变化效应无法评价。而化石能源消耗的结果会导致大气环境污染，因此采用主要的大气污染物二氧化硫、氮氧化物、烟（粉）尘的排放变化效应来代替上年度的能源消耗变化效应指标。

三 ECCI 2015算法及分析方法改进

2015 年度算法及分析方法基本沿袭往年，具体内容见本书附录 2，也可参见 2014 年版生态文明绿皮书。但是对部分指标的计算处理也有所创新，主要体现在协调程度的三级指标，污染物排放变化效应的处理上。

协调程度二级指标，反映的是地区资源能源消耗和污染物排放与生态、环境承载能力之间的关系。其中，水体污染物排放变化效应指标有两项，COD 排放变化效应、氨氮排放变化效应，反映的是水体污染物排放与水体环境容量间的关系。大气污染物排放变化效应指标有三项：二氧化硫排放变化效应、氮氧化物排放变化效应、烟（粉）尘排放变化效应，反映气体污染物排放与大气环境质量变化之间的关系。

对上述指标，2015 年度在继续坚持绝对协调评价的基础上，引入环境质量达标判断。即地区水体质量未达到我国《水污染防治行动计划》所要求的，重点流域水质优良（达到或优于Ⅲ类）比例总体 70% 以上，则水体污染物排放变化效应指标，直接赋予最低等级分 1 分；地区省会城市年均PM2.5 浓度超过二级空气质量年均 PM2.5 浓度上限（35 微克/立方米），大

气污染物排放变化效应指标直接赋予最低等级分 1 分。对于水体质量 100%
达到或优于Ⅲ类水质的地区和省会城市，空气质量 100% 达到或好于二级的
省份，相应水体污染物排放变化效应指标和大气污染物排放变化效应指标，
直接赋予最高等级分 6 分（表明这些地区的水体、大气污染物排放在生态
承载能力范围之内，环境容量仍有盈余）。

四　ECCI 的检测

生态文明建设评价指标体系（ECCI）自建立以来，一直根据生态文明
建设的新情况和可获取的新数据不断改进和更新。在这个过程中，部分三级
指标（甚至二级指标）有所增减，绝大部分二级指标和三级指标的权重比
例等都经过了调整。

那么，ECCI 的指标和权重在经过多次调整以后，是否存在指标体系的
稳定性问题？当前的 ECCI 与之前的版本是否存在巨大差异，甚至可能变成
了不同的内容呢？

为此，我们做了近五年来的 ECCI 指标相关性分析。ECI 2011 至 ECI
2015 的相关性分析结果显示：ECCI 指标体系虽然有一定程度的调整和变
化，但在整体上维持了较好的稳定性，指标之间都高度相关（参见表 3）。
另外，从每年测评的结果来看，虽然部分省份的 ECI 得分及排名在某些年份
有较大变化，但在全国层面上，各省份的 ECI 得分及排名也保持了良好的稳
定性。

表 3　ECI 2011 至 ECI 2015 的相关性

	ECI 2015	ECI 2014	ECI 2013	ECI 2012	ECI 2011
ECI 2015	1				
ECI 2014	0.841 **	1			
ECI 2013	0.705 **	0.712 **	1		
ECI 2012	0.656 **	0.683 **	0.954 **	1	
ECI 2011	0.609 **	0.631 **	0.941 **	0.968 **	1

G.2

第二章
中国生态文明建设的国际比较

课题组使用 ECCI 2015 国际版，对包含中国在内的 111 个国家的生态文明指数（ECI）进行了测算，考察了这些国家生态文明建设四大领域的综合水平，明确了中国生态文明建设水平的国际地位。中国的 ECI 得分在 111 国中排在倒数第三。在具体建设领域，中国环境质量与各国平均水平差距甚大，同时，经济发展与生态环境的不协调也极大牵制了中国生态文明建设水平的上升。这两个薄弱环节是国际上生态文明建设普遍存在的难题，发达国家有诸多经验教训值得中国汲取。此外，中国因经济的飞速发展积累了较多生态环境欠债，生态文明建设面临着超乎寻常的重任。

一　ECCI 2015 国际版

ECCI 2015 是对中国各省域生态文明建设水平进行综合评价的最新指标体系，ECCI 2015 国际版是与之对应的，对世界各国生态文明建设状况进行综合评价的指标体系（见表 1）。在理论基础、目标指向、整体框架和计算方法上，ECCI 2015 国际版与国内版一致；在考察对象的层级上，国内版面向各省份展开评价，国际版则针对各个国家进行考察。由于国家层面和省域层面可获得的指标数据情况不同，所以国际版在一些具体的测评指标选取上，与国内版略有区别。ECCI 2015 国际版与国内版一样，一直在已有基础上不断改进完善。

表 1　ECCI 2015 国际版指标及权重

一级指标	二级指标	三级指标	权重分	权重(%)	指标解释	指标性质
生态文明建设评价指标体系（ECCI 2015）	生态活力（30%）	森林覆盖率	4	10.00	森林覆盖率	正指标
		森林质量	2	5.00	森林蓄积量/森林面积	正指标
		自然保护区的有效保护	4	10.00	自然保护区占辖区面积比重	正指标
		生物多样性效益指数*	2	5.00	相对生物多样性潜力	正指标
	环境质量（25%）	环境空气质量	5	13.89	颗粒物（PM10）浓度/世界卫生组织标准＋颗粒物（PM2.5）浓度/世界卫生组织标准	逆指标
		化肥施用超标量	2	5.56	化肥施用量/耕地面积－国际公认安全使用上限值	逆指标
		农药施用强度	2	5.56	农药施用量/农作物总播种面积	逆指标
	社会发展（15%）	人均GDP	5	4.69	人均地区生产总值	正指标
		服务业附加值占GDP比例	4	3.75	服务业附加值占GDP比例	正指标
		城镇化率	2	1.88	城镇人口比重	正指标
		教育公共开支占GDP的比例	2	1.88	政府在教育方面的支出总额占GDP比例	正指标
		每千人口医疗卫生机构床位数	2	1.88	每千人口医疗卫生机构床位数数	正指标
		农村人口获得改善水源比例	1	0.94	农村获得改善水源人口占总人口比重	正指标
	协调程度（30%）	淡水抽取量占内部资源的比重	2	4.00	水源总抽取量/可再生水资源总量	逆指标
		获得经过改善的卫生设施人口比重**	4	8.00	获得经过改善的卫生设施的人口比重	正指标
		能源消耗变化效应	5	10.00	（上年度能源消耗总量－本年度能源消耗总量）/（PM2.5浓度×国土面积）	正指标
		二氧化碳排放变化效应	4	8.00	（上年度二氧化碳排放总量－本年度二氧化碳排放总量）×人均GDP年增长率/国土面积	正指标

＊生物多样性效益指数是出自世界银行世界发展指标（World Development Indicators, WDI）的一个综合指标，是根据各个国家的代表性物种及其生存受威胁的状况，还有物种栖息地种类的多样性等得到的。该指标的数值已经经过规范化，阈值是0～100，0代表无生物多样性潜力，100表示生物多样性潜力最大。

＊＊获得经过改善的卫生设施的人口比重指标，旨在反映环境卫生状况，以及相应基础设施的普及程度。

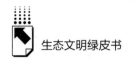

（一）指标体系的完善

2014 年，课题组首次完成了对 105 个国家生态文明指数的量化评价。在 ECCI 2014 国际版的基础上，课题组进行了指标新增、指标置换和指标优化三方面的工作，形成 ECCI 2015 国际版。

1. 指标新增

在生态活力二级指标下新增森林质量三级指标，使用联合国粮农组织（FAO）公布的数据，对森林生态系统进行更为全面的评价。

2. 指标置换

因数据获取受限，将社会发展二级指标下的三级指标人均教育经费投入置换为教育公共开支占 GDP 比例，同样用于衡量教育发展状况。

3. 指标优化

在环境质量二级指标下，扩展环境空气质量指标的考察领域，呼应当前环境空气质量治理的热点，将 PM10 年均值和 PM2.5 年均值都纳入考察范围，并与世界卫生组织（WHO）的空气质量标准挂钩，计算出相应的环境空气质量指数。

协调程度领域，在能源消耗变化效应指标的解释中，根据空气污染物 PM2.5 主要源自燃料燃烧、PM10 主要源于建筑活动、道路扬尘的现状，用 PM2.5 替代了 PM10，以强调通过能源使用总量的降低等举措，减少环境空气质量压力的明确导向。同时，根据生态文明建设人与自然相互和谐的内涵，优化了二氧化碳排放变化效应指标。

必须说明的是，尽管已经不断努力完善，但最终呈现在大家面前的 ECCI 2015 国际版仍有一些遗憾之处，即实际应用的指标体系与理想的设计框架之间仍存在差距。例如，因为难以获取各国湿地生态系统、城市生态系统方面的量化数据，目前生态活力领域的考察主要覆盖的是森林生态系统、生物多样性方面。环境质量的测算方面，世界各国水土保持状况、水资源质量状况的数据也难以得到，所以当下考察的重点仅限于空气质量和土地质量两方面。协调程度领域也是如此，指标数量较为精简。虽然可以获得部分国家某些理想评价指标的原始数据，但覆盖面太窄，涉及的国家样本数量太少，只能忍痛暂时放弃。相对而言，只有社会发展领域数据较容易获取，指标覆盖较为全面。

上述问题也是其他环境类、可持续发展类国际指标，以及 ECCI 国内版等生态文明类指标在应用过程中面临的共同问题。这反映了在实际工作过程中，生态建设、环境保护等方面尚未得到与经济社会发展相当程度重视的现状。

（二）指标计算的细化

在指标计算方面，ECCI 2015 国际版与国内版保持一致。在部分指标的计算上将数据是否达标和超限作为补充判断标准，涉及环境空气质量、能源消耗变化效应和二氧化碳排放变化效应 3 个指标。

环境空气质量指标的计算引入了世界卫生组织的空气质量准则值（见表 2）。该指标涉及 PM10 年均值和 PM2.5 年均值。在计算过程中，如果一个国家的这两项年均值同时达到世界卫生组织的准则值，即 PM10 年均值低于 20 微克/立方米，PM2.5 年均值低于 10 微克/立方米，就能直接获得最高等级分 6 分。如果这两项年均值都没有达到世界卫生组织过渡时期目标 –1，即 70 微克/立方米和 35 微克/立方米，则直接赋予最低等级分 1 分。根据 2010 年数据，PM10 和 PM2.5 均达到世界卫生组织准则值的国家有 11 个，包括大洋洲的澳大利亚、新西兰，欧洲的冰岛、芬兰、瑞典、爱尔兰、爱沙尼亚，中南美洲的伯利兹、苏里南、特立尼达和多巴哥，以及非洲的毛里求斯。两项年均值均未达到世界卫生组织过渡时期目标 –1 的国家有中国、巴基斯坦、沙特阿拉伯和塞内加尔 4 国。

表 2 世界卫生组织空气质量准则值及过渡时期目标*

颗粒物		准则值	过渡时期目标 –3	过渡时期目标 –2	过渡时期目标 –1
PM2.5（微克/立方米）	年平均浓度	10	15	25	35
	24 小时平均浓度	25	37.5	50	75
PM10（微克/立方米）	年平均浓度	20	30	50	70
	24 小时平均浓度	50	75	100	150

* 根据世界卫生组织《关于颗粒物、臭氧、二氧化氮和二氧化硫的空气质量准则（2005 年全球更新版）风险评估概要》整理。过渡时期目标值的确定意在为评价各国在采取持续措施降低空气污染上的努力提供参考。

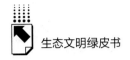

在能源消耗变化效应指标的计算中，PM2.5 年均值未达世界卫生组织过渡时期目标 -1 的国家，也被直接赋予最低等级分 1 分，且不参与该项指标的排名。也即在环境空气质量指标计算中被直接赋予最低等级分 1 分的国家，在能源消耗变化效应指标中也是如此。除中国等 4 个国家外，还有土库曼斯坦、韩国和冈比亚 3 国因 PM2.5 年均浓度超过了 35 微克/立方米，被直接赋予等级分 1 分。

二氧化碳排放变化效应指标的计算也应用了达标判断。调整后的二氧化碳排放变化效应指标，旨在考察一个国家在温室气体减排方面是否有成效，减排与经济社会发展是否同步。从生态文明建设的内涵来看，在经济不断发展的同时，能够通过生产生活方式的绿色转型实现温室气体的减排、生态环境压力的降低，才是人与自然的真正和谐共赢。在优化该指标时，考虑到对于发展中国家和欠发达国家来说，一味单纯强调减排是盲目的，经济发展、人民生活水平的提高仍然是这些国家首先要解决的问题，在这些国家，经济增长伴随的二氧化碳排放增加也是可以理解和接受的阶段性特征。但是，既未实现减排，又未实现经济增长的状态是与生态文明建设目标相悖的。2009～2010 年，共有 4 个国家人均 GDP 没有增长，同时二氧化碳排放量却没有降低，被直接赋予了最低等级分 1 分。这 4 个国家分别是特立尼达和多巴哥、挪威、赤道几内亚和巴基斯坦。

在量化评价的国际比较中，数据缺失是客观存在的难题，课题组对缺失值进行了细致的处理。数据整理过程中发现，一些国家缺少较多原始数据，为保证评价结果的客观性，这些国家已经被剔除出整体样本，不参与量化评价。保留在评价样本中共计 111 个国家，其中一些国家有个别指标缺少原始数据，首选用可获取的最相近年份数值进行填补。但第一轮缺失值填补后，仍有国家在个别指标上完全没有相应的统计数据，整体样本最后缺少 14 个原始数据，缺失率为 0.74%。意大利等 10 个国家各缺少 1 个原始数据，黑山和海地 2 个国家各缺少 2 个原始数据。缺失数据分布在化肥施用强度、服务业附加值占 GDP 比例等 7 个指标上。对这些缺失值，课题组用其他国家原始数据的平均值来填补，尽可能地保证评价结果的客观性。

二 环境质量——中国与世界各国的最大差距

中国的 ECI 得分在 111 个国家中排在第 109 位。4 个核心指标领域中，生态活力得分处于中上游水平，是表现最好的二级指标领域；社会发展得分处于中下游水平，与我国经济发展水平相当；环境质量和协调程度得分表现最差，分别位列倒数第一和倒数第三位（见表 3）。可见，环境质量得分成为中国与世界各国的最大差距，经济与生态和环境之间还严重不协调。

表 3　中国生态文明建设国际比较二级指标情况汇总

二级指标	得分	排名	等级
生态活力(满分为 30.6)	19.55	38	2
环境质量(满分为 25.5)	5.20	111	4
社会发展(满分为 15.3)	8.90	73	3
协调程度(满分为 30.6)	10.54	109	4

（一）生态文明指数的世界排名

ECCI 2015 国际版对 111 个国家的生态文明建设综合水平进行了评价（见表 7）。被纳入考察样本的这 111 个国家，国土面积之和占整个世界的 85.55%，人口总量占世界的 88.17%，经济总量占世界的 94.53%，具有相当的代表性。

ECI 国际排行榜中，得分排在前三位的是加拿大、瑞士和苏里南（见表 4）。加拿大除生态活力处于中上水平之外，其他三个领域都处于第一等级，稳坐头把交椅。瑞士生态活力和环境质量为第二等级，社会发展和协调程度处于第一等级。苏里南作为前三位中唯一的中高等收入国家①，在社会

① 苏里南地处南美洲北部，2013 年人均 GDP 为 9825.74 美元。

发展领域的表现稍差，为第三等级，其他方面都处于第一等级，成功将探花纳入囊中。

得分最高的 10 个国家中，仅有两个中高等收入国家，即苏里南和伯利兹①，其余均为高收入国家，且均为经济合作与发展组织国家。在第 11 ~ 20 名中，也仍然是高收入国家占据大部分席位，中低等收入国家占据两席，分别是不丹和刚果（布）②。

巴基斯坦、孟加拉国和中国处于排行榜的最后三位。孟加拉国在四个生态文明建设领域中，只有协调程度处于第三等级，其余三个方面都处于下游水平。而巴基斯坦在四个领域均处于下游水平。

表 4　各国生态文明指数及排名 ECI 2015（以得分为序）

国家	ECI 得分	排名	国家	ECI 得分	排名	国家	ECI 得分	排名
加拿大	81.71	1	纳米比亚	64.82	38	阿尔巴尼亚	58.53	75
瑞士	78.36	2	尼加拉瓜	64.76	39	斯里兰卡	58.19	76
苏里南	76.62	3	日本	64.53	40	阿尔及利亚	57.94	77
芬兰	75.45	4	希腊	64.49	41	塔吉克斯坦	57.78	78
斯洛文尼亚	75.03	5	科特迪瓦	64.39	42	马来西亚	57.64	79
澳大利亚	74.97	6	哥斯达黎加	63.78	43	摩尔多瓦	56.74	80
瑞典	73.93	7	巴拿马	63.71	44	博茨瓦纳	56.61	81
卢森堡	73.34	8	南非	63.44	45	吉尔吉斯斯坦	56.24	82
伯利兹	71.73	9	多米尼加	63.35	46	伊朗	55.80	83
冰岛	71.63	10	荷兰	63.09	47	泰国	55.29	84
新西兰	71.01	11	玻利维亚	63.05	48	尼泊尔	55.08	85
立陶宛	70.74	12	比利时	62.88	49	津巴布韦	54.98	86
葡萄牙	70.71	13	喀麦隆	62.87	50	马耳他	54.97	87
爱尔兰	70.68	14	黑山	62.83	51	哈萨克斯坦	54.92	88
斯洛伐克	70.10	15	塞浦路斯	62.78	52	以色列	54.72	89
丹麦	70.03	16	塞尔维亚	62.70	53	摩洛哥	54.17	90
德国	69.95	17	莫桑比克	62.68	54	乌克兰	54.06	91
英国	69.75	18	俄罗斯	62.56	55	埃塞俄比亚	53.21	92

---

① 伯利兹地处中美洲东北部，2013 年人均 GDP 为 4893.93 美元。
② 不丹和刚果（布）2013 年人均 GDP 分别为 2362.58 美元和 3167.05 美元。

国家	ECI 得分	排名	国家	ECI 得分	排名	国家	ECI 得分	排名
不丹	69.54	19	几内亚比绍	62.18	56	肯尼亚	53.04	93
刚果(布)	69.21	20	坦桑尼亚	62.08	57	海地	52.66	94
美国	68.91	21	墨西哥	62.05	58	突尼斯	52.55	95
奥地利	68.61	22	乌拉圭	62.02	59	约旦	52.50	96
法国	68.39	23	洪都拉斯	61.40	60	土耳其	52.30	97
西班牙	68.31	24	哥伦比亚	61.31	61	塞内加尔	50.93	98
巴西	68.30	25	刚果(金)	61.18	62	苏丹	50.88	99
拉脱维亚	67.65	26	罗马尼亚	61.02	63	韩国	50.64	100
保加利亚	67.64	27	危地马拉	60.66	64	也门	50.29	101
爱沙尼亚	67.17	28	意大利	60.44	65	加纳	49.12	102
赤道几内亚	65.44	29	毛里求斯	60.37	66	沙特阿拉伯	48.33	103
赞比亚	65.40	30	牙买加	60.26	67	越南	47.33	104
亚美尼亚	65.32	31	缅甸	60.16	68	冈比亚	46.92	105
挪威	65.27	32	特立尼达和多巴哥	59.84	69	埃及	45.52	106
克罗地亚	65.25	33	印度尼西亚	59.84	69	印度	44.80	107
安哥拉	65.22	34	波兰	59.82	71	土库曼斯坦	44.45	108
匈牙利	65.22	34	秘鲁	59.25	72	中国	44.19	109
阿根廷	64.87	36	黎巴嫩	58.95	73	孟加拉国	42.67	110
捷克	64.86	37	智利	58.54	74	巴基斯坦	38.77	111

注：ECI 国际版满分为 102 分，最低分为 17 分。ECI 2015 中，排名第 1~18 位的国家处于第一等级，排名第 19~61 位的国家处于第二等级，排名第 62~93 位的国家处于第三等级，其余国家得分处于第四等级。

ECI 国际排行榜的后十位国家中，中等收入国家占大多数，其中，中低等收入国家占据半壁江山，中高等收入国家占两席，为土库曼斯坦和中国；其余为两个低收入国家冈比亚和孟加拉国，以及一个高收入国家沙特阿拉伯。沙特阿拉伯主要受限于环境质量和协调程度的落后，与中国的情况较为类似，尤其是在环境空气质量的改善方面，也面临较大挑战。但中国面临的环境污染问题比沙特阿拉伯更复杂，社会发展方面也有距离，因而中国的排名更为靠后。

对 ECI 得分与各国经济发展水平之间的相关性进行考察可以看到，两者为显著正相关，相关系数为 0.583（见图1）。这意味着，大部分国家的 ECI 得分与其经济发展水平是相当的。在 ECI 的排行榜中，高收入国家和中高等收入国家也多集中于前 56 名，中低收入国家和低收入国家主要分布在后 55 名（见表5）。

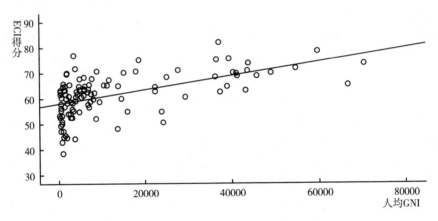

图1　各国 ECI 得分与人均 GNI 相关性

表5　ECI 排行榜中不同收入水平国家分布*

	高收入国家	中高等收入国家	中低等收入国家	低收入国家
ECI 排行榜第 1~56 名	26	17	8	5
ECI 排行榜第 57~111 名	6	12	19	18

*收入水平的划分依据世界银行的世界发展指标（World Development Indicators，WDI）2015 年的评价标准，即 2013 年人均国民总收入（GNI）低于或等于 1045 美元的为低收入国家，高于 1045 美元但低于 12746 美元的为中等收入国家，其中又以 4125 美元为中高等收入国家和中低等收入国家的分界线，高于或等于 12746 美元的为高收入国家。

（二）中国生态文明建设现状

中国生态文明建设的整体状况堪忧，ECI 得分未达 111 国平均水平 61.31 分，仅略高于第一名加拿大得分的一半。从 4 个二级指标的得分来看，中国只在生态活力领域的得分超过了平均水平，社会发展领域的得分为平均分的87.14%，协调程度的得分为平均分的58.17%，环境质量的得分仅为平均分的35.10%（见图2）。

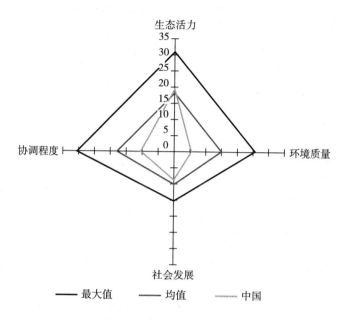

图2　中国生态文明建设国际比较雷达图

　　生态活力领域得分尚可（见表6），一方面得益于中国近年来生态系统的建设和维护在不断推进，森林覆盖率和蓄积量、自然保护区面积都在稳步增长；另一方面，中国空间格局复杂多变，拥有缤纷多样的生态系统、异常丰富的物种资源，在生物多样性方面占有很大优势。但考虑到湿地等陆地及海洋生态系统受经济活动影响面临巨大压力，以及自然保护区建设质量不均等问题，中国在生态活力领域相对突出的成绩也不容乐观。例如，第二次全国湿地资源调查（2009~2013）结果显示，与2003年完成的第一次调查数据相比，全国湿地总面积减少了339.63万公顷，减少了8.82%。此外，中国海岸线绵长，海域广阔，虽然近年来加大了海域保护力度，但仍面临重大海洋污染事故频发、近岸海域污染严重、海洋生态环境受损严重等诸多问题。这些都还只是中国当下面临的各种生态系统问题的几个方面。若得不到

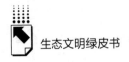

控制，由量的累积产生质变，整个生态系统遭到破坏，社会发展的根基也将无所依傍。

表6　中国生态文明建设国际比较评价结果

一级指标	二级指标	三级指标	指标数据	排名	等级
生态文明指数（ECI 2015）	生态活力	森林覆盖率	22.62%	70	3
		森林质量	71 立方米/公顷	73	3
		自然保护区的有效保护	16.12%	51	2
		生物多样性效益指数	66.61	6	1
	环境质量	环境空气质量	11.52	108	4
		化肥施用超标量	422.62 千克/公顷	102	4
		农药施用强度	17.81 千克/公顷	109	4
	社会发展	人均 GDP	6807.43 现价美元	61	3
		服务业附加值占 GDP 比例	46.09%	90	3
		城镇化率	53.17%	75	3
		教育公共开支占 GDP 的比例	4.28%	69	3
		每千人口医疗卫生机构床位数	3.90 张	36	2
		农村人口获得改善水源比例	84.90%	76	3
	协调程度	淡水抽取量占内部资源的比重	19.70%	70	3
		获得经过改善的卫生设施人口比重	65.30%	81	3
		能源消耗变化效应	−2983347.25	—*	4
		二氧化碳排放变化效应	−6280.41	102	4

　　* 能源消耗变化效应指标，因中国空气质量未达下限，故直接划为第四等级，未参与该指标排名。

　　中国较差的环境质量状况同时也警示我们，生态危机或许并不遥远。环境问题发生在生态系统与人类社会联系最紧密的要素领域，如空气、水、土壤等，最容易受到人们的关注，实际上也是生态危机的一部分。在环境空气质量方面，2010 年在全国尺度上的 PM10 和 PM2.5 年均值水平，都没有达到世界卫生组织空气质量过渡时期的最低目标值。2014 年全国监测的 161 个城市 PM10 和 PM2.5 年均浓度的平均值为 105 微克/立方米和 62 微克/立方米[1]，仍然与世界卫生组织的最低目标值有一定差距。在土壤质量方面，中国 2012 年每公顷耕地上平均施用了 647.62 千克化肥，2010 年的农药施用强度为 17.81 千克/公顷。虽然中国农业通过大量施用化肥和农药获得了超过世界总产量 1/5 的谷物、水果收成，以及超过 1/3 的茶叶产量，但也付出了相当大的环境代价，土壤酸化、地下水硝酸盐污染等问题十分严重。此外，从 2011 年至 2014 年，城市地下水质监测总体样本中，较差和极差水质监测点之和所占比重已从 55% 上升至 61.5%，在连续监测的站点中，水质变差的比重在 15.2% ~ 19.4%[2]。2014 年北方 17 省流域浅层地下水样本中，较差和极差的比例已经占到 84.8%[3]。

中国在社会发展领域所取得的成绩是有目共睹的，相较于自身原有基础已经获得了巨大的进步。不过，受限于内部发展的不均衡，中国社会发展整体还没有提升至较高水平；一些具体领域，如人均收入水平、产业结构转型等方面，与世界平均水平仍有差距，也未能满足生态文明建设的要求。中国的社会发展如果能够保持进步态势，层次跃升是指日可待的。但因老龄化社会快速到来等因素的影响，中国需要警惕跌入中等收入陷阱。

协调程度是中国生态文明建设领域的又一短板（见表 6）。总体来看，水资源利用的压力似乎不大，但中国人均水资源匮乏、分布极度不匀仍是事实。获得经改善的卫生设施的人口比重为 65.3%，在各国中处于中下游水平，虽然略高于 63.25% 的世界平均水平，但仍可以从一个侧面反映出，与环境相协调的生活方式还没有得到普及。这也可以从 2014 年个别省份生活垃圾无害化处理率未达 50% 的情况得到印证。能源消耗变化效应和二氧化碳排放变化效应的水平都处于第四等级，集中体现了中国在社会进

---

[1]　中华人民共和国环境保护部：《2014 年中国环境状况公报》，http：//jcs. mep. gov. cn/hjzl/zkgb/2014zkgb/，2015 - 06 - 29。

[2]　中华人民共和国环境保护部：2011 年、2012 年、2013 年、2014 年《中国环境状况公报》，http：//jcs. mep. gov. cn/hjzl/zkgb/，2015 - 06 - 29。

[3]　中华人民共和国环境保护部：《2014 年中国环境状况公报》，http：//jcs. mep. gov. cn/hjzl/zkgb/2014zkgb/，2015 - 06 - 29。

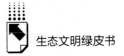
表 7　各国生态文明指数及排名 ECI 2015（以音序排列）

国家	ECI得分	排名	国家	ECI得分	排名	国家	ECI得分	排名
阿尔巴尼亚	58.53	75	黑山	62.83	51	塞尔维亚	62.7	53
阿尔及利亚	57.94	77	洪都拉斯	61.4	60	塞内加尔	50.93	98
阿根廷	64.87	36	吉尔吉斯斯坦	56.24	82	塞浦路斯	62.78	52
埃及	45.52	106	几内亚比绍	62.18	56	沙特阿拉伯	48.33	103
埃塞俄比亚	53.21	92	加拿大	81.71	1	斯里兰卡	58.19	76
爱尔兰	70.68	14	加纳	49.12	102	斯洛伐克	70.1	15
爱沙尼亚	67.17	28	捷克	64.86	37	斯洛文尼亚	75.03	5
安哥拉	65.22	34	津巴布韦	54.98	86	苏丹	50.88	99
奥地利	68.61	22	喀麦隆	62.87	50	苏里南	76.62	3
澳大利亚	74.97	6	科特迪瓦	64.39	42	塔吉克斯坦	57.78	78
巴基斯坦	38.77	111	克罗地亚	65.25	33	泰国	55.29	84
巴拿马	63.71	44	肯尼亚	53.04	93	坦桑尼亚	62.08	57
巴西	68.3	25	拉脱维亚	67.65	26	特立尼达和多巴哥	59.84	69
保加利亚	67.64	27	黎巴嫩	58.95	73	突尼斯	52.55	95
比利时	62.88	49	立陶宛	70.74	12	土耳其	52.3	97
冰岛	71.63	10	卢森堡	73.34	8	土库曼斯坦	44.45	108
波兰	59.82	71	罗马尼亚	61.02	63	危地马拉	60.66	64
玻利维亚	63.05	48	马耳他	54.97	87	乌克兰	54.06	91
伯利兹	71.73	9	马来西亚	57.64	79	乌拉圭	62.02	59
博茨瓦纳	56.61	81	毛里求斯	60.37	66	西班牙	68.31	24
不丹	69.54	19	美国	68.91	21	希腊	64.49	41
赤道几内亚	65.44	29	孟加拉国	42.67	110	新西兰	71.01	11
丹麦	70.03	16	秘鲁	59.25	72	匈牙利	65.22	34
德国	69.95	17	缅甸	60.16	68	牙买加	60.26	67
多米尼加	63.35	46	摩尔多瓦	56.74	80	亚美尼亚	65.32	31
俄罗斯	62.56	55	摩洛哥	54.17	90	也门	50.29	101
法国	68.39	23	莫桑比克	62.68	54	伊朗	55.8	83
芬兰	75.45	4	墨西哥	62.05	58	以色列	54.72	89
冈比亚	46.92	105	纳米比亚	64.82	38	意大利	60.44	65
刚果（布）	69.21	20	南非	63.44	45	印度	44.8	107
刚果（金）	61.18	62	尼泊尔	55.08	85	印度尼西亚	59.84	69
哥伦比亚	61.31	61	尼加拉瓜	64.76	39	英国	69.75	18
哥斯达黎加	63.78	43	挪威	65.27	32	约旦	52.5	96
哈萨克斯坦	54.92	88	葡萄牙	70.71	13	越南	47.33	104
海地	52.66	94	日本	64.53	40	赞比亚	65.4	30
韩国	50.64	100	瑞典	73.93	7	智利	58.54	74
荷兰	63.09	47	瑞士	78.36	2	中国	44.19	109

步、经济发展过程中，增长方式与资源、环境之间的矛盾突出。中国目前经济发展进入新常态，追求能源消耗的总量减少和温室气体的绝对减排显然不现实。对中国来说更现实的选择是，一方面逐步减缓能源消耗总量增长的速度，使之低于经济增长速率；另一方面，调整能源消费结构，降低煤炭消费比重，增加对清洁能源的使用。

三　中国生态文明建设面临的共性难题与个性挑战

通过国际比较，中国可以明确自身在生态文明建设上与其他国家有多大差距，同时也可以进一步认清自身存在的问题，找到难点和突破点。与以发达国家为主体的经济合作与发展组织（OECD）的比较可以发现，中国生态文明建设中的软肋——环境质量差和协调程度低，也是生态文明建设的普遍难点。与金砖国家比较可以发现，中国生态文明建设水平大幅落后于经济发展水平，在金砖国家中最为突出。

（一）环境质量和协调程度是普遍存在的难点

当前，中国生态文明建设面临世界共性难题，即环境质量的提升和协调程度的提高。这个共性难题同样反映在 OECD 成员国中。有世界"富人俱乐部"称谓的 OECD，其成员国占据了生态文明建设排行榜前 25 名中的 19 个席位，生态文明建设的成就较为突出（见表 4）。34 个成员国中，加拿大等 15 个国家 ECI 得分处于第一等级，美国等 13 个国家处于第二等级，意大利等 4 国处于第三等级，土耳其和韩国得分处于第四等级。从二级指标得分情况来看，所有 OECD 国家的社会发展得分都在中上游及以上水平，彰显了"富人俱乐部"的特点。

将意大利、土耳其和韩国这些 ECI 得分处于第三和第四等级的 OECD 国家，与处于第一等级的 OECD 国家进行对比可以发现，得分较低的国家与得分较高的国家的主要差距，是在环境质量和协调程度领域（见表 8）。处于第一等级的 OECD 国家，在环境质量方面都较好，得分都处在上游或中上游水平。

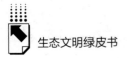

表8 OECD国家和金砖国家ECI及二级指标等级（按音序排列）

国家		生态活力 得分等级	环境质量 得分等级	社会发展 得分等级	协调程度 得分等级	ECI 得分等级
OECD 国家	爱尔兰	3	1	1	1	1
	爱沙尼亚	2	1	2	3	2
	奥地利	2	2	1	2	2
	澳大利亚	2	1	1	2	1
	比利时	3	3	1	3	2
	冰岛	4	1	1	1	1
	波兰	2	3	2	3	3
	韩国	2	4	2	4	4
	丹麦	3	2	1	2	1
	德国	1	2	1	3	1
	法国	2	2	1	2	2
	芬兰	2	1	1	2	1
	荷兰	2	3	1	3	2
	加拿大	2	1	1	1	1
	捷克	2	2	2	2	2
	卢森堡	1	2	1	2	1
	美国	1	2	1	3	2
	墨西哥	2	3	2	3	2
	挪威	3	1	1	3	2
	葡萄牙	3	2	2	1	1
	日本	2	3	1	3	2
	瑞典	2	1	1	2	1
	瑞士	2	2	1	1	1
	斯洛伐克	2	2	2	2	1
	斯洛文尼亚	1	2	2	1	1
	土耳其	3	3	2	4	4
	西班牙	2	2	1	2	2
	希腊	3	3	1	2	2
	新西兰	1	2	1	3	1
	匈牙利	3	2	2	2	2
	以色列	4	4	1	2	3
	意大利	2	3	2	3	3
	英国	2	2	1	2	1
	智利	3	4	2	2	3

国家		生态活力得分等级	环境质量得分等级	社会发展得分等级	协调程度得分等级	ECI得分等级
金砖国家	巴西	1	2	2	4	2
	俄罗斯联邦	2	1	2	4	2
	南非	3	2	2	2	2
	印度	3	4	3	4	4
	中国	2	4	3	4	4

而处于第三和第四等级的 OECD 国家，环境质量二级指标得分处于中下游及下游水平。在协调程度方面，加拿大等 ECI 得分处于第一等级的国家没有处于下游的二级指标，得分集中于中上游水平。而总分靠后的 OECD 国家，协调程度得分主要集中在中下游水平。以排名靠后的韩国为例，与中国的情况非常相似，空气质量相关指数不达标，化肥施用强度过高，农药施用强度太大，使得环境质量得分很低。另外，韩国 PM2.5 年均值未达世界卫生组织最低标准，直接影响了协调程度中相应指标的得分；二氧化碳排放增幅明显，使得协调程度得分落后。中国的另一邻国日本，也存在类似情况，化肥和农药的相关指标排名相对靠后，能源和二氧化碳的环境影响也是如此，否则整体排名或应更为靠前。

对比 OECD 的具体情况可见，中国生态文明建设中的软肋环境质量差和协调程度低，也是各国生态文明建设中的普遍难点。即便是经济较为发达的OECD 国家，在提升环境质量和提高经济社会发展与生态环境的协调程度方面，也面临着巨大挑战，经济发展水平的提升并非可以自然而然地解决生态环境问题，还需要生产方式和生活方式转变以及生态环境治理机制的完善加以推动。

（二）中国的生态文明建设水平远落后于经济发展

除面临共性难题外，中国的生态文明建设还遭遇个性化问题。如前所述，从整体来看，各国经济发展水平与生态文明建设水平基本保持同步。但中国的情况相对特殊，即生态文明建设水平大幅落后于经济发展水平，经济

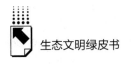

发展与生态环境保护之间的矛盾相当尖锐。从社会发展程度与环境质量、协调程度排名的差距可见一斑（见表3）。

中国的特殊情况是否也存在于其他新兴经济体中？众所周知，中国在实行改革开放后，经济运行保持了较高的增长速度。1978～2013年，中国年均GDP增长率为9.9%[①]，现已成长为全球最有活力的经济体之一。对比同为新兴经济体的其他金砖国家，可以看到，除南非外，中国、印度、巴西、俄罗斯4国，经济社会发展与生态环境质量的矛盾都非常突出，协调程度的得分都差强人意，皆处于第四等级（见表8）。印度和中国一样，不仅协调程度差，环境质量也不好，但印度的化肥和农药施用强度都远低于中国，在环境质量上的整体得分高于中国，使得印度虽然在绝大部分领域未超越中国，却凭借这些相对优势ECI总分略高于中国，排名比中国高两位。考虑到中国人均收入水平高于印度，中国生态文明建设与经济发展水平之间的落差更大。

经济快速发展与生态环境建设落伍，意味着中国在相对较短的时间内已经积聚了相对更多的生态、环境、资源问题，污染累积的速度和规模也可能是前所未有的，欠了较多的生态、环境、资源债，解决问题的难度也超乎寻常。虽然中国经济发展已经进入新常态，但不低于7%的GDP增速仍然高于一般水平。要缓和并最终解决上述矛盾，避免负面效应的集中全面爆发，就必须加快生态文明建设，转变经济发展方式，从战略上将生态文明建设作为与改革开放具有同等重要性的伟大创举——绿色创举。

（三）生态文明建设是中国创造历史的最新机遇

中国生态文明建设的着力点是什么？ECI排行榜中得分靠前的OECD国家，可以给中国的生态文明建设提供一些启示。这些国家的生态文明建设主要呈现为两种类型，一种是各方面都相对较好、建设水平较为均衡，如加拿大、瑞士、澳大利亚、德国、英国等。这无疑是生态文明建设较为理想的状态，可视为中国未来的方向和目标；但中国生态文明建设所处的条件和空间

[①] 根据世界银行数据计算。

显然与之大不相同，不能通过转移环境污染和生态赤字等方式实现华丽转身。另一种是生态基础相对较弱，环境质量中等，社会发展和协调程度较好，如冰岛、丹麦、葡萄牙和爱尔兰等。这种发展类型给予我们更多的思考，即使生态基础较为薄弱，通过推进生态环境治理和经济发展方式的绿色转型，也能够达到较高的生态文明建设水平。

生态文明建设要着眼于生态、环境和资源的全方位覆盖与有机协调。生态、环境和资源是一体两用的关系，环境和资源都是生态系统为人所用后体现出来的属性。环境污染治理、规范资源利用都是生态文明建设的重要部分，若将其与生态根基割裂开来，没有放置于整个生态系统内进行统筹，未以生态先行，就容易陷入被动应付模式，效果将是事倍功半的。环境质量既是最容易为人所感知的领域，也是最能直接提升生态文明建设水平的领域。相关分析也显示，在 ECI 2015 国际版中，ECI 得分与四个二级指标相关性都较为显著（见表9）。其中环境质量得分与 ECI 得分相关性最高，联系最为紧密。伴随着诸多环境污染问题的产生，以及公众生态意识的提升，中国已经加快了环境治理的步伐。但遗憾的是，单纯将生态文明建设等同于环境保护的观念和实践仍然屡见不鲜。甚至在环境保护实践中，也存在看重空气质量改善、轻视土壤污染修复等倾向。基于一体两用论和强体善用论，在实践中，中国生态文明建设要确立"生态立国"理念，在此基础上加强资源节约型和环境友好型社会建设。

表9　各国 ECI 得分与二级指标相关性

	ECI 得分	生态活力 得分	环境质量 得分	社会发展 得分	协调程度 得分
ECI 得分	1	0.562 **	0.747 **	0.556 **	0.650 **
生态活力得分	0.562 **	1	0.254 **	0.088	0.000
环境质量得分	0.747 **	0.254 **	1	0.216 *	0.313 **
社会发展得分	0.556 **	0.088	0.216 *	1	0.336 **
协调程度得分	0.650 **	0.000	0.313 **	0.336 **	1

** 指在 0.01 水平（双侧）上显著相关，* 指在 0.05 水平（双侧）上显著相关。

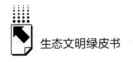

生态文明建设要着眼于速度与质量并重。中国当前面临的环境质量危机，主要源于在追赶型经济发展过程中速度与质量的失衡。经济高速增长的同时，加速累积了大量的环境问题；但对环境治理的重视不够，实施中存在落实不到位等问题。生态文明建设不能片面追求速度，应坚持质量、速度、空间与时间多维度并重。

生态文明建设要着眼于建立健全的制度和有效的机制。合理的制度安排为生态文明建设提供了行为导向和保障。建立健全的生态文明制度体系和有效的运行机制要着眼于行政规制型、市场激励型、宣传教育型等不同类型制度安排的有机结合。对各级政府、各部门进行生态文明建设绩效考评，建立硬约束考核评价机制，健全管理体制；建立相应的激励机制，发挥市场的作用；强化生态环境教育，激发公众参与和监督生态文明建设的积极性。

生态文明建设要着眼于生产方式和生活方式绿色转型的齐抓并举。通过经济发展方式转型促进生态文明建设，是实现和谐发展、提高社会与自然协调程度的根本途径，主要通过生产方式和生活方式的绿色转型来实现。生产方式的绿色转型，体现在产业结构调整上，是物耗低、技术含量高、环境友好的行业和部门对产出的贡献值不断增大；在资源效能方面，单位产值的能源、水资源消耗应不断下降，能源消费结构优化，资源的循环利用水平上升；在生产的环境影响方面，单位产值对应的废气、废水排放量应不断下降，减少农业生产中的农药化肥污染；在污染治理方面，应加大人力、物力投资，加强监控监管。

近年来，中国在推进绿色生产方面已经取得显著进展，但绿色生活还未得到相应的重视，切不可错失良机。随着民众生活水平的不断提高，日常生活的实物消费、能源消费也将随之大量增加，如果不能及时普及绿色生活方式，以中国庞大的人口规模，生活消费对生态系统造成的压力势必更大，生活污染叠加生产污染，将加剧社会与自然之间的矛盾。绿色生活方式，应该是物质与精神生活丰富，同时又环境友好、资源节约；既需要个体消费者的主动选择，也需要政府提供完善的公共服务，还需要市场提供优质的产品。

近代以来，中国就是在各种严峻挑战中奋力前行，开拓创新，已经实现了两次历史性飞跃。第一次是通过革命战争建立了新中国，实现了"站起来"的目标；第二次是实行了改革开放，实现了"富起来"的目标。如今，建设生态文明，打造美丽中国，让中国"美起来"，就是中国面临的第三次历史性飞跃的挑战和机遇。如果说"站起来"的中国是中国特色社会主义1.0，"富起来"的中国是中国特色社会主义2.0，"美起来"的中国则是中国特色社会主义3.0。中国每一次的历史性飞跃，都对世界作出了巨大贡献，尤以第三次的历史性飞跃贡献为巨。

　　课题组通过国际比较研究，诊断中国生态文明建设的问题所在，找准全面推进生态文明建设的方向和着力点。中国的生态文明建设水平目前在国际上相对落后，这既是挑战又是机遇。生态文明建设始于理念、制度和行动。树立生态立国的理念，建立系统的制度框架，开展有效的治理行动，是建设美丽中国、实现永续发展的出路。

G.3

第三章
生态文明建设类型

省域生态文明指数作为多指标综合评价的结果，仅反映了各省份整体生态文明建设的相对状况。为进一步掌握各省份生态文明的类型特点，以便在生态文明建设中采取更具针对性的措施，课题组根据各省份二级指标得分，同时兼顾各省份的自然环境、经济社会发展、主体功能区定位等因素，将中国 31 个省份划分为六个不同的生态文明建设类型。通过探寻各类型的具体特点，希望能够帮助各省份确立未来努力的方向，在"强体善用"这个总的生态文明建设方略指导下，提出行之有效的具体策略和办法。

一 划分方法

对各省生态文明建设情况进行分类，采用的是描述统计方法。具体做法如下。

首先，将 2014 年各省生态文明建设的 4 个二级指标得分，按照"平均值±标准差"的方法，从高到低划分为 4 个等级。指标得分大于平均值+标准差的省份为第一等级，得分介于平均值到"平均值+标准差"之间的省份为第二等级，得分在"平均值－标准差"到平均值之间的省份为第三等级，得分小于"平均值－标准差"的省份是第四等级（见表1）。

表1 四个二级指标得分及等级

地 区	生态活力	地 区	环境质量	地 区	社会发展	地 区	协调程度
四 川	33.94	西 藏	29.20	北 京	20.48	海 南	28.11
黑龙江	31.89	青 海	27.20	上 海	20.48	北 京	27.43
辽 宁	31.89	云 南	25.20	天 津	18.68	福 建	27.43
海 南	29.83	广 西	24.80	江 苏	17.33	广 西	25.71
吉 林	29.83	贵 州	24.80	浙 江	16.65	湖 南	24.34
广 东	28.80	海 南	24.40	广 东	15.98	云 南	23.31
北 京	27.77	黑龙江	23.20	辽 宁	15.30	江 西	22.29
福 建	27.77	吉 林	23.20	山 东	15.08	广 东	21.26
江 西	27.77	湖 南	22.80	内蒙古	14.18	四 川	20.91
重 庆	27.77	江 西	22.40	重 庆	13.95	西 藏	20.23
西 藏	26.74	福 建	22.00	福 建	13.73	陕 西	18.17
浙 江	26.74	新 疆	22.00	海 南	13.28	新 疆	17.83
广 西	25.71	广 东	20.80	吉 林	13.05	浙 江	17.49
云 南	25.71	浙 江	20.80	新 疆	12.83	山 东	17.49
青 海	25.71	上 海	20.80	宁 夏	12.83	宁 夏	17.49
江 苏	25.71	辽 宁	20.80	黑龙江	12.60	安 徽	17.49
湖 北	25.71	内蒙古	20.80	陕 西	12.38	青 海	17.14
天 津	24.69	江 苏	20.40	湖 北	12.38	江 苏	16.80
内蒙古	24.69	重 庆	20.40	西 藏	12.04	天 津	16.80
陕 西	24.69	宁 夏	20.00	山 西	11.93	重 庆	16.11
山 东	24.69	北 京	19.60	湖 南	11.70	贵 州	16.11
安 徽	24.69	陕 西	19.60	青 海	11.70	内蒙古	15.77
湖 南	23.66	湖 北	19.60	四 川	11.48	山 西	15.43
上 海	23.66	甘 肃	19.60	贵 州	11.48	上 海	15.09
贵 州	23.66	四 川	19.20	河 北	10.58	河 南	14.74
新 疆	22.63	安 徽	18.80	广 西	10.35	湖 北	14.06
甘 肃	22.63	天 津	18.00	江 西	10.35	甘 肃	14.06
河 南	22.63	山 西	17.20	云 南	10.13	黑龙江	13.03
宁 夏	21.60	山 东	16.80	甘 肃	10.13	吉 林	12.34
山 西	21.60	河 南	16.80	河 南	10.13	河 北	12.34
河 北	20.57	河 北	14.80	安 徽	9.23	辽 宁	12.00

说明：□覆盖的省份，为第1等级，▨为第2等级，□为第3等级，▨为第4等级。

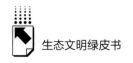

然后，对各省份 4 项二级指标赋予相应等级分。处于第一等级的省份获得等级分 4 分，第二等级得 3 分，第三等级得 2 分，第四等级则得 1 分（见表 2）。

表 2　各省四个二级指标等级分

地区	类型	地区	类型	地区	类型	地区	类型
海　南	4424	江　西	3323	吉　林	4321	宁　夏	1222
北　京	3244	湖　南	2324	重　庆	3232	湖　北	2222
福　建	3334	青　海	2422	天　津	2142	安　徽	2212
西　藏	3423	浙　江	3242	贵　州	2422	甘　肃	1212
广　东	3233	黑龙江	4321	内蒙古	2232	山　西	1122
广　西	2424	江　苏	2242	新　疆	1322	河　南	1112
四　川	4223	上　海	2242	陕　西	2222	河　北	1121
云　南	2414	辽　宁	4231	山　东	2132		

说明：类型栏中的数字，分别表示该省生态活力、环境质量、社会发展、协调程度四项二级指标所得等级分。比如，海南为 4424，表示海南的生态活力等级分为 4 分，环境质量等级分为 4 分，社会发展等级分为 2 分，协调程度等级分为 4 分。

从各省四个二级指标等级分得分来看，仅有 4 对得分完全相同的省份，黑龙江和吉林同为 4321，青海和贵州同为 2422，陕西和湖北均为 2222，还有江苏和上海均为 2242。其他省份的二级指标等级分均有不同。这说明目前我国各省生态文明建设状况表现多样，单纯以等级分来划分类型存在困难。针对这种复杂局面，课题组抓住主要矛盾，通过进一步归纳各省份生态文明建设的主要特点，来划分类型。

类型划分的基本原则是：以各省的指标等级分为基础，同时兼顾各省二级指标得分的原始排名。这四个二级指标中，生态活力可以综合反映人类社会所处的、生态系统的活力情况；环境质量表征了生态系统中支持人类生活的环境要素的优劣程度；社会发展则是人类利用环境和资源，改善民生、增进福祉的表现；协调程度强调的是在环境容量允许和接纳的基础上善用资源的情况。根据各省份四个二级指标的得分情况，总体来看，部分省份生态系统活力较强，环境容量和资源利用均较好，社会发展水平也较高；有些省份经济社会发展水平较高，但生态环境压力较大；有些省份生态活力或者环境质量较好，但经济社会发展水平相对较低；有些省份经济社会发展水平和生态环境质量均不突出；还有少数省份经济社会发展水平和生态环境质量双双欠佳。根据各省份生态文明建设的这些不同特点，课题组归纳出中国六大生态文明建设类型，即均衡发展型、社会发达型、生态优势型、相对均衡型、环境优势型和低度均衡型（见表3）。与之相应，各类型省份的生态文明建设在落实"强体善用"发展策略方面，也各有不同。

表3　各省生态文明建设类型

总排名	均衡发展型	社会发达型	生态优势型	相对均衡型	环境优势型	低度均衡型	二级指标等级分
1	海　南						4424
2	北　京						3244
3	福　建						3334
4					西　藏		3423
5		广　东					3233
6					广　西		2424
7			四　川				4223
8					云　南		2414
9			江　西				3323
10				湖　南			2324
11					青　海		2422
12		浙　江					3242
13			黑龙江				4321
14		江　苏					2242
15		上　海					2242
16			辽　宁				4231
17			吉　林				4321
18				重　庆			3232
19		天　津					2142
20					贵　州		2422
21		内蒙古					2232
22				新　疆			1322
23				陕　西			2222
24		山　东					2132
25				宁　夏			1222

续表

总排名	均衡 发展型	社会 发达型	生态 优势型	相对 均衡型	环境 优势型	低度 均衡型	二级指标 等级分
26				湖　北			2222
27				安　徽			2212
28						甘　肃	1212
29						山　西	1122
30						河　南	1112
31						河　北	1121

说明：阴影黑体字标示的省份表明生态文明类型相对上年发生了变化。

虽然六种类型的区分可以大致体现各省份的显著特点，如海南的特点就是各方面排位比较靠前，而且相对均衡，但是部分省份生态文明状况的某些特点仍被忽略了。例如，广东属于社会发达型，凸显了其经济社会发展程度较高，其实该省的生态活力也相对不错，只不过由于划分类型的需要，只强调了其社会发达这一方面。关于类型内部的其他特点将在策略分析时特别提到。

要说明的是，划分类型是分析明确各省生态文明建设特点的一种方法。在这个过程中，等级分的使用在一定程度上缩小了各二级指标间的差距，对实际情况的反映可能并不是那么灵敏。所以，通过这样的方式确定生态文明建设类型和特点，只是大致的划分，其主要目的是为各省份把握生态文明建设特点、制定建设策略提供参考。

二　2014年六大类型

1. 均衡发展型的特点及建设策略

均衡发展型省份的生态文明建设整体状况在所有类型中表现最好，生态文明建设各方面排名靠前，且发展较为均衡。与前一年相比，2014年这一类型只有海南、北京和福建三省市，而浙江和重庆退出了均衡发展型的行列。反映该类型省份生态文明建设各个方面得分的雷达图见图1。

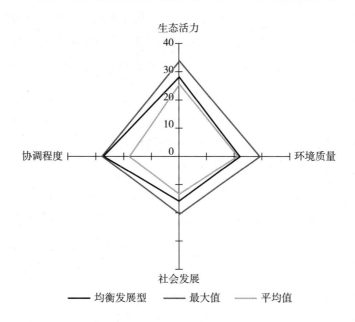

图1 均衡发展型省份得分雷达图

虽然这3个省份的地理位置和经济社会发展水平有所差别，但它们经过不懈努力，基于自身实际探索出了各有特色的生态文明发展道路，正迈向协调发展的新阶段，基本实现了经济社会与生态环境各方面的均衡发展。数据显示，尽管北京的环境质量相对较差（并列排名全国第21位），海南的社会发展水平稍低（全国第12位），但它们其他各方面均表现不俗，处于全国第一等级或第二等级。福建则所有方面均排在第一或第二等级。

均衡发展型省份各方面的排名虽相对靠前，但仍存在短板。各省需要重视不足之处，在已经取得显著成绩的基础上，保持良好发展势头，重点解决各自较为突出的问题，克服相对劣势。比如，北京近年来生态活力有所提升，但如何将生态活力转化为环境容量，提高环境承载力，同时通过产业转型升级、强化节能减排来应对污染（特别是大气污染）问题，是该地区的核心任务。推动产业集群化、优化资源布局是北京生态文明进一步发展的重要手段。主体功能区规划①和京津冀协同发展的北京定位②，是优化北京城市规划布局、疏解北京非首都功能的有力措施，但需要在执行过程中加强调整和监控，以及进一步观察效果。海南的生态活力和环境质量排位都非常靠前，但在大力发展经济、提升社会发展水平的形势下，如何一如既往地保持下去，成为未来工作的重点。福建虽然整体表现不错，较为均衡，但并无特别明显的优势，各方面均有上升空间，需要进一步贯彻落实国务院关于福建省生态文明建设的若干意见③和福建主体功能区规划④的有关要求。

2. 社会发达型的特点及建设策略

2014 年，上海、天津、江苏、浙江的社会发展水平为第一等级，广东、山东和内蒙古的社会发展水平虽然排在第二等级，但得分也分别排在全国第六、七、九位，这些省份的社会发展水平相对于生态文明建设其他方面表现更加突出。因此，上海、天津、江苏、浙江、广东、山东和内蒙古，被划为社会发达型。

虽然该类型省份的共同特征是社会发展水平全国领先，但实际上还有其他不同特点。广东和浙江两省生态活力表现尚可，但经济社会的高速发展对环境质量改善形成高压态势。江苏、上海、天津、内蒙古、山东五省（市、自治区）的社会发展相对突出，出现了不均衡的状态。它们有的源于较好的经济基础，有的由于交通便利，或者凭借资源优势，经济发展迅速，但生态系统遭到严重破坏，环境承载力急剧下降，资源能源使用与环境容量间的矛盾日趋尖锐。反映这类型省份生态文明建设各方面得分的雷达图见图 2。

---

① 《北京市主体功能区规划》，2012 年 7 月，http：//zhengwu. beijing. gov. cn/ghxx/qtgh/t1240927. htm。

② http：//news. xinhuanet. com/house/bj/2015 - 07 - 12/c_ 1115895873. htm。

③ 全称为《国务院关于支持福建省深入实施生态省战略　加快生态文明先行示范区建设的若干意见》。

④ 《福建省主体功能区规划》，2012 年 12 月，http：//www. fujian. gov. cn/zwgk/zxwj/szfwj/201301/t20130117_ 561833. htm。

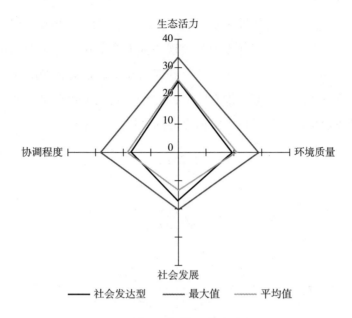

图2 社会发达型省份得分雷达图

社会发达型省份的整体社会经济水平在全国均属前列，在节能减排的大趋势下，这些省份积极寻求产业结构升级换代，逐渐应用新方法和新技术，单位产值的资源消耗量有了大幅减少。按此趋势发展下去，生态活力和环境质量将会有较大改善。广东和浙江两省的生态活力可圈可点，目前应着力考虑如何将生态活力转变为环境容量，尤其要注意资源的合理利用。对于那些发展不均衡的社会发达型省份而言，生态、环境和协调程度均相对落后，要在短时间内达到均衡状态有较大难度。它们应该尽快调整产业结构，大力发展循环经济和绿色科技产业，同时应加大对生态环境的反哺力度，争取让生态和环境尽可能得到修复，扩大环境容量，实现生态、环境和经济社会共同协调发展。

3. 生态优势型的特点及建设策略

所谓生态优势型，就是生态活力全国领先，均处于第一等级，而环境质量、社会发展、协调程度处于中下游水平。

2014年的生态优势型省份包括东北三省吉林、黑龙江、辽宁和四川、

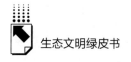

江西等5个省份。具体分析显示，黑、吉、辽三省作为中国的东北生态屏障，生态优势明显，但其他方面的表现差强人意，作为老工业基地，协调发展能力尤其欠佳。相对而言，江西和四川除生态活力优势突出之外，其他各方面得分也相对均衡，没有明显的短板，表现出相对平衡的特征。反映该类型省份生态文明建设各方面得分的雷达图见图3。

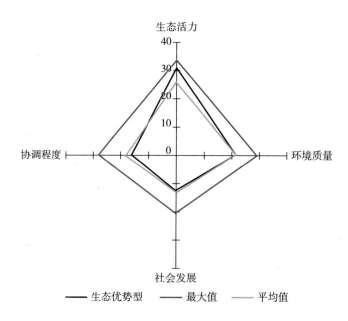

图3　生态优势型省份得分雷达图

生态优势型省份，相对而言有扎实的生态基础，但"绿水青山就是金山银山"的发展后劲尚未显露，没有转化为经济社会发展和民生改善的驱动力。尤其是东三省的生态优势虽然明显，但其环境质量、社会发展或协调程度的某些方面处于相对劣势，当务之急是合理利用资源，提高协调发展能力，加快经济社会发展，努力提升人民生活水平。江西和四川除了生态优势外，环境质量和协调程度表现也相对较好，绿色崛起呼之欲出。

对于生态优势型省份而言，尤其需要注意，在生态承载力和环境容量许可的范围内发展经济，避免重蹈"先污染、后治理"的覆辙。经济发展要提前规划，不能盲目发展、破坏式发展。将经济建设对环境的影响控制在最低水平，走新型工业化道路。在大力发展经济的同时，社会事业也要同时推进，提升教育、医疗卫生水平，关注社会的全面进步。

4. 相对均衡型的特点及建设策略

相对均衡型省份没有特别突出的短板，但也无明显比较优势。2014 年，相对均衡型省份包括湖南、重庆、新疆、陕西、湖北、宁夏、安徽。反映这类型省份生态文明建设各方面得分的雷达图见图 4。

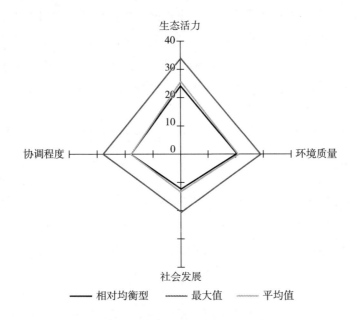

图 4　相对均衡型省份得分雷达图

相对均衡型省份的生态文明建设要实现大发展，一方面要保持各方面齐头并进、稳步发展的态势；另一方面，要在优势和短板上重点发力，培育相对优势，弥补短板不足。例如，湖南省应充分发挥其协调程度方面的优势，在环境容量允许的情况下，合理利用资源，加快经济社会发展速度。对于生态优势明显的重庆而言，当前应重点考虑如何将生态优势转化为环境优势和经济社会持续发展的动力。对于新疆而言，其环境质量虽然有不俗表现，但整体较脆弱，需要夯实生态系统这一根本。因此，涵养水源，防风固沙，加强生态保护是新疆的当务之急。如果生态系统退化，良好的环境质量都只是

空中楼阁，昙花一现。

5. 环境优势型的特点及建设策略

环境优势型目前包括了西藏、青海、广西、云南、贵州等5个西南省份。与上年度比较，2014年青海为新增省份，该类型省份整体环境质量良好，空气、水体和土地环境质量排名均非常靠前，但其他方面的表现大都一般，有的甚至还比较落后。具体来说，西藏除环境表现优异之外，生态活力也可圈可点。云南和广西不仅环境质量优异，协调程度也全国领先，在提高经济发展水平的同时，坚持了绿色发展协调发展。青海和贵州情况类似，环境质量一枝独秀，其余方面有很大的上升空间。反映这类型省份生态文明建设各方面得分的雷达图见图5。

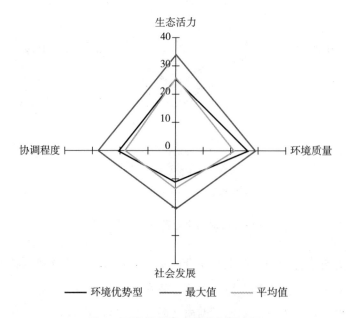

图5 环境优势型省份得分雷达图

属于环境优势型的省份大都地处西部地区，交通不便，人口偏少，经济开发有限，对环境影响较小，这些省份尚有充足的环境容量。也正是由于上述原因，该类型省份的社会经济发展相对受限。它们面临的问题是如何做好"生态环境也是生产力"这篇大文章，在不破坏生态、环境的前提下，将环境优势和资源优势转化为生产力，大力发展经济，提升民众的物质生活水平，发展各项社会事业，提高社会的服务水平。需要注意的是，经济社会发展不是要继续粗放型的增长方式，或以牺牲环境为代价承接从东部和中部转移过来的污染产业，而应该找准本地区的优势项目，在环境容量允许的范围内发展绿色经济，推动经济社会全面协调发展。

6. 低度均衡型的特点及建设策略

低度均衡型的省份，它们的各项二级指标基本处于全国第三或第四等级，整体水平较低，包括甘肃、山西、河南和河北。反映这类型省份生态文明建设各方面得分的雷达图见图6。

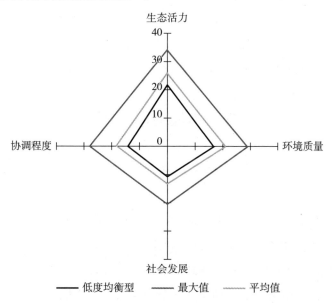

图6 低度均衡型省份得分雷达图

属于低度均衡型的省份大多处于西北、华北和中部地区。有的是农业大省，人口众多，人均资源不足；有的由于地理和历史原因，其生态涵养能力低下，环境容量较小；还有的是资源大省，但对资源开发、利用不合理，滥伐乱采。这些省份都有明显的短板或劣势，由于资源开采和农业生产，对生态环境影响较大，或由于经济结构和地理环境的影响，社会经济发展和协调程度相对滞后。

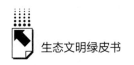

该类地区生态文明建设还有很大的提升空间，但要改变现状还需要较长一段时间。比如，河北的生态活力和环境质量均排在全国倒数第一位，协调程度排在倒数第二位。由于该省工业布局以污染严重的钢铁、玻璃等重化工业为主，虽然经济体量较大，但与民生密切相关的社会福祉水平却较低，更为严重的是当前能源消耗和污染排放已远超出了当地环境承载能力。环境问题集中爆发，使民生改善与环境污染防治成为当地面临的双重任务。河北应该紧抓京津冀协同发展的契机，淘汰落后产能，着力产业转型和升级，打造全国现代物流商贸基地，进行绿色城镇化和科学的城乡统筹，真正全面提升生态文明建设水平。甘肃则是因为自然地理条件差，干旱少雨，水资源严重短缺，产业发展举步维艰，其生态文明建设应优先修复和培育脆弱的生态系统，尤其需要在"防风固沙，减少水土流失"上多下功夫，建设黄河上游的国家生态安全屏障，并着力发展新能源和低碳经济，破解生态型贫困的难题。

三 类型地理分布

进一步分析发现，生态文明建设六大类型的 31 个省份还存在如下地理分布特点。

1. 东部沿海地区社会发达，须加强对自然的反哺，实现均衡发展

均衡发展型和社会发达型的省份，主要集中在北至天津、南到海南的东部沿海地区，这与我国改革开放以来致力于发展外向型经济紧密相关。一些省份在经济社会发展的基础上，开始重视生态涵养和环境治理，生态文明各方面开始齐头并进，逐步实现均衡发展。这也在一定程度上表明，目前中国生态文明建设仍是以经济发展为前提，然后逐步达到均衡发展。但随着资源环境约束的趋紧，"先污染、后治理"的发展老路已然不通，社会发展水平较高的省份尤其应该率先探索，结合本地区实际，走出具有区域特色的生态文明发展之路。

2. 东北生态承载力强，西南环境质量占优，生态文明建设基础扎实

东北三省以及四川和江西的生态建设、城市绿化等均排在全国前列，生态优势较为突出；西南地区的空气、水和土地质量状况相对较好。这些地方

或者由于自身资源丰富，或者因为开发力度不大，具有较为明显的生态或环境优势，不仅为本地区也为全国的生态文明建设提供了生态安全屏障和环境容量，是生态文明发展的基础。

3. 中北部地区生态文明水平不高，特色不明，亟须"中北部崛起"

生态文明指数排名靠后的地区，有华北的河北、山西、内蒙古，西北的甘肃、宁夏、陕西、新疆，中部的河南、安徽、湖北等省份。中部省份各方面发展相对均衡，但也缺少优势与亮点，多为相对均衡型。华北和西北的省份，经济社会发展水平较低，生态环境脆弱且承载压力较大，协调发展能力有待提升，目前是中国生态文明建设的洼地，亟须采取有效措施，实现快速崛起。各省的生态文明建设类型的地理分布见图7。

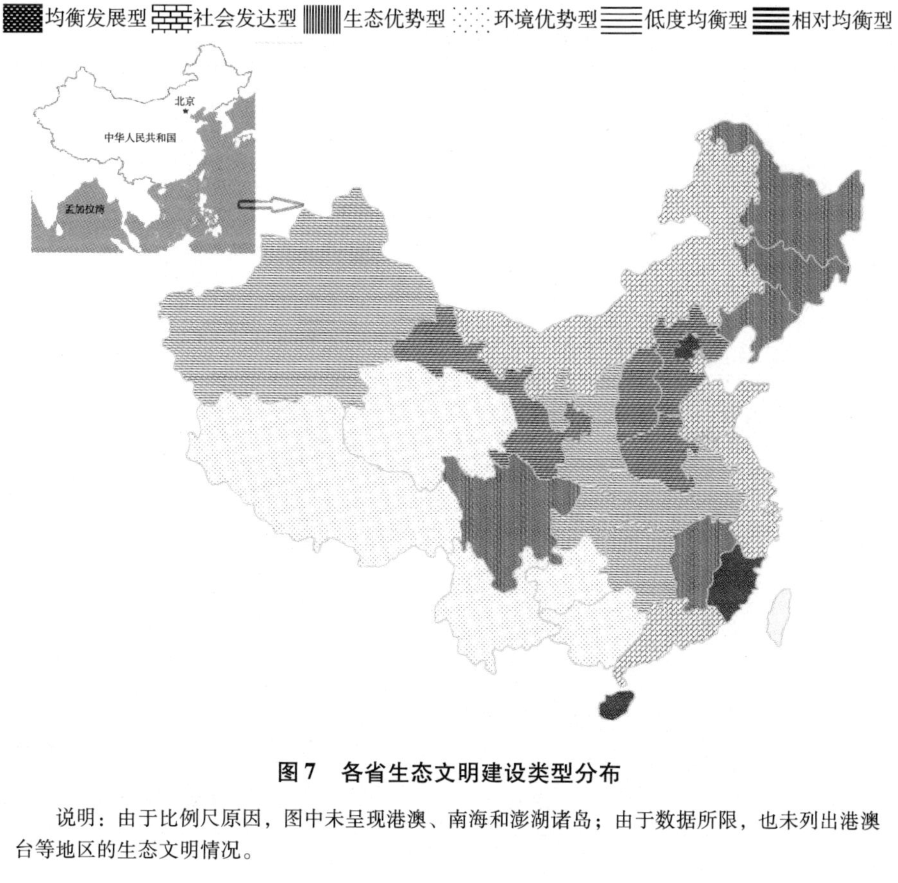

图7 各省生态文明建设类型分布

说明：由于比例尺原因，图中未呈现港澳、南海和澎湖诸岛；由于数据所限，也未列出港澳台等地区的生态文明情况。

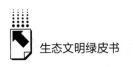

四 类型变动分析

与上年度比较，2014 年我国各省域仍保持六大生态文明建设类型的基本格局。但是，由于指标体系的改进以及各省生态文明建设推进成效各异，一些省份的二级指标排名、所属等级和生态文明建设类型发生了变化。

具体变化有，浙江由均衡发展型变为社会发达型，重庆、宁夏和安徽分别由均衡发展型、低度均衡型和低度均衡型变为相对均衡型，青海由相对均衡型变为环境优势型，而山西则由相对均衡型变为了低度均衡型（见表 4）。

表 4   2009～2014 年生态文明建设类型对比

生态文明 建设类型	社会 发达型	均衡 发展型	生态 优势型	相对 均衡型	环境 优势型	低度 均衡型	年度类型 变动省份
2014 年	广东、浙江、江苏、上海、天津、内蒙古、山东	海南、北京、福建	四川、江西、黑龙江、辽宁、吉林	湖南、重庆、新疆、陕西、湖北、宁夏、安徽	西藏、青海、广西、云南、贵州	甘肃、山西、河南、河北	浙江、重庆、宁夏、安徽、青海、山西
2014 年省份数目	7	3	5	7	5	4	
2013 年	广东、内蒙古、上海、天津、江苏、山东	海南、北京、浙江、重庆、福建	辽宁、江西、黑龙江、四川、吉林	湖南、青海、新疆、山西、陕西、湖北	西藏、广西、云南、贵州	甘肃、安徽、河南、宁夏、河北	广东、内蒙古、浙江、福建、青海、新疆、广西、贵州、河北
2013 年省份数目	6	5	5	6	4	5	
2012 年	浙江、天津、上海、江苏、福建、山东	海南、广东、北京、重庆	四川、吉林、黑龙江、辽宁、江西	广西、湖南、湖北、内蒙古、陕西、山西、河北	云南、西藏、青海	甘肃、宁夏、河南、新疆、安徽、贵州	重庆、山西、青海、贵州

续表

生态文明建设类型	社会发达型	均衡发展型	生态优势型	相对均衡型	环境优势型	低度均衡型	年度类型变动省份
2012 年省份数目	6	4	5	7	3	6	4
2011 年	浙江、天津、上海、江苏、**福建**、山东	海南、广东、北京	四川、吉林、黑龙江、辽宁、江西	重庆、**广西**、湖北、内蒙古、陕西、湖南、**河北**	云南、西藏、贵州	青海、山西、甘肃、新疆、**安徽**、宁夏、河南	福建、广西、河北、安徽
2011 年省份数目	6	3	5	7	3	7	4
2010 年	浙江、天津、上海、江苏、**山东**	海南、**北京**、广东	四川、**黑龙江**、吉林、**辽宁**、江西	**重庆、福建、内蒙古**、湖北、陕西、湖南、安徽	广西、西藏、**云南、贵州**	**青海**、甘肃、新疆、宁夏、河北、山西、**河南**	山东、北京、黑龙江、辽宁、重庆、福建、内蒙古、云南、贵州、青海、河南
2010 年省份数目	5	3	5	7	4	7	11
2009 年	北京、浙江、上海、天津、江苏	海南、广东、福建、重庆	四川、吉林、江西	辽宁、黑龙江、湖南、云南、山东、陕西、安徽、湖北、河南	广西、西藏、青海	内蒙古、河北、宁夏、贵州、新疆、山西、甘肃	（注：评价起始年，无变动情况）
2009 年省份数目	5	4	3	9	3	7	

建设类型发生变动的省份，在过去的一年中，有的建设成效明显。例如，宁夏的环境质量由原来的并列第 25 位上升到第 20 位，其中主要河流三类以上水的比例由 5.8% 上升到 11.6%。协调程度由原来倒数第 1 名上升到并列第 13 名，化学需氧量、氨氮和氮氧化物以及二氧化硫的排放量都有了明显降低，进步显著。安徽的生态活力得到一定程度的恢复，由原来的并列第 26 位上升到并列第 18 位，其中森林蓄积量和森林面积有了较为明显的提

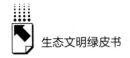
高。建成区绿化、自然保护区和湿地面积所占比例也小幅上涨。协调程度也由 2013 年的并列第 16 位上升到并列第 13 位,其化学需氧量、氨氮和氮氧化物以及二氧化硫的排放量都减幅明显。这两个省份从低度均衡型迈入了相对均衡型的行列。

青海这一年多方面的生态文明建设颇有起色:生态活力有了一定程度的提高,从原来的并列第 18 名上升到并列第 13 名;森林覆盖率和林木蓄积量提升较快,湿地建设进步明显;协调程度也由原来的第 28 位变为第 17 位,从第四等级上升为第三等级。环境质量的名次大幅攀升,从第 7 名变为第 2 名,跃升了一个等级,环境优势凸显;由此青海从相对均衡型跻身环境优势型。

但有的省份建设类型变动,与相对排名的变化有关。例如,浙江的生态活力、环境质量排名与 2013 年相差不大,协调发展情况不尽如人意,由原来的第 1 位下降到并列第 13 位,主要与烟(粉)尘排放量增加有关。社会发展得分仍处于第一等级。由此从均衡发展型变成社会发达型。

重庆的两项二级指标得分排名出现了较大变化,环境质量处在第三等级,由第 8 位下降到第 18 位。受到评价算法调整的影响,协调程度排名由第一等级下滑到第三等级,名次从第 2 位下降到并列第 20 位,所以由均衡发展型变为相对均衡型。

山西则在多方面出现退步,从相对均衡型变为低度均衡型。其生态活力从并列第 18 名下降到并列第 29 名,主要受到湿地面积比重由原来的3.19% 下滑到 0.97% 的较大影响。协调程度由上年度的并列第 10 位下降到第 23 位,山西的化学需氧量、氨氮和氮氧化物、烟(粉)尘和二氧化硫的排放变化效应均排名靠后。环境质量也下滑了一位。山西的总体生态文明建设发展趋势不容乐观。

当然,部分省份二级指标的变化可能与指标体系和评价方法变化①有关,也受其他省份排名的升降影响,并不是绝对意义上的变坏或变好,因此需要客观地看待生态文明建设类型的变动。

———————————

① 见第一章 ECCI 2015 理论框架。

五　基本结论

从建设类型分析，我们可以得到如下基本结论。

第一，2015 年，我国生态文明建设类型仍可划分为六大类型，即均衡发展型、社会发达型、生态优势型、相对均衡型、环境优势型和低度均衡型。

第二，生态文明建设类型内部还各有特点。虽然在类型划分时综合考虑了多个指标，这在很大程度上凸显了各自最大特色，同时也掩饰了一些其他特点。具体来说，均衡发展型的均衡是相对的，某些二级指标领域存在一定的短板。社会发达型各省特点多样，有的生态活力强，有的领域差异悬殊，还有个别省份整体水平仍有待提高。生态优势型省份自然资源丰富，但协调发展程度有明显差异。环境优势型特点不一，有的省份生态活力强，有的协调发展特色鲜明，有的其他领域并无突出表现。相对均衡型整体优势不明显，甚至有些省份的个别领域排名还相对靠后。低度均衡型省份各方面建设水平都亟待提高。

第三，各省生态文明类型的地理分布特征明显。东部沿海地区各省市有的社会经济发展水平较高，有的各方面发展比较均衡，集中表现为均衡发展型和社会发达型。东北地区以生态资源优势著称，西南部环境质量基础较好。西北、华北和华中等"中北部"地区的生态文明发展特色不明显，主要为低度均衡型和相对均衡型，亟待加强建设。

第四，类型变化趋于集中。2014 年，均衡发展型和低度均衡型省份各减少了一个，其他类型的省份增多。类型分布变化很可能意味着总体上各省之间的差异越来越小，也从侧面说明建设生态文明的难度进一步加大。当然，这种状态是否持续还要看将来各省生态文明建设的后续发展。

第五，类型划分只是相对排名的结果，生态文明建设应立足于自我比较和绝对改善。因为类型分析是基于相对排名而确定的，只是相对高低的表现，某省排名的上升可能不是靠自身建设使得生态文明向好发展，而是因为

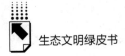

其他地区表现欠佳，使得该省的名次相对上升。生态文明评估首要考察的应该是相对上年本地区是否有绝对意义上的提升和好转，排名和类型分析更多在于提供相对参考。

第六，建设策略更多地具有方向性和指导性。生态文明建设的最终目的是要实现各方面的和谐发展。按照不同类型和特点提出的生态文明建设策略也只具有方向性指导意义。各省具体推进生态文明建设还应结合分析自身特点，发挥优势，补齐短板，寻找适合本省特色的模式，形成生态文明建设长效机制。

第四章

相关性分析

相关性分析是指对两个或多个具备相关性的变量元素进行分析，从而衡量各变量因素的相关方向和相关密切程度。生态文明建设评价指标体系（ECCI 2015）共包含了4项二级指标和24个三级指标。各指标间关系复杂、相互影响。本章将重点分析各指标及其表征的生态文明建设内容之间的关系，试图寻找规律，总结生态文明建设的共性，提炼生态文明建设中较为重要的一些影响因子。

在统计方法上，本年度仍选用皮尔逊（Pearson）积差相关，并采用双尾检验的方法作相关性分析。同时，2015 年的相关性分析也加入了一些新的内容。例如，从各二级指标抽取一个核心三级指标组成核心变量 ECI，将其与其他指标作相关性分析，并使用控制环境空气质量和地表水体质量之后的 ECI，与社会发展维度作偏相关性分析等。

一 二级指标与 ECI 相关性分析

本年度，生态文明建设评价指标体系（ECCI 2015）基本保持稳定，各指标间相关性变化较少。从整体来看，各省份 ECI 2015 得分与"绿色生态文明指数"（GECI 2015）得分依然呈高度正相关[①]，相关系数达到 0.939。

ECI 2015 得分与各二级指标的相关性程度，由高到低排列分别是：协

[①] 高度相关，是指在采用双尾检验时，相关性在 0.01 水平上显著；显著相关，则指相关性在 0.05 水平上显著；相关性不显著或无显著相关，即指相关性在 0.05 水平上不显著。

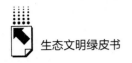

调程度、生态活力、环境质量和社会发展。其中，协调程度、生态活力、环境质量与ECI高度正相关，社会发展与ECI显著正相关（见表1）。

表1　ECI 2015、GECI 2015与二级指标相关性

	生态活力	环境质量	社会发展	协调程度
ECI	0.651 **	0.614 **	0.366 *	0.759 **
GECI	0.641 **	0.720 **	0.023	0.800 **

备注：** 表示 p < 0.01；* 表示 p < 0.05。下同。

回顾历年ECI得分与各二级指标的相关性（见表2），近两年的相关性分析结果基本保持一致，与之前的情况相比则有较大差异。具体有三方面发现。

表2　历年ECI与二级指标的相关性

ECI与二级指标相关性	生态活力	环境质量	社会发展	协调程度
ECI 2010	0.672 **	0.215	0.674 **	0.771 **
ECI 2011	0.678 **	− 0.106	0.779 **	0.826 **
ECI 2012	0.554 **	− 0.035	0.771 **	0.814 **
ECI 2013	0.525 **	0.110	0.774 **	0.809 **
ECI 2014	0.711 **	0.560 **	0.343	0.601 **
ECI 2015	0.651 **	0.614 **	0.366 *	0.759 **

　　第一，协调程度、生态活力与ECI的相关性表现稳定，历年来都保持在高度相关的水平。这表明协调程度和生态活力在推进生态文明建设，以及生态文明评价指标体系中都起到了非常稳定和直接的作用。提高生态活力是生态文明建设的根基，是"强体"，提升协调程度则是降低经济发展对生态、环境和资源压力的根本举措，是"善用"。这两者都与生态文明建设息息相关，直接关系到生态文明建设的成败。

　　第二，环境质量继上年与ECI呈高度正相关之后，2015年继续与ECI高度正相关。观察之前的数据，环境质量与ECI相关性都不显著，甚至出现过负相关。这表明，环境质量在生态文明建设中正持续发挥作用，尤其是在2015年评价的各三级指标中，环境空气质量和环境水体质量与ECI的相关

性排名分别为第一和第二，进一步说明当前生态文明建设的重中之重就是提升环境质量。一个地区环境质量的好坏反映了该地区环境容量的大小，而环境容量的大小则从根本上界定了生态文明建设和发展的上限。因此，改善环境质量已成为生态文明建设的关键。

第三，社会发展在上年首次与 ECI 相关性不显著之后，又恢复到显著水平。而两年之前的数据显示，社会发展与 ECI 都高度相关，且多数年份相关性在 0.70 以上，但从上年开始，社会发展与 ECI 的相关性在四个指标中成为数值最低的一个。这在一方面表明，当社会发展到一定程度以后，它对生态文明建设的促进作用开始衰减，不再像之前起着显著和直接作用。但另一方面，这也是我国社会发展与环境保护之间的冲突引起的。在各二级指标之间的相关性分析中，社会发展与环境质量是唯一呈现负相关的指标。同时，偏相关分析也显示，当控制了环境空气质量和环境水体质量之后，ECI 与社会发展的相关程度显著性提升（r = 0.804），达到显著相关水平。这表明，社会发展对 ECI 的贡献还是非常大的，但由于当前我国多数地区的社会发展尤其是经济发展是以牺牲生态环境为代价的，因此，在结果上削弱了社会发展的重要性。这也在很大程度上揭示：解决当前社会经济发展与环境容量之间的矛盾，已成为我国生态文明建设的首要问题。

二　二级指标相关性分析

ECCI 各项二级指标是对生态文明建设的生态保育、环境治理、社会进步、协调发展等领域的反映。这些领域，本身又包括一些具体建设方面。到底是哪些方面影响了各省在这些领域的表现？分析各省二级指标的相关性，将有利于揭示影响生态文明建设的关键因素。

（一）整体上各二级指标相互独立，环境质量与协调程度显著相关

ECCI 2015 各项二级指标之间的相关性，除环境质量与协调程度正

相关显著外，其余均不显著（见表3）。大部分指标间不显著，表明 ECCI 各二级指标之间保持了较好的独立性，能够很好地代表各自方面的内容。

表 3　ECCI 2015 二级指标之间的相关性

	生态活力	环境质量	社会发展	协调程度
生态活力	1			
环境质量	0.309	1		
社会发展	0.157	−0.163	1	
协调程度	0.207	0.356*	0.041	1

环境质量与协调程度正相关显著，主要是由于 2015 年的指标调整引起的。协调程度的 8 个三级指标当中，有 5 个指标是与环境空气和水体质量直接相联系的（COD 排放变化效应和氨氮排放变化效应是以环境水体质量为基础进行计算的，二氧化硫排放变化效应、氮氧化物排放变化效应和烟（粉）尘排放变化效应是以环境空气质量为依据进行计算的）。因此，这在较大程度上增强了两者的相关性，相关性显著。

（二）各二级指标内部的相关性

各二级指标与自身包含的三级指标之间部分相关性显著，部分不显著。这些指标的相关性不显著原因各异，并不意味着这些指标所代表的方面对生态文明建设不重要，具体内容将在各个指标的讨论中分析。

（1）生态活力相关性分析。

本年度生态活力除了与森林覆盖率和森林质量显著正相关外，与其他三项指标的相关性仍不显著。各项三级指标之间的相关性，除森林质量与建成区绿化覆盖率呈显著负相关外，其余也与往年类似（见表 4）。

表4 ECCI 2015 生态活力各三级指标相关性

	森林覆盖率（%）	森林质量（立方米/公顷）	建成区绿化覆盖率（%）	自然保护区的有效保护（%）	湿地面积占国土面积比重（%）
森林覆盖率（%）	1				
森林质量（立方米/公顷）	0.138	1			
建成区绿化覆盖率（%）	0.403 *	-0.557 **	1		
自然保护区的有效保护（%）	-0.397 *	0.468 **	-0.731 **	1	
湿地面积占国土面积比重（%）	-0.271	-0.192	0.032	-0.129	1
生态活力	0.507 **	0.474 **	0.074	0.263	-0.050

连续多年的分析显示，生态活力与森林覆盖率和森林质量之间呈高度正相关，一再体现了森林对于提高生态活力、保障生态健康和安全的关键作用。

（2）环境质量相关性分析。

环境质量的5项三级指标中有2个指标（环境空气质量和地表水体质量）与环境质量高度正相关，其余3个指标则相关性不显著。与上年相比，虽然化肥施用超标量与环境质量由显著负相关变为不显著负相关，但在数值上变化非常小（由-0.416变为-0.376）（见表5）。

表5 ECCI 2015 环境质量各三级指标相关性

	地表水体质量（%）	环境空气质量（%）	水土流失率（%）	农药施用强度（千克/公顷）	化肥施用超标量（千克/公顷）
地表水体质量（%）	1				
环境空气质量（%）	.424 *	1			
水土流失率（%）	-0.126	-0.217	1		
农药施用强度（千克/公顷）	0.256	0.291	-0.466 **	1	
化肥施用超标量（千克/公顷）	-0.055	-0.123	-0.303	0.469 **	1
环境质量	0.638 **	0.806 **	-0.196	0.014	-0.376

环境空气质量由之前的不显著相关变为近三年来的显著或高度相关，且与二级指标环境质量和一级指标 ECI 的相关性都是排名第一的高度正相关。这表明，环境空气质量已经成为影响环境质量乃至生态文明的首要因素；注重改善环境空气质量尤其是城市空气质量，已经成为生态文明建设中最为迫切和重要的内容。

（3）社会发展相关性分析。

2014 年，社会发展各三级指标除了每千人口医疗卫生机构床位数这个指标外，其余均与社会发展二级指标高度正相关（见表6）。由于数据结果与前几年类似，具体分析可参见之前生态文明绿皮书的详细分析。

表6　ECCI 2015 社会发展各三级指标相关性

	人均 GDP（元）	服务业产值占 GDP 比例(%)	城镇化率（%）	人均教育经费投入（元/人）	每千人口医疗卫生机构床位数(张)	农村改水率(%)
人均 GDP(元)	1					
服务业产值占 GDP 比例(%)	0. 572 **	1				
城镇化率(%)	0. 919 **	0. 556 **	1			
人均教育经费投入（元/人）	0. 684 **	0. 716 **	0. 571 **	1		
每千人口医疗卫生机构床位数(张)	0. 034	− 0. 136	0. 067	− 0. 021	1	
农村改水率(%)	0. 621 **	0. 572 **	0. 610 **	0. 545 **	− 0. 027	1
社会发展	0. 937 **	0. 741 **	0. 882 **	0. 743 **	0. 082	0. 708 **

（4）协调程度相关性分析。

在协调程度相关性分析中，城市生活垃圾无害化率和 COD 排放变化效应与协调程度高度正相关；氨氮排放变化效应与协调程度正相关显著。其余指标如环境污染治理投资占 GDP 比重、工业固体废物综合利用率及与空气质量相关的 3 个指标二氧化硫排放变化效应、氮氧化物排放变化效应和烟（粉）尘排放变化效应则与协调程度相关不显著（见表7）。

表7 ECCI 2015 协调程度各三级指标相关性

	环境污染治理投资占GDP比重(%)	工业固体废物综合利用率(%)	城市生活垃圾无害化率(%)	COD排放变化效应(吨/千米)	氨氮排放变化效应(吨/千米)	二氧化硫排放变化效应(千克/公顷)	氮氧化物排放变化效应(千克/公顷)	烟(粉)尘排放变化效应(千克/公顷)
环境污染治理投资占GDP比重(%)	1							
工业固体废物综合利用率(%)	-0.431*	1						
城市生活垃圾无害化率(%)	-0.250	0.288	1					
COD排放变化效应(吨/千米)	-0.336	-0.331	0.299	1				
氨氮排放变化效应(吨/千米)	-0.312	0.122	0.235	0.852**	1			
二氧化硫排放变化效应(千克/公顷)	-0.263	0.462**	0.191	-0.068	-0.060	1		
氮氧化物排放变化效应(千克/公顷)	-0.267	0.524**	0.192	-0.094	-0.054	0.933**	1	
烟(粉)尘排放变化效应(千克/公顷)	0.044	-0.102**	0.011	0.150	0.070	0.409*	0.369*	1
协调程度	-0.100	0.033	0.485**	0.552**	0.451*	-0.137	-0.136	0.040

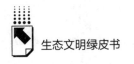

三　三级指标相关性分析

为进一步分析生态文明建设中关键性的影响因素，课题组再次进行了三级指标与 ECI 之间的相关性分析。

分析发现，ECCI 2015 有 6 项三级指标与 ECI 高度相关，2 项三级指标与 ECI 显著相关，同时有 16 项三级指标与 ECI 相关性不显著。

（一）三级指标与 ECI 的相关性分析

（1）8 项三级指标与 ECI 显著相关。

ECCI 2015 共有 8 项三级指标与 ECI 达到显著相关，按相关度由高到低的顺序排列，它们分别是：环境空气质量、地表水体质量、森林覆盖率、COD 排放变化效应、服务业产值占 GDP 比例、水土流失率、农药施用强度和人均教育经费投入。其中人均教育经费投入这项三级指标是新进入的显著相关性指标（见表 8）。

表 8　ECCI 2015 与 ECI 显著相关的三级指标

相关度排名	三级指标	与 ECI 相关度	所属二级指标
1	环境空气质量	0.646 **	环境质量
2	地表水体质量(%)	0.547 **	环境质量
3	森林覆盖率(%)	0.501 **	生态活力
4	COD 排放变化效应(吨/千米)	0.484 **	协调程度
5	服务业产值占 GDP 比例(%)	0.484 **	社会发展
6	水土流失率(%)	- 0.479 **	环境质量
7	农药施用强度(千克/公顷)	0.422 *	环境质量
8	人均教育经费投入(元/人)	0.415 *	社会发展

与 ECI 显著相关的 8 项三级指标中，包括环境质量类 4 项，社会发展类 2 项，生态活力类 1 项，协调程度类 1 项。

在环境质量方面，环境质量一跃成为最重要的生态文明影响指标。5 个三级指标中有 4 个与 ECI 显著相关。这一结果与上年一致，与上年不同的是，环境质量的三级指标在 ECCI 2015 中与 ECI 的关系更加密切，环境空气质量和地表水体质量在各三级指标中与 ECI 的相关性排名分别位居第一和第二。而在前三年的数据中，这些指标与 ECI 还不显著相关。这表明，近年来环境质量尤其是空气和水体质量在生态文明建设当中的重要性更加凸显。近年来，我国城市空气质量和全国范围内的水体质量形势严峻，多数省会城市空气污染治理还任重而道远，许多省份湖泊河流的污染状况也积重难返。全国范围内的环境保护和污染治理已经迫在眉睫。

在协调程度方面，大部分三级指标与 ECI 的相关性不显著。8 项指标中只有 COD 排放变化效应与 ECI 显著相关。同上年比较，与环境水体质量相关的氨氮排放变化效应与 ECI 不再显著。此外，与空气质量相关的三个协调程度指标二氧化硫排放变化效应、氮氧化物排放变化效应及烟（粉）尘排放变化效应与 ECI 均呈不显著正相关。

在 ECCI 2014 中指标体系经过调整，协调程度已由相对协调变为绝对协调。ECCI 2015 又新加入了氮氧化物排放变化效应和烟（粉）尘排放变化效应这两个与空气质量密切相关的指标，形成水体污染物排放变化效应和空气污染物排放变化效应两大类、5 项三级指标的格局，体现资源消耗产生的水体和空气污染物排放对生态环境的影响效应。

由于与水体质量、空气质量相关的协调程度三级指标相对分散，在相关性分析中，我们通过三级指标的综合来考察其应有的导向作用是否得到了体现。为此，通过合成各三级指标的等级分及其权重，将与水体质量相关的 COD 排放变化效应和氨氮排放变化效应两个三级指标，合并为水体质量综合协调程度指标；将与空气质量相关的二氧化硫排放变化效应、氮氧化物排放变化效应及烟（粉）尘排放变化效应三个三级指标，合并为空气质量综合协调程度指标，同时再将这五个三级指标合并为水体和空气质量综合协调程度指标。合并后进行相关性分析显示：这三个综合指标与 ECI 都呈现高度正相关（见表 9）。

表9　ECI 2015 与水体、空气质量综合协调程度指标的相关性

	水体质量综合 协调程度	空气质量综合 协调程度	水体和空气质量 综合协调程度
ECI 2015	0.700 ***	0.489 **	0.763 ***

在社会发展方面：社会发展的作用被持续恶化的环境质量所掩盖，需待后续的偏相关分析来挖掘其真实价值。社会发展的 6 项三级指标中，除了服务业产值占 GDP 比例外，还新增加了人均教育经费投入这项三级指标与 ECI 显著相关。人均教育经费代表的是文化教育等产业发展的程度，是社会经济发展达到一定阶段的体现。

在生态活力方面，森林始终是最有力的生态安全保障。与上年一致，森林覆盖率这一指标与 ECI 高度相关。森林是陆地生态系统最为有力的保障，在我国生态安全和生态文明建设中具有基础性地位。

（2）16 项三级指标与 ECI 相关度不显著。

由于种种原因，ECCI 2015 有 16 项三级指标与 ECI 相关度不显著（见表10）。具体原因在上文及过去几版的生态文明绿皮书中已有分析，在此不再赘述。

（3）核心变量 ECI：化繁为简，从纷繁复杂中探索主要规律。

科学研究就是要化繁为简，从纷繁复杂的影响因素中找出核心要素，然后针对核心要素进行分析，提出解决问题的对策。在 ECCI 2015 的 4 个二级指标下共有 24 个三级指标，它们分别对 ECI 产生不同程度的影响（见表10）。那么，能否在 24 个三级指标中找出少量核心指标来简明扼要地说明 ECI 呢？

在这部分我们做了如下尝试。从每个二级指标中找出一个与 ECI 相关度最高的三级指标，它们分别是：代表生态活力的森林覆盖率，代表环境质量的环境空气质量，代表社会发展的服务业产值占 GDP 比例，代表协调程度的 COD 排放变化效应。再依据其所属二级指标的比重，赋予权重，森林覆盖率和 COD 排放变化效应占 30%，环境空气质量占 25%，服务业产值占 GDP 比例为 15%（见表11）。

表 10　ECCI 2015 与 ECI 相关性不显著的三级指标

所属二级指标	三级指标	与 ECI 相关度
生态活力	森林质量(立方米/公顷)	0.280
	建成区绿化覆盖率(%)	0.070
	自然保护区的有效保护(%)	0.186
	湿地面积占国土面积比重(%)	0.079
环境质量	化肥施用超标量(千克/公顷)	0.174
社会发展	人均 GDP(元)	0.232
	城镇化率(%)	0.231
	每千人口医疗卫生机构床位数(张)	−0.232
	农村改水率(%)	0.232
协调程度	环境污染治理投资占 GDP 比重(%)	−0.229
	工业固体废物综合利用率(%)	0.028
	城市生活垃圾无害化率(%)	0.302
	氨氮排放变化效应(吨/千米)	0.314
	二氧化硫排放变化效应(千克/公顷)	0.042
	氮氧化物排放变化效应(千克/公顷)	0.055
	烟(粉)尘排放变化效应(千克/公顷)	0.108

表 11　四个核心三级指标及其所属二级指标和所占权重

三级指标	所属二级指标	所占比例(%)
森林覆盖率	生态活力	30
环境空气质量	环境质量	25
服务业产值占 GDP 比例	社会发展	15
COD 排放变化效应	协调程度	30

　　我们根据各省份这 4 个三级指标的等级分进行核算，最后得到一个能够简要反映生态文明的核心变量 ECI。通过相关分析发现，核心变量 ECI 与 ECI 和 GECI 都存在高度相关性，相关系数分别达到了 0.846 和 0.939（见表 12）；同时，核心变量指标与四个二级指标之间的相关度，也接近 ECI 与四个二级指标之间的相关度。

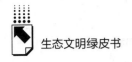
这表明，由 4 个核心三级指标所计算出来的核心变量 ECI，能够在很大程度上模拟和反映由 4 个二级指标、24 个三级指标计算出的总体 ECI 指数，因此，把握这四个核心三级指标，就能够在较大程度上把握当前生态文明建设的关键。

表12　核心变量指标与 ECI、GECI 及各二级指标的相关性分析

	ECI 2015	GECI 2015	核心变量 ECI 2015	生态活力	环境质量	社会发展	协调程度
ECI 2015	1	0.939**	0.846**	0.651**	0.614**	0.366*	0.759**
GECI 2015		1	0.878**	0.641**	0.720**	0.023	0.800**
核心变量 ECI 2015			1	0.472**	0.515**	0.083	0.845**

四　偏相关分析

在 2013 年版的生态文明绿皮书中，由于人均 GDP 与 ECI 和其他指标的高度相关，课题组做了控制人均 GDP 的偏相关分析，发现在控制人均 GDP 的情况下其他指标与 ECI 显著相关。

随后在 2014 年版的生态文明绿皮书中，由于人均 GDP 与 ECI 的相关性不显著，相关系数仅为 0.192，同时，即使在控制了人均 GDP 之后，ECI 与各指标之间的相关系数也不再出现显著性变化。因此，没有进行控制人均 GDP 的偏相关分析。在 ECCI 2015 的分析数据中，人均 GDP 与 ECI 的相关性仍然显示为不显著正相关，为 0.232，同时，在控制了人均 GDP 之后，ECI 与各指标之间的相关系数也没有再出现显著性变化。

近两年来的数据分析结果都显示，人均 GDP 不再与 ECI 显著相关，且也不再在较大程度上影响其他指标，而且，近两年来社会发展二级指标与 ECI 的相关性也明显下降。这是否表明，以人均 GDP 为代表的社会发展指标在生态文明建设中就不再起重要作用了呢？

为了探究这一问题，我们再次对数据进行了分析。通过分析 ECCI 2015

三级指标与 ECI 的相关系数可以看到，在所有三级指标中，环境质量二级指标下属的环境空气质量和环境水体质量与 ECI 的相关度排名前两位，且都为高度相关。从数据分析可知，社会发展与环境质量呈负相关，与环境空气质量和环境水体质量也呈负相关。那么，当前社会发展及人均 GDP 等指标与 ECI 的低相关是否受到了环境质量的影响呢？为此进行控制环境空气质量和环境水体质量后 ECI 与社会发展及其下属三级指标的偏相关分析（见表 13），结果显示，社会发展及其下属三级指标与 ECI 的相关性都有了显著提高，除了每千人口医疗卫生机构床位数外，其他指标都达到了显著或高度相关的水平。

表 13　控制环境空气质量和环境水体质量后的 ECI 与社会发展及其
下属三级指标的偏相关分析

	社会发展	人均 GDP	服务业产值占 GDP 比例	城镇化率	人均教育经费投入	每千人口医疗卫生机构床位数	农村改水率
ECI 2015（未控制的相关性）	0.366 *	0.232	0.484 **	0.231	0.415 *	− 0.232	0.232
ECI 2015（控制环境空气质量和环境水体质量后的偏相关）	0.804 ***	0.794 ***	0.634 ***	0.795 ***	0.635 ***	− 0.020	0.449 *

这表明，社会经济发展对于生态文明建设还是非常重要的。由于当前社会经济发展在很大程度上是以牺牲环境质量为代价的，其对生态文明的正向作用被环境质量下降的负向作用所抵消，因此在相关性分析中表现为不显著相关关系。而当控制环境空气质量和环境水体质量之后，社会经济发展的作用才真正体现出来。

但在现实生活中，在生态文明建设中我们是无法先控制环境质量的。这表明当前生态文明建设的关键在于解决社会经济发展与环境容量之间的冲突。环境问题已成为当前中国生态文明发展最大的限制性条件，成为制约社会经济发展和生态文明建设最重要的瓶颈因素。

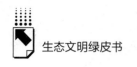

五　结论与建言

相关性分析结果显示，当前我国生态文明建设进入平稳发展阶段，年度差异越来越小，本年度的一些突出特点及新情况，主要表现在以下几方面。

1. 环境质量问题已成为当前中国生态文明建设中凸显的难题

数据显示，环境空气质量和环境水体质量与ECI的相关系数在所有三级指标中排前两名；在控制了环境空气质量和环境水体质量后，社会发展及其三级指标与ECI的相关性显著提升。这表明当前生态文明最为关键性的影响因素为环境质量问题。环境容量的不断趋紧已经成为制约生态文明发展的瓶颈，如果环境保护问题未能解决，就会反制社会经济发展，阻碍生态文明进步。

环境质量中尤其是水体、空气、土壤质量成为关键所在。在空气质量方面，各地政府应主动应对雾霾天气，改善空气质量，打破现有的行政区域限制，对空气污染严重的行业实行规模总量控制，优化能源消费结构，提倡清洁能源，提高能源利用率。在水体质量方面，各地要全面规划，合理布局，进行区域性综合治理，对可能出现的水体污染，要采取预防措施，减少污染物排放。同时要提高污水处理能力，加快城镇污水处理厂建设，大力发展环保产业。在土壤质量方面，则要加强对工业三废的综合利用和生活垃圾的无害化处理，杜绝向土壤和环境任意排放的行为，促进土地污染综合治理和农药化肥的合理使用，大力开发推广成本低廉、简单易行的土壤污染治理实用技术。这些措施的落实到位，要通过制定法律和控制标准，加强监管。

2. 化繁为简，把握核心变量，简化生态文明建设影响因素分析

核心变量ECI的分析结果显示，如果我们能够抓住生态文明建设的主要问题的主要方面，则在较大程度上把握了生态文明的主要矛盾。确定四个二级指标下的四个三级指标模拟核心变量ECI指标，能够在相当程度上反映总体的ECI指标。

详细探究核心变量的四个指标（森林覆盖率、环境空气质量、服务业

产值占 GDP 比例、COD 排放变化效应）会发现，这些指标最终还是指向环境质量的改善、整体生态活力的提升和产业经济的升级。环境空气质量代表着环境质量的改善；代表协调程度的 COD 排放变化效应体现的是对水体质量的保护；代表生态活力的森林覆盖率体现了森林的重要性，森林在当前阶段是清洁空气和水土保持的重要支撑；代表社会发展的服务业产值占 GDP 比例体现的是当前经济发展的产业转型，推动重污染高消耗产业实现转型升级。

这同样表明，在当前的生态文明建设当中，环境质量问题已成为我们不得不面对的重要问题。此外，在土地质量方面还无法获得有代表性的稳定数据，但从各方面的信息和经验判断，当前中国的土地污染尤其是耕地污染形势相当严峻。据不完全统计，目前全国受污染的耕地约有 1.5 亿亩，污水灌溉污染耕地 3250 万亩，固体废弃物堆存占地和毁田 200 万亩，合计占耕地总面积的 1/10 以上。土地是一国之本，是人民生存的基础，如果我们不治理污染的土地，不合理保护未污染的土地，未来的发展将举步维艰。

生态文明建设是个系统工程，涉及影响因素众多。我们既要总体把握，整体推进，在不同阶段又要抓住核心要素，找到生态文明建设的瓶颈因素和突破的关键点。当前生态文明建设的核心要素是水、土壤、空气等环境质量的改善，森林生态活力的提升和产业经济的升级，其中又以环境质量的改善最为关键。环境下限与社会经济发展之间的矛盾已经成为当前生态文明建设的主要矛盾。因此，要抓住环境改善这一生态文明建设的关键突破点，着力改善以水、土壤、空气为代表的环境质量，大力提高环境容量，为生态文明建设创造可持续发展的空间。

G.5

第五章
年度进步指数

年度进步指数分析显示，我国生态文明建设并未取得立竿见影的效果，总体生态文明水平仍在不断下滑，经济社会发展与生态、环境保护之间的矛盾冲突依旧。具体表现为，自然生态系统活力恢复缓慢，环境质量恶化的趋势没有扭转，经济社会发展全面进步，但发展质量不高，资源能源消耗与污染物排放总量高位运行，导致生态、环境长期超负荷承载，成为制约协调发展的突出短板。从各省域的情况来看，全国近一半省份生态文明水平不升反降。

进步指数分析作为对 ECI 相对评价算法的补充，不仅可以检验我国生态文明建设的最新成效，尤其能够发现存在的问题，找出差距，明确方向，更好地促进发展。本年度继续从全国整体和各省级行政区域两个层面分别展开进步指数分析。鉴于我国现行统计数据发布情况，国家层次的数据相对全面，为更准确地判断我国整体生态文明发展态势，对全国和各省的进步指数分析所选用数据及算法稍有差异①。

一　全国整体生态文明建设进步指数

本年度，我国整体生态文明水平出现退步，建设生态文明依然任重而道

---

① 如湿地面积占国土面积比重指标，由于第二次全国湿地资源调查与上次比较统计口径发生了变化，该指标进步率仅国家层面有同口径数据支撑，而各省只能进行不同口径数据的比较。淡水环境主要包括河流、湖泊（水库）和地下水，但按省域发布的只有主要河流水质数据，因此，水体环境质量指标全国进步率计算使用淡水环境的数据，各省则采用主要河流水质数据。上年度教育经费投入情况只公布了全国总体数据，未具体到省，关于各省份人均教育经费投入的进步率暂且按零处理，即没有进步也没有退步。

远（见图1）。随着生态文明建设纳入我国五位一体的战略布局，国家对生态保护和环境建设的投入力度持续增加，有关制度体系不断健全，《大气污染防治行动计划》《水污染防治行动计划》《土壤环境保护和污染治理行动计划》相继或即将出台，全社会尊重自然、顺应自然、保护自然的理念日益深入人心。但长期以来我国片面追求规模与速度的传统经济发展模式，导致生态、环境、资源透支严重，且目前资源能源消耗总量还未达峰值，能源消费结构不尽合理，污染物排放总量居高不下，对早已不堪重负的生态、环境而言，无异于雪上加霜。

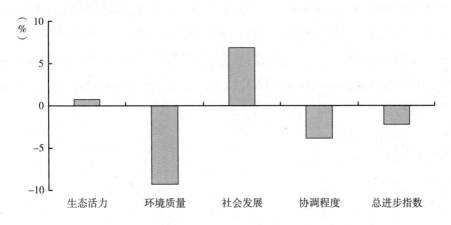

图1　2013～2014年全国生态文明建设进步态势

四个核心考察领域中，只有社会发展进步幅度较为显著，是促进整体生态文明水平提升的主要力量；自然生态系统活力改善相对缓慢；协调发展水平降低，表现为资源能源消耗所产生的污染物排放引起环境质量大幅下降，是当前导致我国总体生态文明水平下滑的根源所在（各领域具体进步指数见表1）。

表1　2013～2014年全国生态文明建设进步指数

单位：%

	生态活力	环境质量	社会发展	协调程度	总进步指数
全国	0.78	-9.28	6.92	-3.94	-2.23

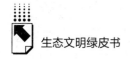

1. 自然生态系统活力恢复进展缓慢，生态保护隐忧重重

全国整体自然生态系统恢复较慢，各方面发展尚不均衡，存在隐忧。生态兴则文明兴，生态衰则文明衰。通过生态保护与建设、增强生态系统活力，在整个国家生态文明建设战略中具有基础性的地位和作用。本领域主要从森林生态系统保护、城市生态改善、生物多样性保护和湿地资源保护四个方面考察自然生态系统恢复成效。

根据五年一度的森林资源清查数据，我国森林生态建设成效显著。森林作为陆地生态系统的主体，是人类生存发展的重要生态保障。近年来，由于天然林资源保护、退耕还林、重点防护林体系建设等重大生态建设与保护工程的实施，我国森林面积与森林蓄积量明显增加，较上次森林资源清查分别提高 6.24% 和 10.32%，但目前的增长过多依赖人工干预，自然恢复贡献偏少，单位森林面积蓄积量提高仅 3.82%。我国历次清查森林覆盖率、单位森林面积蓄积量见图2、图3。

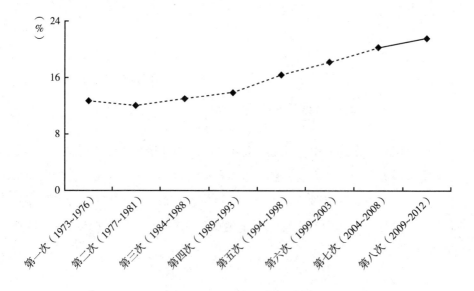

图2　历次森林资源清查我国森林覆盖率

城市绿化建设稳步推进，后续提升空间充足。城市生态改善与市区人居环境质量和居民生活福利水平都密切相关，在我国绿色城镇化的进程中，城

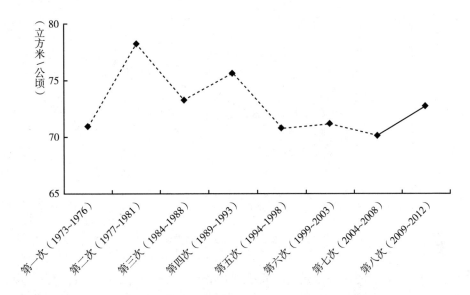

图3 历次森林资源清查我国单位森林面积蓄积量

市绿化建设取得了积极成效，建成区绿化覆盖率和人均公园绿地面积双双实现连年增长（见图4、图5），但是，与国际学界公认的良好城市环境标准（建成区绿化覆盖率在50%以上）仍有一定差距。

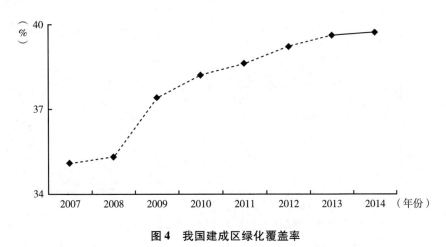

图4 我国建成区绿化覆盖率

自然保护区面积持续萎缩，生物多样性保护面临严峻挑战。自然保护区作为生物多样性保护的重要载体，是为保护有代表性的自然生态系统、珍稀

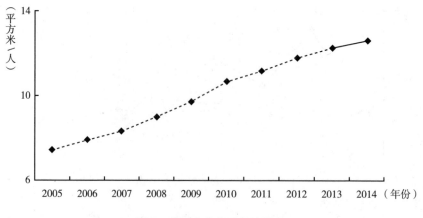

图5　我国人均公园绿地面积

濒危野生动植物物种而划定予以特殊保护和管理的区域，其根本目的在于保护，有条件的情况下可兼顾社会、经济效益。而目前由于土地资源供给日趋紧张，自然保护区在经历早期扩张后，开始不断遭受蚕食，让位于资源开发、农业生产或城市建设，自然保护区占国土面积比重持续走低的态势（见图6），尤其需要引起全社会的高度警觉。

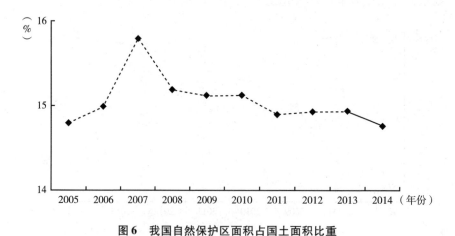

图6　我国自然保护区面积占国土面积比重

湿地资源保护表面数据光鲜，但不宜盲目乐观。最新的第二次全国湿地资源调查结果显示，我国湿地面积扩大了39.28%，其中天然湿地增加 28.93%，人工湿地扩大近 2 倍（见图 7）。而各类数据的大幅增长，主要来源于统计口径的改变，同口径数据比较，湿地面积实则减少了 8.82%，尤其是生态效益显著的自然湿地面积缩减达 9.33%。此外，还存在功能减退、分布不均衡、保护空缺较多、受威胁压力持续加大等问题。

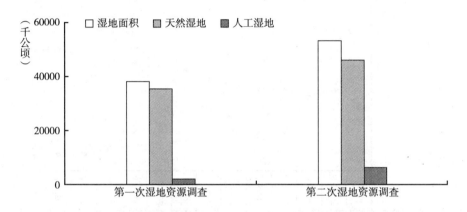

图 7　我国两次湿地资源调查湿地面积比较

2. 环境污染问题已进入集中爆发期，环境质量持续恶化

由于历史累积与发展惯性，遗留环境问题尚未解决，新的污染又接踵而至，环境质量不断恶化的势头迟迟不能遏制，成为制约民生改善的瓶颈。良好的环境是最公平的公共产品，也是最普惠的民生福祉。环境质量改善已成为实现全面小康社会的关键着力点，是我国生态文明建设战略的直接目标。该领域从人们赖以生存发展的水、大气、土地三个方面评估环境质量的变化走势。

水体环境质量变化有喜有忧，整体略有恶化。水体环境综合考虑了主要流域、湖泊（水库）和地下水的水质变化情况。其中，主要河流水体质量改善向好，长江、黄河、珠江、松花江、淮河、海河、辽河等十大流域和浙闽片河流、西北诸河、西南诸河的监控断面中，Ⅰ～Ⅲ类水质河长比例不断提升，劣Ⅴ类水质河长比例逐渐下降（见图 8）。国家监控的重点湖泊（水库）水质略有下降，水质优良比例为 60.7%，轻度污染比例为 26.2%，中度和重度污染分别占 1.6%、11.5%，优良比例降低 0.98%（见图 9）。地下水水质持续变差，形势堪忧，水质较好以上监测点比例仅为 38.5%，较上年下降 5.39%（见图 10）。海洋环境状况总体较好，符合一类海水水质标准海域面积约占全国海域面积的 95%，但近岸海域水质一般。

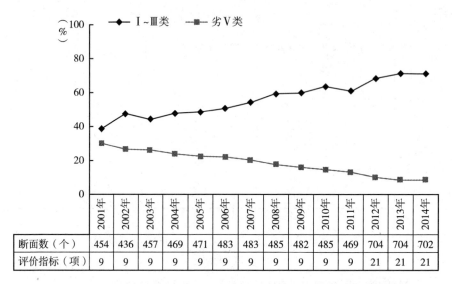

断面数（个）	454	436	457	469	471	483	483	485	482	485	469	704	704	702
评价指标（项）	9	9	9	9	9	9	9	9	9	9	9	21	21	21

图 8　2001～2014 年七大流域和浙闽片河流、西北诸河、西南诸河总体水质年际变化

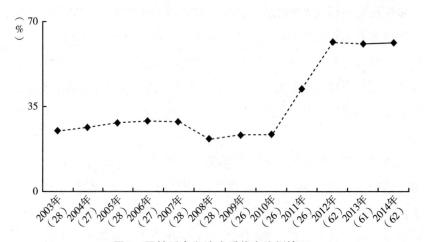

图 9　国控重点湖泊水质优良比例情况

说明：括号内数字为国控重点湖泊数量。

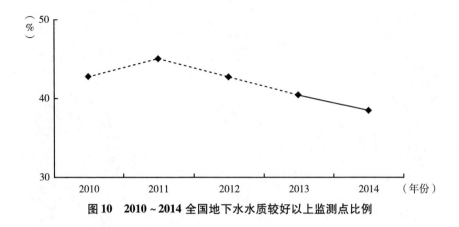

图 10　2010～2014 全国地下水水质较好以上监测点比例

大气环境质量未见明显好转，雾霾天气呈普遍频发态势，成为民众反映强烈的突出环境问题。中国环境监测总站对 74 个城市的 SO_2、NO_2、PM10、PM2.5、CO、O_3 等六项主要污染物污染程度的监测数据显示，与上年比较，本年度 O_3 浓度上升，74 个城市的达标比例下降，其他污染物浓度有所降低，达标城市比例提高（见图 11）。根据各主要污染物浓度核算得出的环境空气质量综合指数全年平均值较上年升高 35.78%，表明大气污染程度还在继续加重，其中 PM2.5 和 PM10 是导致各地区城市空气质量不达标的罪魁祸首（见图 12）。大气污染防治仍是当前环境保护的重点，且工作中尤其要坚持重点突破与全面推进相结合的原则，对于 PM2.5 等新晋、热点、突出指标固然应当严防死守，但也要警惕其他污染物再次抬头的倾向，以防顾此失彼。

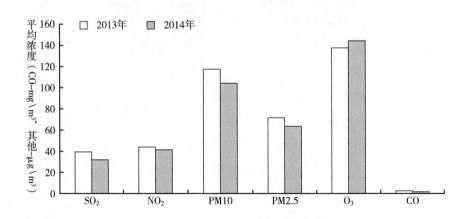

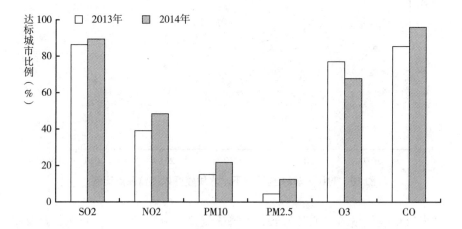

**图 11　2014 年按新标准监测实施的 74 个城市第一阶段平均
浓度和达标城市比例年际比较 ***

＊ 中华人民共和国环境保护部：《2014 中国环境状况公报》，2015 – 05 – 19。

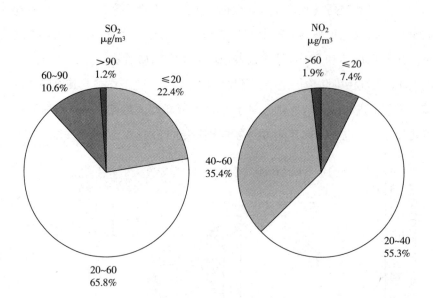

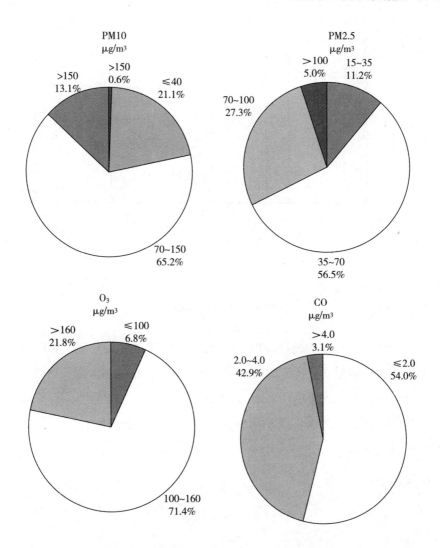

**图12　2014 年各指标不同浓度区间实施新标准
监测的 161 个城市分布比例 ***

* 中华人民共和国环境保护部：《2014 中国环境状况公报》，2015 年 5 月 19 日。

土地环境污染超标率居高不下，农业面源污染不断加剧，引发土地质量退化、农产品质量安全等诸多隐患。环境保护部和国土资源部的联合调查发现，全国土壤环境污染形势严峻，尤其是耕地土壤环境质量点位超标率已高达 19.4%（见图13）。导致耕地质量退化、污染加剧的主要原因，在于农

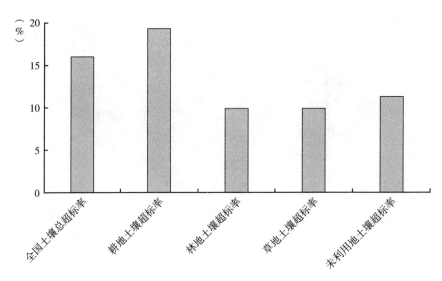

图13 全国土壤污染状况

业生产中化肥、农药的过量施用。梳理近 20 年以来我国化肥、农药施用量的时间序列数据显示，化肥施用折纯量连年攀升，单位播种面积化肥施用量已远超过国际公认安全施用上限（225 千克/公顷），且超标率还有扩大的态势，农药施用总量首次实现小幅回落，但是否通过拐点尚待后续走势确认（见图 14、图 15）。

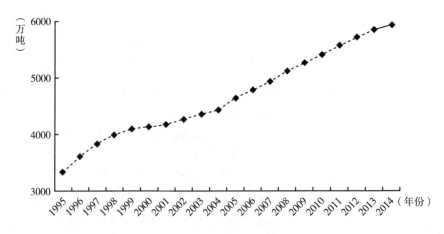

图14 我国近 20 年化肥施用折纯量趋势

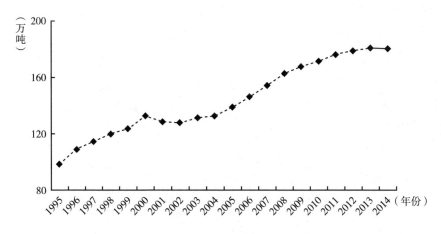

图15 我国近20年农药施用量趋势

3. 新常态致力于转方式、调结构、惠民生，社会发展全面进步

新常态下，我国在保持合理经济发展速度的同时，加快转变经济发展方式，提升发展质量和效益，促进各项社会事业取得全面发展。发展是硬道理，建设生态文明并不放弃或限制经济社会的发展，以人为本，增进人民福祉才是生态文明建设的目标归宿，因此，社会发展也是生态文明的应有之义。本领域从经济增长速度、产业结构调整、城镇化建设、教育经费投入以及城乡医疗卫生条件改善等方面，考察经济社会发展所取得的成效。

本年度，我国经济发展进入换档升级期，GDP增速略有放缓，总体稳中有进。面对错综复杂的国际国内形势，中国经济保持了长期的高速增长态势，但质量不高、效益较低一直是挥之不去的困扰。随着综合经济实力增强，我国开始从片面追求发展速度转向量速并举，在这转型过渡的关键时期，经济下行压力之大不言而喻，全国人均GDP增速仍维持在7%以上，可谓来之不易（见图16）。

产业结构调整升级进步显著，第三产业产值占国内生产总值比重首次超越第二产业，居首位。产业结构扭曲隐患无穷，会导致发展后劲不足，制约经济的持续增长。为确保经济社会长远健康发展，调整优化产业结构一直是

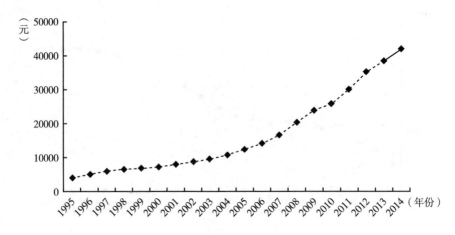

图16　近20年我国人均国内生产总值走势

我国经济工作的重心，近年来取得了积极进展，但离发达国家水平（70%）仍有较大差距①（见图17、图18）。合理配置产业结构并非对传统产业一刀切，而是有所取舍地升级做强传统第二产业，淘汰落后产能，杜绝盲目发展门槛较低的高消耗、高污染行业，同时发展壮大服务业和战略性新兴产业。

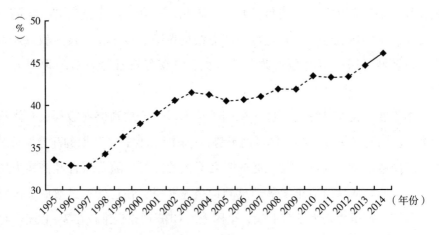

图17　近20年我国第三产业产值占国内生产总值比重走势

---

① 国际社会普遍认为，发达国家第三产业产值占国内生产总值比例应在70%以上。

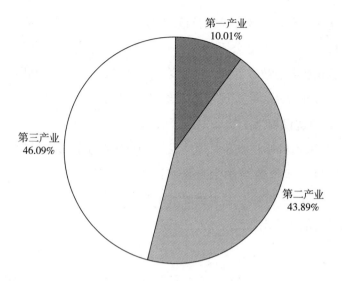

图 18　我国国内生产总值构成

城镇化建设稳步推进，未来依然大有可为。城镇化作为国家现代化的重要标志，积极稳妥有序地推进高质量的城镇化，不仅是经济社会持续健康发展的强大引擎，能够有效缓解区域发展差距，改善居民生活质量，而且有利于资源的优化配置和集约化利用，也是生态文明建设的一大助力。我国城镇化水平起点较低，目前仍在世界平均水平之下，处于快速发展期，城镇人口占总人口的比重连年上升（见图19），当务之急是提高城镇化质量，推进绿色城镇化。

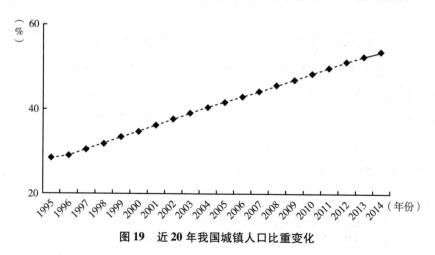

图 19　近 20 年我国城镇人口比重变化

103

民生改善见实效，教育投入持续增加，城乡医疗、卫生条件不断完善。我国教育基础薄弱、教育公平等问题曾长期饱受诟病，经费不足是主要原因，在一系列加大财政教育投入的政策措施相继出台后，全国财政教育投入大幅增加，并于2012年实现了教育经费占国内生产总值比重4%的目标（见图20），但这仅相当于发展中国家的平均投入水平，还低于世界平均投入水平①，远未到目标。城乡医疗、卫生等公共服务能力明显提升，每千人口医疗卫生机构床位数与用上自来水的人口占农村总人口比重均创新高（见图20、图21）。医疗、卫生资源紧张的形势有所缓解，但质量不高、分布不均的矛盾依然突出。

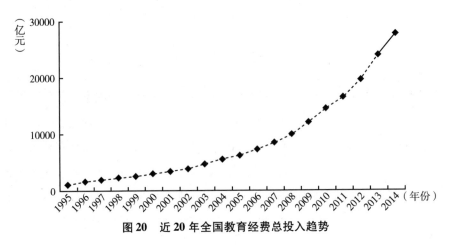

图20　近20年全国教育经费总投入趋势

4. 资源消耗与污染物排放总量过高，协调发展尚存短板

节能减排成绩斐然，但资源能源消耗与污染物排放绝对总量仍高位运行，生态、环境长期超负荷承载已危如累卵。中国的国情决定了经济社会发展与生态、环境改善二者不可偏废。发展必然要消耗资源能源，产生污染物，过去的实践已然证明，以绿水青山换金山银山，靠资源消耗加廉价劳动力支撑增长，走"先污染、后治理"甚至"只污染、不治理"的发展道路

---

① 熊丙奇：《教育投入不能满足于4%的水平》，《广州日报》2015年3月12日。文中指出，2003年全世界平均教育投入水平已达5.1%，发展中国家为4.1%。

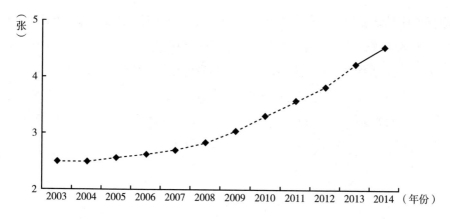

图21　每千人口医疗卫生机构床位数变化

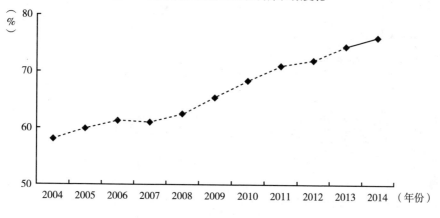

图22　农村用自来水人口的比例变化

注定不可持续。再者，要实现生态、环境改善，就生态谈生态、就环境论环境，诚如盲人摸象，只见树木不见森林，无益于问题的彻底解决。唯有协调发展，在生态环境承载能力范围内，资源能源消费量入为出，污染物排放适度限制，才是处理好经济社会发展与生态、环境改善之间矛盾的根本途径，也是当前生态文明建设尽快收获成效的重要抓手。因此，该领域从资源能源消耗、生态环境治理能力、污染物排放对生态环境的影响效应等方面反映协调发展能力的变化走向。

资源能源节约利用力度空前，而总量却屡创新高，结构不尽合理。作为能源消费大国，随着我国经济结构调整、淘汰落后产能效益不断发挥，节能降耗效应日渐显现，单位国内生产总值能耗持续降低，但仍远高于美、日等发达国家水平，尤其是能源消费总量尚在节节攀升（见图23），预计到2020年前后才能陆续达到峰值。能源消费构成"一煤独大"的格局延续依旧，煤炭消费占能源消费总量的比例高达66%，非化石能源在一次能源消费中的比重提升步履蹒跚，距《能源发展战略行动计划（2014~2020年）》提出的目标值15%还相去甚远（见图24、图25）。

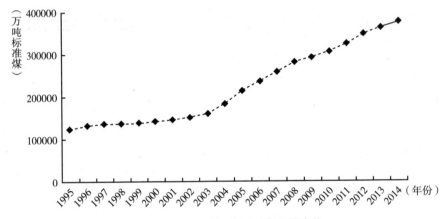

图23 近20年我国能源消费总量走势

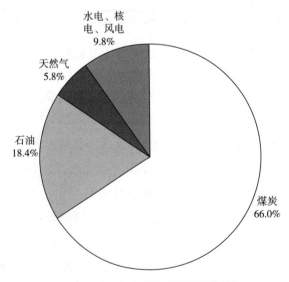

图24 2014年的我国能源消费结构

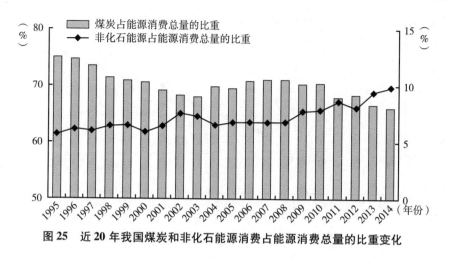

图25 近20年我国煤炭和非化石能源消费占能源消费总量的比重变化

生态保护与环境建设投入力度稳中有增，资源综合利用与环境治理能力不断加强。传统的经济发展模式导致我国生态、环境方面欠账较多，如果继续放任自流，后果将更加难以承受。痛定思痛之后，党和政府一方面主动寻求经济发展方式转型，另一方面积极加大对生态保护和环境建设的投入力度（见图26），健全生态、环境治理体系，增强治理能力。环境公共基础设施日益完善，城市生活垃圾无害化处理率逐步提高（见图27）。循环经济获得长足发展，资源综合利用规模稳步增长，资源利用效率明显提升（见图28），缓解生态、环境压力的效益开始显现。

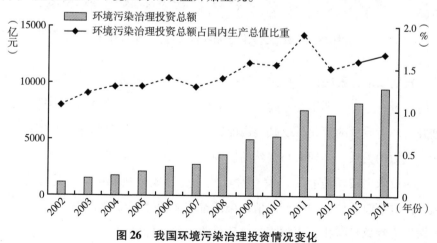

图26 我国环境污染治理投资情况变化

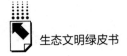

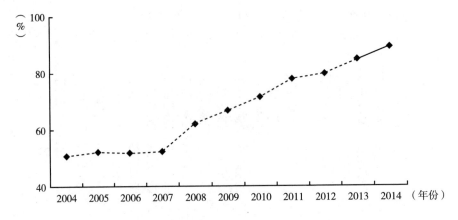

图27　城市生活垃圾无害化处理率变化趋势

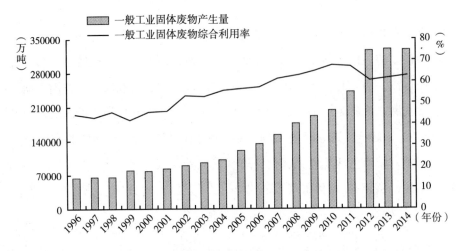

图28　一般工业固体废物综合利用能力情况变化

　　长期以来，我国污染物排放量处在超高水平，多数地区已接近甚至超出环境容量，生态、环境普遍脆弱。污染物排放变化效应通过污染物排放总量增减与环境质量的变化，反映资源能源消耗及所产生污染物排放与生态、环境承载力的关系，体现人与自然的协调发展状况。经济社会发展中产生的污染物排放未突破环境容量，没有对自然环境形成威胁和破坏，是为协调发展。凸显当前单位国内生产总值污染减排的强度控制与总量控制并举，不仅追求污染物总量减排，更重视环境质量改善的目标导向。

主要水体污染物排放总量有效削减，但整体水质仍略显恶化，水体污染物排放对生态、环境的影响效应尚未出现明确向好趋势。虽然重点控制的水体污染物化学需氧量和氨氮排放量均在逐年降低（见图29、图30），而水体质量却持续退化，表明当前的水体污染物排放已超过了环境容量，长此以往，终成大患。要实现生态良好、环境优美的目标，水污染防治工作还需继往开来、加倍努力。

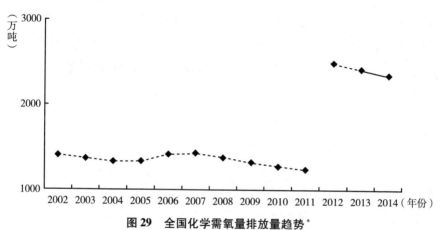

图29　全国化学需氧量排放量趋势*

＊2012年化学需氧量统计口径发生变化，由之前只统计工业废水和生活污水中化学需氧量排放量，增加了农业和集中式污染治理设施排放化学需氧量。

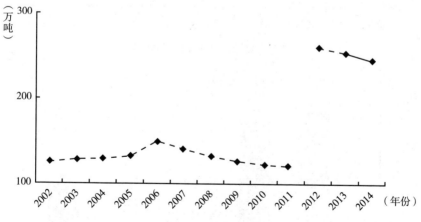

图30　全国氨氮排放量趋势*

＊2012年氨氮排放量统计口径发生变化，由之前只统计工业废水和生活污水中氨氮排放量，增加了农业和集中式污染治理设施的氨氮排放量。

主要大气污染物排放控制存在软肋，城市空气质量超标成常态，大气污染物排放对生态、环境的负面效应亟待扭转。大气污染物中二氧化硫、氮氧化物排放得到初步控制，但本年度烟（粉）尘排放量却逆势增长 3.43%（见图 31、图 32），而烟（粉）尘中 PM2.5 和 PM10 正是当前各地首要的大气污染物。PM2.5 由于受各界广泛关注，被全面布控、重点盯防，各省会城市的平均浓度较上年有所下降，与之形成强烈反差的是，各省会城市 PM10 平均浓度竟悄然上扬（见图 33）。空气质量迟迟不见明显好转，超出环境容量的大气污染物排放"生生不息"，其负面效应正成为制约我国实现协调发展的突出短板，若一日不能补缺，则市民期盼的蓝天白云常驻都不能实现。

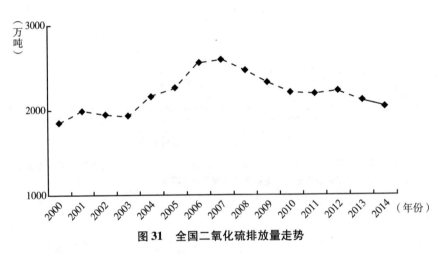

图 31　全国二氧化硫排放量走势

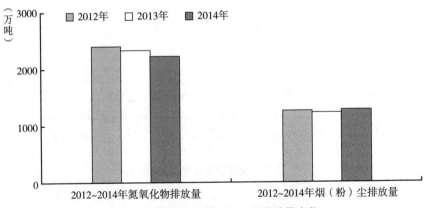

图 32　氮氧化物及烟（粉）尘排放量变化

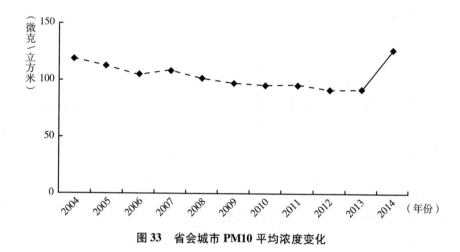

图33　省会城市 PM10 平均浓度变化

此外，我国土地污染与水污染、大气污染一样，是刻不容缓需引起高度警觉的重大环境问题。土壤污染强度加剧已导致土地质量不断退化，且土地污染物排放对生态、环境的负面影响效应仍在持续发酵中，形势堪忧，后续防治任务尤为艰巨。

二　省域生态文明建设进步指数

2013～2014 年，全国 31 个省（市、自治区）中，有 17 个省份整体生态文明水平喜获进步，其余 14 个省份生态文明水平有不同程度下滑（见图34）。

其中，西藏生态文明建设进步幅度居首，达 18.78%，主要得益于经济的快速增长和协调发展能力提升。宁夏次之，此外还有重庆和天津上升幅度较大，都在 10% 以上。宁夏和天津是源于各领域的全面进步，重庆则是由经济发展与生态活力增强所驱动。

山西下降幅度最大，是唯一退步超过 10% 的省份，其余生态文明水平降低省份幅度都在 5% 以内。山西大幅下滑，究其原因，主要是由于其生态持续退化、环境污染加重、协调发展能力不足。本年度，各省整体生态文明建设进步指数及排名见表 2。

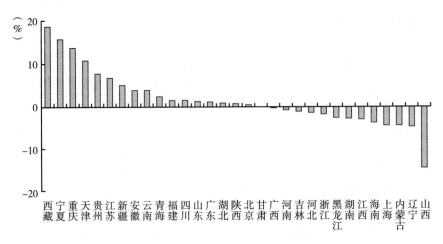

图34　2013～2014年各省生态文明建设进步态势

表2　2013～2014年各省生态文明建设进步指数及排名

单位：%

排名	地　区	生态文明建设进步指数	排名	地　区	生态文明建设进步指数
1	西　藏	18.78	17	北　京	0.45
2	宁　夏	15.69	18	甘　肃	- 0.11
3	重　庆	13.79	19	广　西	- 0.44
4	天　津	10.77	20	河　南	- 0.89
5	贵　州	7.71	21	吉　林	- 1.26
6	江　苏	6.75	22	河　北	- 1.47
7	新　疆	4.98	23	浙　江	- 1.89
8	安　徽	3.76	24	黑龙江	- 2.54
9	云　南	3.73	25	湖　南	- 2.92
10	青　海	2.23	26	江　西	- 3.14
11	福　建	1.52	27	海　南	- 3.84
12	四　川	1.45	28	上　海	- 4.47
13	山　东	1.19	29	内蒙古	- 4.49
14	广　东	1.14	30	辽　宁	- 4.74
15	湖　北	0.82	31	山　西	- 14.63
16	陕　西	0.67			

1. 省域生态活力进步指数分析

本年度，适逢我国第八次森林资源清查数据发布，并且第二次全国湿地资源调查的统计范围有所扩大，因此从数据来看，各省域生态活力普遍大幅上升，但仍有5个省份生态活力减弱（见图35）。

直辖市重庆领衔涨幅榜首位，提高59.45%，主要源于其湿地资源面积较上次调查翻了近两番，同时森林生态建设成效显著。接下来依次有贵州、

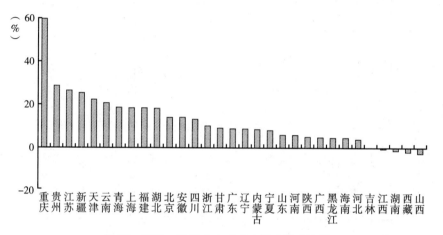

图35　2013～2014年各省生态活力进步态势

江苏、新疆、天津和云南，进步幅度都在20%～30%，这些省份情况与重庆类似，无不得益于湿地统计口径变化产生的大幅增长，以及长期坚持森林生态建设所释放的红利。此外，上升幅度超过10%的还有青海、上海等8个省份，其余12个地区上扬幅度不足10%。

生态活力回落的5个省份分别是山西、西藏、湖南、江西和吉林。山西排名末尾，是由于当地长期的资源开采导致地下水位下沉，部分湿地消失，同时自然保护区被蚕食，面积明显缩减。西藏则是因为当地经济社会发展提速，城市规模扩张加快，而配套的绿化建设未能及时跟进。湖南、江西和吉林都为湿地面积逆势下挫所累，其中湖南、吉林还分别受到森林质量提升缓慢和城市绿化建设力度不足的影响。各省具体生态活力进步指数及排名见表3。

表3　2013～2014年各省生态活力进步指数及排名

单位：%

排名	地 区	生态活力进步指数	排名	地 区	生态活力进步指数
1	重 庆	59.45	17	辽 宁	8.50
2	贵 州	28.03	18	内蒙古	8.26
3	江 苏	26.36	19	宁 夏	7.98
4	新 疆	25.20	20	山 东	5.81
5	天 津	22.17	21	河 南	5.79
6	云 南	20.66	22	陕 西	4.79
7	青 海	18.37	23	广 西	4.64
8	上 海	18.11	24	黑龙江	4.36
9	福 建	18.04	25	海 南	4.27
10	湖 北	17.80	26	河 北	3.45
11	北 京	13.94	27	吉 林	-0.35
12	安 徽	13.73	28	江 西	-1.01
13	四 川	12.78	29	湖 南	-1.90
14	浙 江	10.03	30	西 藏	-2.48
15	甘 肃	8.86	31	山 西	-2.88
16	广 东	8.64			

2. 省域环境质量进步指数分析

数据显示，各省环境质量仍在普遍恶化，环境改善似乎未见好转。环境质量进步的省份凤毛麟角，仅有宁夏和天津，其余省份当务之急是尽快扭转持续退化的趋势。各省环境质量进步态势见图36。

宁夏和天津环境质量进步，主要是由于它们的水体环境质量本底较差，本年度主要流域水体质量有所好转（离《水污染防治行动计划》规定的水质优良比例达到70%以上的目标还颇有差距）；农业面源污染中农药施用强度小幅回落，但化肥施用强度还在攀升，总体而言，只是污染程度加剧的形势稍有缓和。实际上，它们也并未真正实现环境质量的改善。

由于雾霾肆虐，城市空气污染成为当前最突出的环境问题，各地区都积极采取措施，致力于大气污染防治，但本年度所有省会城市无一例外，污染程度还在继续加重，同时农业面源污染愈演愈烈，造成了多数省份环境质量退化，环境改善目标无法兑现。其中，山西和上海分别排名最后两位，退步幅度在

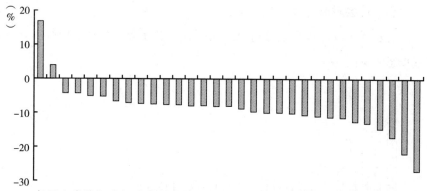

图36　2013～2014年各省环境质量进步态势

20%以上，除受上述因素影响外，还为水体质量恶化所累。下降幅度超过10%
的还有内蒙古、北京等9个地区。各省具体环境质量进步指数及排名见表4。

表4　2013～2014年各省环境质量进步指数及排名

单位：%

排名	地　区	环境质量进步指数	排名	地　区	环境质量进步指数
1	宁　夏	16.81	17	重　庆	- 8.86
2	天　津	4.02	18	湖　北	- 9.75
3	山　东	- 4.26	19	河　南	- 9.84
4	贵　州	- 4.41	20	海　南	- 9.85
5	陕　西	- 4.89	21	云　南	- 10.11
6	江　西	- 5.39	22	青　海	- 10.52
7	广　东	- 6.63	23	福　建	- 10.89
8	江　苏	- 7.18	24	甘　肃	- 11.19
9	广　西	- 7.31	25	浙　江	- 11.34
10	湖　南	- 7.33	26	黑龙江	- 12.36
11	河　北	- 7.56	27	辽　宁	- 12.96
12	新　疆	- 7.57	28	北　京	- 14.54
13	吉　林	- 7.79	29	内蒙古	- 17.15
14	西　藏	- 7.87	30	上　海	- 21.78
15	四　川	- 8.01	31	山　西	- 26.80
16	安　徽	- 8.08			

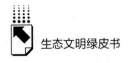

3. 省域社会发展进步指数分析

社会发展年度进步指数分析显示，所有省份社会发展水平均有提升，各省进步态势见图37。

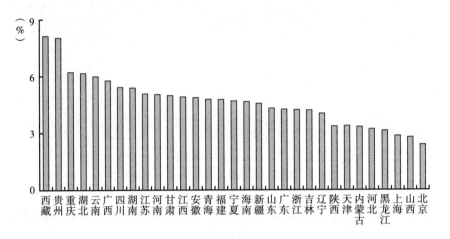

图37　2013～2014年各省社会发展进步态势

本年度，各省社会发展水平上升幅度相对均衡。西部省份西藏、贵州和重庆占据排名前三位，这些地区过去经济社会发展相对落后，当前后发优势开始凸显，追赶势头强劲。而北京、上海等发达地区起点较高，前期红利几近消耗殆尽，正面临转型压力，增速相对放慢。此外，在全国经济增速放缓的新常态大背景下，山西、黑龙江等能源大省首先被殃及，由于缺少稳定的新经济增长点，增速表现低迷。各省具体社会发展进步指数及排名见表5。

整体而言，各省社会发展速度趋缓，但稳中有进，上升态势没有动摇。而陕西、内蒙古等部分地区对农村卫生设施投入力度有所回调，农村改水中自来水受益率显著下降，是为美中不足，务必引起重视，毕竟这直接关系到老百姓的生命健康和生活质量，改善城乡卫生条件仍须持之以恒。

4. 省域协调程度进步指数分析

由于在生态、环境方面历史欠账较多，我国生态、环境产品供给不足，成为建设全面小康社会的关键制约因素。而要增强生态、环境产品供给能力，首先必须走协调发展道路。分析发现，本年度各省协调发展能力仍未见

表5　2013~2014年各省社会发展进步指数及排名

单位：%

排名	地区	社会发展进步指数	排名	地区	社会发展进步指数
1	西　藏	8.12	17	海　南	4.66
2	贵　州	8.02	18	新　疆	4.53
3	重　庆	6.20	19	山　东	4.29
4	湖　北	6.19	20	广　东	4.22
5	云　南	5.98	21	浙　江	4.20
6	广　西	5.75	22	吉　林	4.18
7	四　川	5.40	23	辽　宁	4.00
8	湖　南	5.39	24	陕　西	3.35
9	江　苏	5.04	25	天　津	3.34
10	河　南	5.00	26	内蒙古	3.33
11	甘　肃	4.95	27	河　北	3.18
12	江　西	4.89	28	黑龙江	3.14
13	安　徽	4.87	29	上　海	2.82
14	青　海	4.77	30	山　西	2.79
15	福　建	4.73	31	北　京	2.41
16	宁　夏	4.67			

明显改进，经济社会发展与生态环境改善冲突依然激烈。全国仅5个省份整体协调程度有所提高，其余地区均在走低。各省协调程度进步态势见图38。

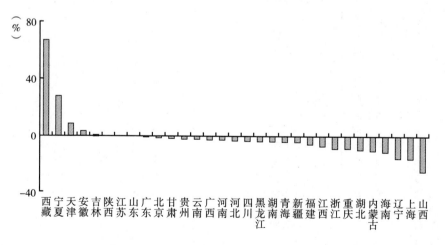

图38　2013~2014年各省协调程度进步态势

西藏自治区协调程度进步指数一枝独秀，提升近70%，排名高居榜首。这得益于当地生态、环境本底较好，且本年度加大了对生态保护与环境建设的投入力度。但随着经济社会发展提速，该地区各类污染物排放量都有上升趋势，对脆弱的高原生态、环境形成严峻挑战。协调程度进步排名，宁夏次之，天津、安徽紧随其后，是由于它们加大了生态、环境建设投入力度，环境污染治理能力增强，水体污染物排放总量得到削减，对生态、环境的影响效应有所降低。

大气污染防治旧账未还又添新账。空气污染本已是现阶段居民反映最强烈的突出环境问题，而大气污染物排放却大行其道如故，超过2/3的省份烟（粉）尘排放量在继续上升，二氧化硫、氮氧化物排放得到基本控制，但总量较大。超出环境容量的大气污染物排放对生态、环境的影响效应恶化，导致各省协调发展能力应势下跌。退步幅度较大的山西、上海、辽宁3省，均在15%以上，除受上述因素影响外，山西、上海水体污染物排放对生态、环境的影响效应亦在加大，辽宁还受制于生态、环境方面投入力度的减弱。各省协调程度进步指数及排名见表6。

表6　2013～2014年各省协调程度进步指数及排名

单位：%

排名	地区	协调程度进步指数	排名	地区	协调程度进步指数
1	西藏	67.57	17	四川	-3.97
2	宁夏	27.97	18	黑龙江	-4.11
3	天津	8.72	19	湖南	-4.42
4	安徽	3.10	20	青海	-4.54
5	吉林	0.53	21	新疆	-4.55
6	陕西	-0.17	22	福建	-6.26
7	江苏	-0.39	23	江西	-7.40
8	山东	-0.44	24	浙江	-8.97
9	广东	-1.44	25	重庆	-9.18
10	北京	-1.54	26	湖北	-10.05
11	甘肃	-2.38	27	内蒙古	-10.62
12	贵州	-2.64	28	海南	-11.18
13	云南	-2.79	29	辽宁	-15.51
14	广西	-2.89	30	上海	-16.26
15	河南	-3.04	31	山西	-24.93
16	河北	-3.63			

三　进步指数分析结论

党的十八大以来，国内推动生态文明建设的力度不断加大，相继进行了一系列重要部署，体制机制日渐完善，各行业、各部门都积极行动起来，主动融入其中，但生态、环境改善并未立竿见影。建设生态文明是一项长期艰巨的任务，仍需久久为攻。

2013～2014 年，全国总体生态文明水平下滑。社会发展成为驱动生态文明进步的主要力量，略显势单力薄。发展质量不高的局面尚未根本改观，发展中资源能源消耗产生的污染物排放对生态、环境形成持续高压，导致环境改善成效式微。生态保护与建设推进缓慢。

自然生态系统活力恢复表现差强人意。受益于五年来的努力，森林生态建设成效显著，但主要依赖生态工程的实施，自然恢复贡献偏少；城市绿化建设稳步推进，发展空间充裕；生物多样性保护遭遇挑战，自然保护区面积被挤占压缩；湿地资源保护在亮丽数据掩饰下存隐忧，自然湿地面积减少、功能减退、分布不均且保护不周。生态保护与建设在整个生态文明建设战略中具有基础性的地位和作用，其见效周期较长，是功在当代、利在千秋的事业。

环境恶化的势头依然没有扭转。水体环境中，仅主要流域水质向好，但地下水质变差。大气污染程度加剧，空气质量不见明显好转。土地质量退化，污染加重，未引起足够警觉。下一步要严格源头监管，提升治理能力，力争不欠新账、多还旧账，重点突破与全面布控相结合，尽快解决威胁群众健康的突出环境问题。

社会发展全面进步。在全国经济增速放缓的新常态背景下，我国一方面维持合理的经济发展速度，另一方面致力于转变发展方式，优化调整经济结构，取得显著成效。同时，惠民措施多管齐下，教育、医疗、卫生等公共服务水平再上新台阶。生态文明建设与经济社会发展并不矛盾，关键在于提高发展质量和效益。

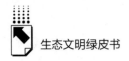
　　协调发展能力提升任务艰巨。本年度，生态、环境建设投入力度继续加强，环境治理能力提高，节能减排成绩瞩目，但经济社会发展消耗的资源能源总量上扬，尚未达峰值，且能源消费结构不尽合理，产生的污染物排放对生态、环境形成重压，尤其是大气污染物排放对环境的负面效应，导致空气质量改善仍未取得明显突破。实现在生态、环境承载力范围内的协调发展，是当前促进生态文明建设的重要抓手。

　　从省域层面分析，全国有 17 个省份整体生态文明水平上升，其余 14 个地区生态文明建设水平下滑。生态文明水平下滑的省份，多受制于协调发展程度低，经济发展付出的生态、环境代价巨大，导致了环境的恶化。

　　具体分析四个核心考察领域，各省域生态活力普遍增强，有 5 个省份由于湿地、生物多样性保护、城市绿化建设等方面因素下降；环境质量改善几乎全军覆没，仅宁夏和天津的污染加剧程度略有缓和；社会发展水平全面提升，部分处于转型过渡期的省份增长相对乏力；协调发展能力亟待提高，仅 5 个省份有所进步，大气污染物排放对生态、环境的负面效应是突出短板。

第三部分
省域生态文明建设分析

Provincial Eco – Civilization Construction Analysis

一　北京2014年生态文明建设状况

2014 年，北京生态文明指数（ECI）得分为 95.28 分，名列全国第 2 位，具体二级指标得分状况及排名情况见表 1。去除 ECI "社会发展" 指标后，绿色生态文明指数（GECI）得分为 74.80 分，全国排名第 5 位。

表1　2014 年北京生态文明建设二级指标情况汇总

二级指标	得分	排名	等级
生态活力(满分为 43.20 分)	27.77	7	2
环境质量(满分为 36.00 分)	19.60	21	3
社会发展(满分为 21.60 分)	20.48	1	1
协调程度(满分为 43.20 分)	27.43	2	1

2014 年北京生态文明建设属于均衡发展型（见图 1）。社会发展指标在全国处于领先水平，生态活力指标属于第 2 等级，协调程度指标位居第 1 等级，而环境质量指标位于第 3 等级。

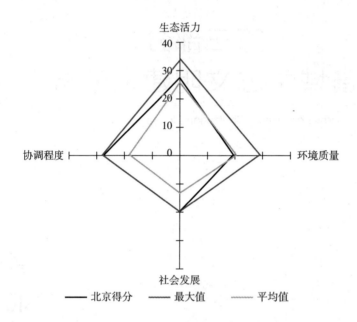

图 1　2014 年北京生态文明建设评价雷达图

2014 年北京生态文明建设三级指标具体数据见表 2。

在生态活力方面，建成区绿化覆盖率位列全国第 1 名。森林覆盖率、自然保护区的有效保护居于中游位置。湿地面积占国土面积比重及森林质量是北京生态活力中的短板，排名靠后。

在环境质量方面，地表水体质量排名略有下降；水土流失率指标的排名与往年相同，仍处于全国中下游水平；环境空气质量排名略有提升，由第 26 位升至第 23 位。农药施用强度、化肥施用超标量指标表现较差，排名处于全国下游水平。

在社会发展方面，各项指标数据和排名继续保持全国领先水平，每千人口医疗卫生机构床位数指标排名由全国第 4 位下降至第 10 位。

表 2 北京 2014 年生态文明建设评价结果

一级指标	二级指标	三级指标	指标数据	排名
生态文明指数(ECI)	生态活力	森林覆盖率	35.84%	16
		森林质量	24.24 立方米/公顷	29
		建成区绿化覆盖率	47.10%	1
		自然保护区的有效保护	7.97%	13
		湿地面积占国土面积比重	2.86%	25
	环境质量	地表水体质量	76.60%	13
		环境空气质量	45.75%	23
		水土流失率	24.95%	17
		化肥施用超标量	302.14 千克/公顷	29
		农药施用强度	15.94 千克/公顷	25
	社会发展	人均 GDP	93213.00 元	2
		服务业产值占 GDP 比例	76.90%	1
		城镇化率	86.30%	2
		人均教育经费投入	3652.95 元	1
		每千人口医疗卫生机构床位数	4.92 张	10
		农村改水率	99.56%	2
	协调程度	环境污染治理投资占 GDP 比重	2.22%	8
		工业固体废物综合利用率	86.62%	8
		城市生活垃圾无害化率	99.30%	5
		COD 排放变化效应	65.88 吨/千米	3
		氨氮排放变化效应	6.40 吨/千米	2
		氮氧化物排放变化效应	3.11 千克/公顷	6
		二氧化硫排放变化效应	1.90 千克/公顷	6
		烟(粉)尘排放变化效应	2.10 千克/公顷	3

在协调程度方面,烟(粉)尘排放变化效应、COD 排放变化效应、氨氮排放变化效应排在全国前三位,其他指标也都处于上游水平。

从年度进步情况来看,北京 2013～2014 年度的生态文明进步指数为 0.45%,全国排名第 17 位。具体到二级指标,生态活力进步指数为 13.94%,居全国第 11 位。社会发展进步指数为 2.41%,居全国第 31 位。协调程度为 -1.54%,列全国第 10 位。环境质量进步指数为 -14.54%,居全国第 28 位。总体而言,北京 2013～2014 年度的生态文明进步指数与上年

度相比变化幅度不大，虽然生态活力出现明显的进步，但环境质量进步指数呈现负增长在很大程度上影响了北京的生态文明进步指数。

二 分析与展望

综合而言，北京生态文明建设处于全国领先地位。北京是全国科技创新与技术研发基地，是辐射带动"三北"地区发展的龙头[①]。未来的北京，将是集国家首都、世界城市、文化名城、宜居城市这四大鲜明特色于一身的城市，这也是北京未来发展的目标。社会发展已成为北京生态文明建设的绝对优势。

（一）现状与问题

北京目前的人口密度已经大大超出了其生态环境承载力，环境空气质量、水资源状况、交通状况都不甚理想。人口对资源环境的压力巨大，城市历次规划确定的人口控制目标屡屡被突破。环境质量排名相对落后，环境空气质量一直是困扰北京发展的重大问题，与北京未来世界城市的目标相距甚远，也是北京城市发展的短板和瓶颈。北京水资源重度短缺，水资源供需矛盾加剧，地下水严重超采，水质污染严重。北京城区地下水超采与地面水空间缩减，加剧了水生态系统的不稳定性与水环境的脆弱性。车辆的快速增长与城市交通建设发展速度的差距较大，建立低碳的可持续发展的交通体系是北京面临的一大重点任务。

（二）对策与建议

为保障首都北京的生态安全，北京应开展以生态承载力为核心的"生态脆弱力评估"，科学制定北京安全发展的生态红线，充分评估北京的资源

---

① 国务院：《全国主体功能区规划》，中国新闻网，http：//www.chinanews.com/gn/2011/06－09/3099774_ 4.shtml。

承载力、环境承载力、生态脆弱性，实现北京经济、资源、环境、生态的安全、协调、稳定发展。

北京作为各种"中心"的磁力效应是不言而喻的。解决北京"大城市病"问题，需要疏控并举，有序疏解。要制定更加完善严格的产业限制目录和人口调控目标，严格控制新增人口。

北京环境空气污染问题的解决之道在于打造生态环境的"生命共同体"[①]。环境保护部发布的 2013 年空气质量状况数据显示，空气较差的前十个城市中 7 个在河北[②]。以京津冀一体化驱动的"生命共同体"不仅在经济上互相依赖，在环境上也相互依存。搭建京津冀及周边地区空气质量预报预警平台，建立区域信息共享平台，编制区域空气质量达标规划，是改善北京空气质量的必要举措。此外，建立基于主要污染物总量减排的环境准入机制，实施严格的环境准入制度，建立绿色 GDP 核算制度体系和干部考核制度，是亟须落实的制度保障。

北京是一个水资源缺乏的城市，如何利用紧缺的宝贵资源至关重要。从北京的用水结构看，由于产业结构调整，北京水资源使用的趋势是工农业用水比重减少，生活用水比重增加。因此，在水资源利用方面，北京要做好以下工作：加强全民水忧患意识和节水意识；加强节水管理的基础工作，如用水计量统计的完善、节水技术和节水产品的推广等；完善节水市场激励机制。

在交通治理方面，从世界大城市的经验看，实施部分区域收取"拥堵费""排污费"等措施，都值得北京借鉴。治理的重点一在"堵"，二在"污"。治理"堵"，除了现有的限行措施之外，需要继续改善公交系统，在北京设立以轨道交通为基础的公共交通网络；研究完善小客车分区域、分时段限行政策，降低使用强度等。治理"污染"，北京应加强清洁能源汽车以

---

① 唐伟：《打造生态环境的"生命共同体"》，http：//news. xinhuanet. com/comments/2015 - 05/06/c_ 1115156508. htm。

② 孙秀艳：《环境保护部发布 2013 年空气质量状况，74 城市仅 3 个达标》中华人民共和国环保部，http：//www. zhb. gov. cn/zhxx/hjyw/201403/t20140326_ 269702. htm。

及新能源汽车的推广力度，在新能源汽车指标分配，充电桩建设与推广，充电桩的标准统一化、标准化方面加大力度。

北京作为全国政治、经济、文化中心，其生态文明示范意义不言而喻。因此，要实现经济发展、社会发达、协调发展、绿水青山的宜居城市目标，北京还要从生态大系统角度继续生态文明制度创新，引领全国生态文明建设。

第七章

天　津

一　天津2014年生态文明建设状况

2014 年，天津生态文明指数（ECI）得分为 78.16 分，名列全国第 19 位。具体二级指标得分状况及排名情况见表 1。去除 ECI"社会发展"指标后，天津绿色生态文明指数（GECI）得分为 59.49 分，全国排名第 24 位。

表 1　2014 年天津生态文明建设二级指标情况

二级指标	得分	排名	等级
生态活力（满分为 43.20 分）	24.69	18	3
环境质量（满分为 36.00 分）	18.00	27	4
社会发展（满分为 21.60 分）	18.68	3	1
协调程度（满分为 43.20 分）	16.80	18	3

天津 2014 年生态文明建设的基本特点是，社会发展居全国领先水平，协调程度和生态活力居于中游水平，环境质量落后。如图 1 所示，天津在生态文明建设类型划分上，属于社会发达型。

2014 年天津生态文明建设三级指标详细数据见表 2。

在生态活力方面，湿地面积占国土面积比重及自然保护区的有效保护分别排名第 3 位、第 12 位。森林质量一直是天津生态活力的短板，排名靠后，列第 25 位，建成区绿化覆盖率较低，排名第 26 位，森林覆盖率排名第 29 位。

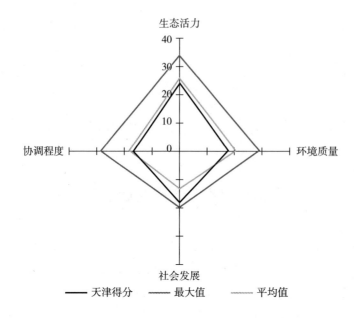

图1　2014年天津生态文明建设评价雷达图

表2　天津2014年生态文明建设评价结果

一级指标	二级指标	三级指标	指标数据	排名
生态文明 指数(ECI)	生态活力	森林覆盖率	9.87%	29
		森林质量	33.52 立方米/公顷	25
		建成区绿化覆盖率	34.93%	26
		自然保护区的有效保护	7.99%	12
		湿地面积占国土面积比重	23.94%	3
	环境质量	地表水体质量	5.60%	31
		环境空气质量	39.73%	27
		水土流失率	3.43%	3
		化肥施用超标量	289.03 千克/公顷	26
		农药施用强度	7.69 千克/公顷	12
	社会发展	人均 GDP	99607 元	1
		服务业产值占 GDP 比例	48.10%	5
		城镇化率	82.01%	3
		人均教育经费投入	3052.47 元	2
		每千人口医疗卫生机构床位数	3.92 张	26
		农村改水率	98.91%	3

一级指标	二级指标	三级指标	指标数据	排名
生态文明指数(ECI)	协调程度	环境污染治理投资占 GDP 比重	1.33%	20
		工业固体废物综合利用率	99.39%	1
		城市生活垃圾无害化率	96.80%	9
		COD 排放变化效应	5.02 吨/千米	24
		氨氮排放变化效应	0.47 吨/千米	25
		氮氧化物排放变化效应	7.50 千克/公顷	2
		烟(粉)尘排放变化效应	−1.13 千克/公顷	26
		二氧化硫排放变化效应	2.56 千克/公顷	2

在环境质量方面,水土流失率排名靠前,位于第 3 位。农药施用强度居于全国中游水平,位于第 12 位。化肥施用超标量、环境空气质量两个指标排名较为落后,分别位于第 26 位、第 27 位。地表水体质量指标则位列第 31 位。

在社会发展方面,每千人口医疗卫生机构床位数处于全国中下游水平。而人均 GDP、人均教育经费投入、城镇化率、农村改水率以及服务业产值占 GDP 比例指标排名靠前,分别排名第 1、第 2、第 3、第 3 和第 5 位。

在协调程度方面,工业固体废物综合利用率居全国第 1 位、城市生活垃圾无害化率位列第 9、二氧化硫排放变化效应位列第 2。环境污染治理投资占 GDP 比重位于第 20 位。氨氮排放变化效应、COD 排放变化效应、烟(粉)尘排放变化效应三个指标分别位于第 25 位、第 24 位和第 26 位。

从年度进步情况来看,天津总进步指数为 10.77%,全国排名第 4 位。具体到二级指标,生态活力的进步指数为 22.17%,居全国第 5 位。环境质量进步指数为 4.02%,居全国第 2 位。社会发展的进步指数为 3.34%,居全国第 25 位。协调程度的进步指数为 8.72%,居全国第 3 位。

二 分析与展望

天津的经济和社会都显示出强劲的发展势头。在社会发展的几个核心指

标中，天津都位列前三。首都经济圈建设以及京津冀地区经济一体化、环境一体化既为天津发展带来了新的机遇，也带来了挑战。京津冀将深入开展产业合作、环保合作，在经济产业布局、环保协同一体化上进入协调发展轨道。

（一）现状与问题

"退海之地"的天津，生态系统脆弱，保障能力不足，资源禀赋不足且消费过度。天津是严重缺水城市，水资源长期匮乏。在生态活力维度上，天津的森林覆盖率和森林质量指标排名偏低，在全国处于中下游水平。天津的建成区绿化覆盖率全国排名第 26 位。

在环境质量维度上，天津环境质量的改善任重而道远。2013 年天津环境空气质量达标天数为 145 天，约占全年的 40%；二氧化硫、二氧化氮、可吸入颗粒物等主要大气污染物浓度均呈现上升态势[①]。天津的地表水体质量名列全国第 31 位，化肥施用超标量位于全国第 26 位。水资源短缺、空气质量差等问题日益凸显，在一定程度上制约着天津的发展。

（二）对策与建议

京津冀及周边地区应协同治理大气污染。京津冀生态环境协同发展，就是要以环境空间优化区域发展格局，即主体功能分级、分区引导城市发展空间和产业格局，探索区域生态环境协同保护与治理的新体制、新机制、新政策和新模式。应建立重污染天气应急联动预案，建立京津环境监测数据及空气质量预测预警信息共享机制，加强两市重点污染物治理技术的合作。天津要建立环境准入制度，制订环境准入指标，加大节能减排力度，大力发展新能源汽车，严格把控燃油质量标准，促进天津空气质量持续改善。

加强水源地协同保护，进一步改善天津的水环境。应推进京、津、冀、晋、鲁、蒙、豫协作治理海河，推进水系统治理理念，同时加大南水北调等

---

① 《2013 年天津市环境状况公报》。

重要水源地水质保护力度①。建立起有效的水生态保护网，加快京津冀协同发展。严格按照京津生态功能区、重要水源地的功能定位，始终把生态承载力和环境容量作为发展红线。京津冀应研究制定统一的生态红线划定标准。严格落实生态红线制度，加强监督考核。

天津应以生态承载力为核心，引导城市布局和产业布局向生态化、集约化、协调化转变，构建区域生态安全格局②。

天津未来可以规划大规模城市森林生态区域。天津新建城区绿化率极低，可从滨海地区的盐碱地治理及绿化等方面借鉴经验，适当引进耐盐植物，建立适合天津市环境的耐盐植物试验区，规划多元化、多植被的城市绿化生态系统。

提升天津的国际港口城市、生态城市和北方经济中心功能。着力把天津建设成为对外开放的重要门户、先进制造业和技术研发转化基地、北方国际航运中心和国际物流中心，增强辐射带动区域发展的能力。生态经济不仅仅是生态环境好③，而且是在生态文明理念的统领下，以生态技术、生态环境、生态产业为主导的路径和模式。着力打造智慧天津，打造"优势产能"，天津在充分利用物联网、云计算④、大数据等信息技术的基础上，整合城市信息系统，构建面向未来、可持续发展的城市。

---

① 张鸣岐：《今年津城环保防治重点三方面：大气、水、土壤》，《天津日报》2015 年 1 月 27 日。

② 汪俞佳：《设立生态环境资源红线体系 构筑京津冀生态环境共同体》，《人民政协报》2015 年 5 月 29 日。

③ 刘亭：《生态经济的路径选择》，《浙江日报》2014 年 8 月 20 日。

④ 徐靖：《如何使我国智慧城市建设变得更"智慧"》，中国经济新闻网，http://www.cet.com.cn/ycpd/sdyd/962235.shtml。

G.8

第八章

河　北

一　河北2014年生态文明建设状况

2014 年，河北生态文明指数（ECI）得分为 58.29 分，位居全国排名榜第 31 位。各二级指标分值及排名见表 1。剔除"社会发展"指标后，河北绿色生态文明指数（GECI）得分为 47.71 分，排名与上年度相同，仍位居全国第 31 位。

表 1　2014 年河北生态文明建设二级指标情况汇总

二级指标	得分	排名	等级
生态活力（满分为 43.20 分）	20.57	31	4
环境质量（满分为 36.00 分）	14.80	31	4
社会发展（满分为 21.60 分）	10.58	25	3
协调程度（满分为 43.20 分）	12.34	29	4

整体来看，河北在生态活力、环境质量、社会发展和协调程度四个方面都处在全国下游水平。从生态文明建设的类型来看，河北 2014 年生态文明属于低度均衡型（见图 1）。

如表 2 所示，2014 年河北生态文明建设三级指标整体情况如下。

生态活力指标中，建成区绿化覆盖率排名第 9 位，位于全国上游水平。森林覆盖率、湿地面积占国土面积比重位于中下游水平。森林质量、自然保护区的有效保护位于下游水平。

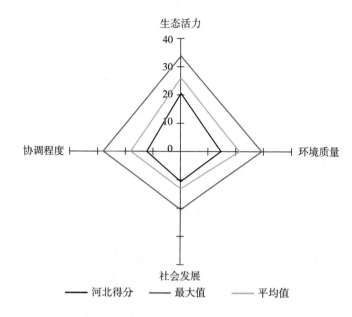

图1 2014年河北生态文明建设评价雷达图

表2 河北2014年生态文明建设评价结果

一级指标	二级指标	三级指标	指标数据	排名
生态文明指数（ECI）	生态活力	森林覆盖率	23.41%	19
		森林质量	24.53 立方米/公顷	28
		建成区绿化覆盖率	41.20%	9
		自然保护区的有效保护	3.69%	29
		湿地面积占国土面积比重	5.04%	18
	环境质量	地表水体质量	46.30%	23
		环境空气质量	13.42	31
		水土流失率	32.27%	21
		化肥施用超标量	153.37 千克/公顷	17
		农药施用强度	9.91 千克/公顷	16
	社会发展	人均GDP	38716.00 元	16
		服务业产值占GDP比例	35.50%	25
		城镇化率	48.12%	21
		人均教育经费投入	1166.75 元	31
		每千人口医疗卫生机构床位数	4.14 张	23
		农村改水率	87.28%	11

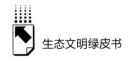

续表

一级指标	二级指标	三级指标	指标数据	排名
生态文明指数（ECI）	协调程度	环境污染治理投资占 GDP 比重	1.73%	11
		工业固体废物综合利用率	42.40%	29
		城市生活垃圾无害化率	83.28%	25
		COD 排放变化效应	8.35 吨/千米	18
		氨氮排放变化效应	0.78 吨/千米	20
		二氧化硫排放变化效应	0.40 千克/公顷	21
		氮氧化物排放变化效应	0.77 千克/公顷	17
		烟（粉）尘排放变化效应	−0.55 千克/公顷	22

环境质量指标中，农药施用强度、化肥施用超标量和水土流失率分别排名第 16、17 和 21 位，位于全国中游或中下游水平。地表水体质量和环境空气质量均位于全国下游水平。

社会发展指标中，农村改水率、人均 GDP 和城镇化率位于全国中游或中下游水平，每千人口医疗卫生机构床位数、服务业产值占 GDP 比例和人均教育经费投入均位于全国下游水平，其中，人均教育经费投入位于全国末位。

协调程度指标中，环境污染治理投资占 GDP 比重、氨氮排放变化效应、二氧化硫排放变化效应、COD 排放变化效应、氮氧化物排放变化效应位于全国中游水平。城市生活垃圾无害化率、工业固体废物综合利用率和烟（粉）尘排放变化效应居全国下游水平。

从年度进步指数来看，2014 年河北生态文明建设总进步指数为 −1.47%，位于全国进步指数排行榜第 22 位。具体而言，生态活力进步指数为 3.45%，位于排行榜第 26 位，与上年度全国排名第 2 位相比，下滑幅度较大。环境质量进步指数为 −7.56%，位于排行榜第 11 位。社会发展进步指数为 3.18%，位于排行榜第 27 位。协调程度进步指数为 −3.63%，位于排行榜第 16 位，相较于上年度的第 24 位，进步幅度比较明显。

二　分析与展望

河北省环绕京津，具有先天区位优势，是京津冀协同发展战略的重要一极。国家主体功能区划分将京津冀地区定位为优化开发区域，其功能定位是："'三北'地区的重要枢纽和出海通道，全国科技创新与技术研发基地，全国现代服务业、先进制造业、高新技术产业和战略性新兴产业基地，我国北方的经济中心。"①

（一）现状与问题

河北是京津地区的生态屏障，生态系统健康与否直接影响到京津地区的生态安全。森林是陆地上最主要的生态系统，森林覆盖率是衡量一个地区生态文明建设水平的重要指标。目前，河北森林覆盖率仅略高于全国平均值，尚有较大提升空间。

2013 年，虽然河北开展了以查非法排污、超标排污、恶意排污为主要内容的"三查"行动和打击环境污染犯罪"利剑斩污"专项行动，但治理成效并不明显。《2013 年河北省环境状况公报》显示，全省设区市重度污染以上天数平均为 80 天，占全年总天数的 21.9%，PM2.5 和 PM10 是大气污染的主要来源；七大水系的水体质量总体呈现中度污染，其中子牙河水系、漳卫南运河水系和黑龙港运东水系水体质量没有改观，仍为重度污染。河北环境污染治理形势仍很严峻。

发展循环经济是实现可持续发展的重要方式。河北省人民政府 2006 年就已发布了《关于加快发展循环经济的实施意见》，对发展循环经济的总体思路和主要目标、工作重点和主要任务、政策措施和机制保障进行了具体规定，但十年来实施效果并不明显，河北目前仍未建立起节约型的生产体系和消费模式，仍未实现经济社会与资源、环境的协调发展。

---

① 《全国主体功能区规划》（2010）。

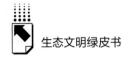

（二）对策与建议

第一，抓住京津冀协同发展机遇，大力营造生态公益林。

京津冀协同发展是一项重大国家战略，扩大环境容量生态空间，加强生态环境保护合作是京津冀协同发展战略的重要组成部分，河北应当抓住京津冀协同发展机遇，争取扩大生态用地规模，大力营造生态公益林，形成环京津绿化走廊；同时，提升森林蓄积量，力争使森林质量达到或超过全国平均水平。

第二，坚持节能减排，严格环境执法。

钢铁冶炼和玻璃生产排污是影响河北省环境质量的主要因素。近年来河北虽然在治理方面采取了诸多措施，但效果仍不令人满意。节能减排、改变能源消费方式依然是河北治理大气污染的首要举措。禁止超标污水排放、严格环境执法也依然是其改善水体环境的重要手段。随着《关于加快山水林田湖生态修复的实施意见》的实施，河北已加快河流水网建设和污染治理，预计到2017年，全省主要水体、水系基本消除劣Ⅴ类水质，届时河北地表水环境状况将有明显改善。

第三，推进循环经济建设，实现经济可持续发展。

河北人多地少、资源短缺、生态系统脆弱，大力发展循环经济，将是解决上述问题的不二选择。因此，今后一段时间河北仍应积极推动再生资源的加工利用，建立资源综合利用产业体系，将《关于加快发展循环经济的实施意见》落在实处，实现国民经济的可持续发展。

第九章
山 西

一 山西2014年生态文明建设状况

2014年，山西生态文明指数（ECI）得分为66.15分，全国排名第29位。去除"社会发展"二级指标后，山西绿色生态文明指数（GECI）得分为54.23分，全国排名第29位。各项二级指标得分及排名情况见表1。

表1 2014年山西生态文明建设二级指标情况

二级指标	得分	排名	等级
生态活力（满分为43.20分）	21.60	29	4
环境质量（满分为36.00分）	17.20	28	4
社会发展（满分为21.60分）	11.93	20	3
协调程度（满分为43.20分）	15.43	23	3

2014年度，山西生态文明建设属于低度均衡型（见图1），但是这种均衡保持在较低水平上。社会发展和协调程度居于全国中下游水平，生态活力和环境质量则排名更加靠后，居于全国下游水平。

2014年山西生态文明建设三级指标数据见表2。

具体而言，在生态活力方面，森林覆盖率排名上升了1位，进步率达到了27.69%；森林质量排名下降了3位；建成区绿化覆盖率排名上升了4位，自然保护区的有效保护排名降低了1位；湿地面积占国土面积比重较上年退步非常明显，排名降低了9位。

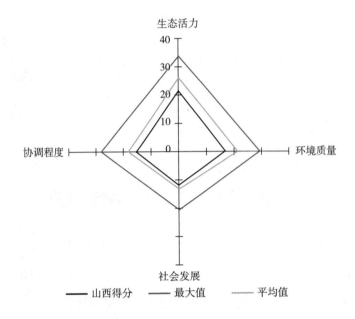

图1　2014年山西生态文明建设评价雷达图

表2　山西2014年生态文明建设评价结果

一级指标	二级指标	三级指标	指标数据	排名
生态文明指数（ECI）	生态活力	森林覆盖率	18.03%	22
		森林质量	34.49 立方米/公顷	24
		建成区绿化覆盖率	40.02%	13
		自然保护区的有效保护	7.09%	17
		湿地面积占国土面积比重	0.97%	31
	环境质量	地表水体质量	10.70%	29
		环境空气质量	44.38	24
		水土流失率	59.47%	26
		化肥施用超标量	94.95 千克/公顷	14
		农药施用强度	8.07 千克/公顷	13
	社会发展	人均GDP	34813 元	22
		服务业产值占GDP比例	40.00%	17
		城镇化率	52.56%	16
		人均教育经费投入	1529.34 元	18
		每千人口医疗卫生机构床位数	4.76 张	15
		农村改水率	79.93%	15

续表

一级指标	二级指标	三级指标	指标数据	排名
生态文明 指数(ECI)	协调程度	环境污染治理投资占 GDP 比重	2.68%	6
		工业固体废物综合利用率	64.92%	18
		城市生活垃圾无害化率	87.90%	20
		COD 排放变化效应	11.35 吨/千米	15
		氨氮排放变化效应	1.15 吨/千米	15
		二氧化硫排放变化效应	1.31 千克/公顷	10
		氮氧化物排放变化效应	2.44 千克/公顷	8
		烟(粉)尘排放变化效应	1.25 千克/公顷	5

在环境质量方面，地表水体质量名次下降了 1 位；环境空气质量有大幅改善，全国排名也有所提高；化肥施用超标量排名退后了 1 位；农药施用强度名次下降了 2 位。

在社会发展方面，人均 GDP 全国排名退后了 3 位；服务业产值占 GDP 比例和城镇化率有所上升，但进步幅度较小；人均教育经费投入保持不变；每千人口医疗卫生机构床位数排名下降了 7 位；农村改水率排名保持不变。

在协调程度方面，环境污染治理投资占 GDP 比重较上一年度有所回落，排名下降了 2 位，工业固体废物综合利用率降低，名次下降了 4 位，城市生活垃圾无害化率得到了改善，二氧化硫排放变化效应指标名次下降了 7 位，退步明显；氨氮排放变化效应和 COD 排放变化效应与上一年度持平。

从年度进步情况来看，山西 2014 年度的 ECI 进步指数为 - 14.63%，全国排名第 31 位。具体到二级指标，生态活力的进步指数为 - 2.88%，居全国第 31 位；环境质量进步指数为 - 26.80%，居全国第 31 位；社会发展的进步指数为 2.79%，居全国第 30 位；协调程度的进步指数为 - 24.93%，居全国第 31 位。

二　分析与展望

山西 2014 年度 ECI 综合指数得分较低，全国排名靠后。其中，生态活

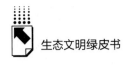

力、环境质量处于第四等级，社会发展、协调程度处于第 3 等级，相对上年有明显的退步，基本在全国垫底。总体而言，山西省"一煤独大"的产业面貌没有根本性改变，传统产业产能过剩问题突出，环境容量严重不足将长期存在。

（一）现状与问题

从生态活力角度看，得益于《山西省林业生态建设总体规划纲要（2011~2020 年)》中关于林业生态发展的有关措施，过去一年当中区域森林面积和全省范围内的森林覆盖率得到了明显的提升，尤其是吕梁山地区，实施了林业"六大工程"，将企业管理引入林业发展，建立了诸如"山西国信公司森林公园"等机构，深化集体林权制度改革，加快推进造林绿化和生态修复。但是，森林质量方面并未见有效改善，省域野生动植物保护和湿地面积有所退化，成为严重影响山西生态活力进步的因素。因此，在下一步的工作中亟须统筹推进水土保持、水生态和湿地保护和恢复工作。

从环境质量的监测与治理方面看，该省地表水质量在过去的一年当中并没有得到有效改善，名次下降到全国第 29 位，环境空气质量虽然排名有所上升，但是实际数据却显示其处于继续恶化的趋势。化肥施用超标量和农药施用强度也有回升之势，如果这种情况得不到改善，其负面效应会逐渐扩大，进而影响环境质量的各项指标数据。

就社会发展层面而言，2014 年度山西服务业产值占 GDP 比例有所回升，人均 GDP 也有所增长，但是从全国范围来看，其进步并不显著，相对而言进展缓慢，造成了目前排名不升反降的局面。

在协调程度方面，城市生活垃圾无害化率有了明显提高，说明山西在城镇化过程中对环境污染的重视程度提高，并在改善人居环境等技术层面给予了支持。但是由于工业固体废物综合利用率的降低和各种工业有害物质的排放并没有得到有效改善，该省生态协调程度没有取得长足进展。山西省作为一个环境污染大省，其治污任务较其他省份更加繁重，但是过去一年当中该省的投入明显不足。

（二）对策与建议

山西应当从自身出发，淘汰落后产能，做好重点企业尤其是国有能源企业的环保改造，认识到产能发展与生态环境之间矛盾的紧迫性，利用生态治理倒逼机制，努力实现有效益、有质量、可持续的发展。

鉴于环境质量整体水平下降，下一步工作中应当着力开展环境综合整治，重点推进工业污染治理、清洁供热改造、城市扬尘控制、煤层气发电减排等领域的相关措施，加强诸如《国务院关于实行最严格水资源管理制度的意见》等工作安排的落实情况监督。

山西省环保厅通过了《山西省重点行业挥发性有机物综合整治方案》，目的在于有针对性地加强对工业废弃物和工业污染的大气排放的监测和防治。今后要加强对于节能减排工作的政策性监督，开展治理经费专款专用、随时调整和追加的后期跟进工作。

综上所述，2014年山西生态文明建设的各项指标表现欠佳。下一阶段的工作重点在于加大监管力度和法规支持力度，发挥政策引导和舆论监督作用，同时加大政策支持和资金投入力度。此外，山西应当建立更为有效的长期评价机制，要警惕为应对评测而采取的短期环境防治措施和政策跟风行为，而忽视长期的产业调整的重要性。

G.10

第十章
内蒙古

一 内蒙古2014年生态文明建设状况

2014 年，内蒙古生态文明指数（ECI）综合得分为 75.43 分，全国排名第 21 位。去除"社会发展"指标，绿色生态文明指数（GECI）得分 61.26 分，全国排名第 21 位。2014 年内蒙古各项二级指标情况见表 1。

表 1 2014 年内蒙古生态文明建设二级指标情况

二级指标	得分	排名	等级
生态活力（满分为 43.20 分）	24.69	18	3
环境质量（满分为 36.00 分）	20.80	13	3
社会发展（满分为 21.60 分）	14.18	9	2
协调程度（满分为 43.20 分）	15.77	22	3

内蒙古的社会发展居于全国中上游水平，生态活力、协调程度和环境质量居全国中下游水平。内蒙古 2014 年的生态文明建设类型为社会发达型（见图 1）。

从各项三级指标来看（见表 2），内蒙古 2014 年排名前 10 位的有 9 个指标，排名后 10 名的有 9 个指标。从社会发展与生态活力及环境质量指标的对比来看，反映社会发展的人均 GDP、城镇化率、人均教育经费投入、每千人口医疗卫生机构床位数等指标排名都相对靠前，而反映生态活力和环境质量的森林覆盖率、建成区绿化覆盖率、地表水体质量、水土流失率等指标排名都相对靠后，说明内蒙古经济社会发展与生态及环境的矛盾依

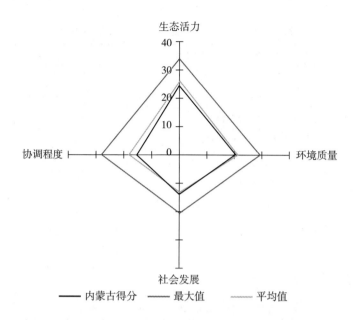

图1 2014年内蒙古生态文明建设评价雷达图

然突出，经济发展方式尚未转变，依然是粗放式的经济增长方式（协调程度的主要指标值偏低也说明这一点）。尤其是水土流失和水污染比较严重，反映在指标上就是水土流失率居高不下（第30位），地表水体质量不高（第26位），从而拉低了内蒙古的绿色生态文明指数（GECI）。从社会发展本身来看，人均GDP排名全国第6名，城镇化率排名全国第9名，而服务业产值占GDP比例却排在全国第22名，这说明内蒙古的经济发展结构尚不够优化。从协调程度来看，环境污染治理投资占GDP比重排名第3位，但工业固体废物综合利用率并不高，COD排放变化效应、氨氮排放变化效应、二氧化硫排放变化效应、氮氧化物排放变化效应排名靠后，说明目前治理生态环境的正效应依然落后于生态环境破坏的负效应。

内蒙古2013～2014年度生态文明总进步指数为-4.49%，排名第29位，与上年度相比退步明显。四项二级指标中，生态活力和社会发展的进步不明显，但环境质量和协调程度退步明显（见表3）。

表2　2014年内蒙古生态文明建设评价结果

一级指标	二级指标	三级指标	指标数据	排名
生态文明指数(ECI)	生态活力	森林覆盖率	21.03%	21
		森林质量	54.07立方米/公顷	7
		建成区绿化覆盖率	36.19%	24
		自然保护区的有效保护	11.57%	9
		湿地面积占国土面积比重	5.08%	17
	环境质量	地表水体质量	35.60%	26
		环境空气质量	58.36	15
		水土流失率	67.20%	30
		化肥施用超标量	55.71千克/公顷	9
		农药施用强度	4.34千克/公顷	7
	社会发展	人均GDP	67498.00元	6
		服务业产值占GDP比例	36.50%	22
		城镇化率	58.71%	9
		人均教育经费投入	2030.86元	9
		每千人口医疗卫生机构床位数	4.81张	12
		农村改水率	61.24%	28
	协调程度	环境污染治理投资占GDP比重	3.01%	3
		工业固体废物综合利用率	49.72%	27
		城市生活垃圾无害化率	93.55%	14
		COD排放变化效应	7.66吨/千米	19
		氨氮排放变化效应	0.55吨/千米	23
		二氧化硫排放变化效应	0.13千克/公顷	27
		氮氧化物排放变化效应	0.21千克/公顷	27
		烟(粉)尘排放变化效应	0.06千克/公顷	8

表3　内蒙古2013~2014年度生态文明建设进步指数

	生态活力	环境质量	社会发展	协调程度
进步指数(%)	8.26	-17.15	3.33	-10.62
全国排名	18	29	26	27

二 分析与展望

2014 年内蒙古生态文明建设水平与 2013 年相比下降幅度较大，主要是环境质量和协调程度退步明显，归根到底是经济发展对环境的压力增大。从三级指标的数据和进步指数来看，有些指标如水土流失率居高不下，农药施用强度和化肥施用超标量还在扩大，使地表水体质量逐年下降。这说明传统要素投入型的经济增长方式还未能转变，经济发展方式转型的任务还很艰巨。因此，真正落实内蒙古提出的"8337"① 发展战略、转变经济发展方式是内蒙古生态文明建设的关键。

（一）现状与问题

近年来，内蒙古的生态建设保持了相对稳定的增长态势，但下行的影响因素依然存在。随着内蒙古的工业化、城镇化进一步发展和牧民集中定居，城市或居住区对生态的压力越来越大。规模化、现代化牧业的推进，一方面带来经济社会的快速发展进步，另一方面也带来了生态压力的增大，如草原过度利用，草原生态系统生产力在逐年下降。

近年来，内蒙古随着工业化和城镇化的快速发展，工业生产对环境的压力也愈来愈大，虽然政府也加大了环境污染治理投入，但环境空气质量、地表水体质量仍在逐年下降。其主要原因，一是环境污染速度超过了环境治理的速度，如农药施用强度在逐年升高。二是环境治理的效率不高，如内蒙古环境污染治理投资占 GDP 比重排名第 3 位，但工业固体废物综合利用率并不高，COD 排放变化效应、氨氮排放变化效应、二氧化硫排放变化效应、氮氧化物排放变化效应排名不佳。三是防与治的脱节，污染与治理的责任分离，如腾格里工业园污染事件。

内蒙古当前的粗放经济发展模式与内蒙古脆弱的生态环境实际是矛盾

---

① "八个建成""三个着力""三个更加注重""七个重点工作"。

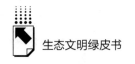

的。从产业结构来看，内蒙古的三大产业中，第一、二、三次产业比例为
9.5：54.0：36.5，第二产业是经济发展的主要动力，第一产业对经济增长的
贡献率只有4.7%，第三产业对经济增长的贡献率为27.7%①。

（二）对策与建议

生态保护和修复方面，内蒙古应坚持稳中求进的原则，统筹生态保护与
工业化、城镇化和农牧业现代化的关系。内蒙古有我国北方防沙森林带，构
成我国北方重要的生态安全屏障，其生态建设水平和质量关系着整个北方的
生态安全。《全国主体功能区规划》提出，"北方防沙带，要重点加强防护
林建设、草原保护和防风固沙，对暂不具备治理条件的沙化土地实行封禁保
护，发挥'三北'地区生态安全屏障的作用"②。因此，内蒙古应从草畜平
衡出发，探索禁牧、休牧、轮牧和退耕还林、退牧还草等方式。要研究制定
草原利用的新对策，把草原利用率控制在合理范围之内，从根本上解决过牧
超载和草原生态保护的问题。在政策和制度设计上，要尊重牧民的草场承包
权益和承认草场的生态价值，让牧民积极主动创造性地维护、保持和提升草
场的生态生产力。要充分利用内蒙古地域空间大、产业选择多的优势，支持
生态脆弱区或生产条件差的人口转移到生态承载力高、生产生活条件较好的
地区就业和生活。推动工矿区的森林恢复和林区的可持续管理，探索人工林
和天然次生林的近自然经营模式，改善森林结构，提高森林质量，开发具有
高附加值的林下非木质林产品。针对内蒙古水土流失严重的问题，还要制定
专门的防治水土流失的政策和制度，对水土流失严重的地区，要采取综合治理
和专项治理相结合，持续治理和集中治理相结合，遏制其恶化发展的态势。

资源节约和高效利用方面，内蒙古的氨氮排放变化效应、二氧化硫排放
变化效应、氮氧化物排放变化效应在全国排名靠后，一定程度上反映了资源
能源利用效率低和排放过高的现实。节约和高效利用资源是生态环境保护和

---

① 内蒙古自治区统计局：《2013年内蒙古自治区国民经济和社会发展统计公报》。
② 《全国主体功能区规划》，中国政府网，2011年8月8日。

治理的根本，节能减排是内蒙古未来生态文明建设的重点任务。内蒙古的节能减排，一是落实十大重点节能工程①建设，淘汰落后产能和压缩过剩产能，加快重点行业和高耗能企业的节能降耗技术改造；二是积极推进农牧业清洁生产、工业生产资源循环利用，坚持第三产业的绿色低碳发展方向，提高资源能源的综合利用水平。

环境保护和治理方面，内蒙古要坚持统筹规划、综合治理的原则，把预防与治理、加大投入与提高效率结合起来。要从内蒙古的实际出发，贯彻落实环境与发展综合决策，制定生态文明建设管理实施细则，把环境治理责任细化落实到工农牧业生产的全过程和各个方面，充分发挥环境和资源立法在环境治理中的作用。推进农牧业清洁生产、工业循环生产和提高资源利用效率。把资源节约、环境保护考核体系与领导政绩考核统一起来。倡导公众参与环保，建立环保公益诉讼制度，建立健全生态效益监测和风险评估体系。要禁止过度开垦、不适当樵采和超载过牧，退牧还草，防治草场退化沙化。加强退牧还草和草原封育，在降低人口密度的基础上，尽快恢复植被。

经济社会发展方面，内蒙古要坚持走资源节约型、环境友好型和生态安全型经济社会发展道路，以转变经济发展方式和调整产业结构为重点，把经济建设与生态环境资源承载力统一起来。首先，要立足自身的传统优势和区位优势，大力发展生态有机农牧业，减少农牧业对化肥和农药的依赖，逐步转向发展绿色生态低碳的有机农牧业。其次，要大力发展以农副产品为原料的轻加工业和高附加值的消费品工业。要合理开发利用能源和矿产资源，将资源优势转化为经济优势。要充分利用内蒙古日照风能充足的优势，大力发展太阳能、风能产业，改善能源结构，提高能源使用效率。最后，大力发展第三产业，增强产业配套能力，尤其是农牧业上中下游的服务性产业。要利用内蒙古独有的草原文化、独具北疆特色的草原风光，建设观光休闲度假基地，力争走出一条中国特色的农牧业发展道路。

---

①　十大重点节能工程：燃煤工业区锅炉（窑炉）改造工程、区域热电联产工程、余热余压利用工程、节约和替代石油工程、电机系统节能工程、能量系统优化工程、建筑节能工程、绿色照明工程、政府机构节能工程、节能监测和技术服务体系建设工程。

.11

第十一章
辽 宁

一 辽宁2014年生态文明建设状况

2014 年，辽宁生态文明指数（ECI）得分为 79.99 分，排名全国第 16 位。具体二级指标得分及排名情况见表 1。去除"社会发展"二级指标后，辽宁绿色生态文明指数（GECI）得分为 64.69 分，全国排名第 15 位。

表 1 2014 年辽宁生态文明建设二级指标情况

二级指标	得分	排名	等级
生态活力(满分为 43.20 分)	31.89	2	1
环境质量(满分为 36.00 分)	20.80	13	3
社会发展(满分为 21.60 分)	15.30	7	2
协调程度(满分为 43.20 分)	12.00	31	4

辽宁 2014 年生态文明建设的基本特点是，生态活力居全国领先水平，社会发展居于上游水平，环境质量居于中下游水平，协调程度处于第四等级。如图 1 所示，在生态文明建设的类型上，辽宁属于生态优势型。

2014 年辽宁生态文明建设三级指标数据见表 2。

具体来看，在生态活力方面，自然保护区的有效保护和湿地面积占国土面积比重两个指标全国排名靠前，分别位于第 6 位和第 9 位。建成区绿化覆盖率、森林覆盖率、森林质量居于全国中游偏上水平。

在环境质量方面，化肥施用超标量和环境空气质量居于全国中游水平。水土流失率较高，农药施用强度较大，地表水体质量较差，三个指标均居于全国中下游水平。

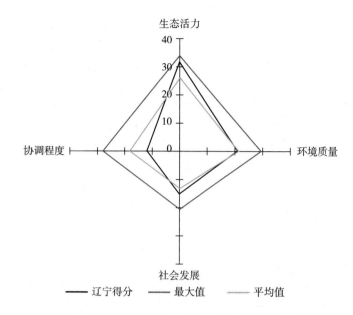

图1 2014年辽宁生态文明建设评价雷达图

表2 辽宁2014年生态文明建设评价结果

一级指标	二级指标	三级指标	指标数据	排名
生态文明指数（ECI）	生态活力	森林覆盖率	38.24%	14
		森林质量	44.94 立方米/公顷	15
		建成区绿化覆盖率	40.17%	12
		自然保护区的有效保护	13.35%	6
		湿地面积占国土面积比重	9.42%	9
	环境质量	地表水体质量	47.60%	22
		环境空气质量	58.90%	14
		水土流失率	30.98%	20
		化肥施用超标量	135.58 千克/公顷	15
		农药施用强度	14.26 千克/公顷	21
	社会发展	人均GDP	61685.90 元	7
		服务业产值占GDP比例	38.70%	19
		城镇化率	66.45%	5
		人均教育经费投入	1781.75 元	14
		每千人口医疗卫生机构床位数	5.51 张	2
		农村改水率	74.10%	18

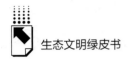

续表

一级指标	二级指标	三级指标	指标数据	排名
生态文明 指数（ECI）	协调程度	环境污染治理投资占 GDP 比重	1.28%	22
		工业固体废物综合利用率	43.88%	28
		城市生活垃圾无害化率	87.61%	22
		COD 排放变化效应	42.20 吨/千米	6
		氨氮排放变化效应	3.31 吨/千米	10
		二氧化硫排放变化效应	1.26 千克/公顷	11
		氮氧化物排放变化效应	3.22 千克/公顷	5
		烟（粉）尘排放变化效应	2.21 千克/公顷	2

在社会发展方面，每千人口医疗卫生机构床位数（位列第 2）、城镇化率（位列第 5）、人均 GDP（位列第 7）三项指标处于全国上游水平。人均教育经费投入居于全国中游水平。农村改水率、服务业产值占 GDP 比例较低，处于全国中下游水平。

在协调程度方面，烟（粉）尘排放变化效应、氮氧化物排放变化效应、COD 排放变化效应居于全国上游水平。城市生活垃圾无害化率、环境污染治理投资占 GDP 比重居于全国中下游水平。工业固体废物综合利用率较低，全国排名第 28 位。

从年度进步情况来看，辽宁 2013～2014 年度的总进步指数为 －4.47%，全国排名第 30 位。具体到二级指标，生态活力的进步指数为 8.50%，居全国第 17 位。环境质量进步指数为 －12.96%，居全国第 27 位；社会发展的进步指数为 4.00%，居全国第 23 位；协调程度的进步指数为 －15.51%，居全国第 29 位。

二　分析与展望

辽宁在东北地区发展中具有重要地位，是东北地区对外开放的重要门户及陆海交通走廊，担负着辐射带动东北地区发展的重要使命。

（一）现状与问题

从发展现状来看，辽宁生态文明建设居于全国中游偏上水平。但是，辽宁生态文明发展非常不均衡，生态活力优势明显，协调程度短板突出，反映出生态环境与经济发展还存在较大矛盾。

辽宁具有很强的生态优势，尤其是自然保护区的有效保护和湿地面积占国土面积比重位居全国前列。辽宁拥有 140 万公顷的湿地，其中滨海湿地占到半数以上，具有得天独厚的自然条件。与此同时，辽宁在沿海经济带开发和建设过程中，十分注意湿地的建设和保护。辽宁先后规划建设了 80 多个不同类型的湿地保护区，初步建成以湿地自然保护区、湿地公园等为主体，其他保护形式为补充的湿地保护体系。以鸭绿江口湿地为例，当地及时启动了"退养还湿"工程，大范围清退养殖虾塘，同时积极疏通湿地内部的水系，恢复湿地的调节功能，使得鸭绿江口重新成为候鸟的天堂。辽宁良好的生态条件为生态文明建设提供了坚实的基础。

在环境质量方面，辽宁环境空气质量和化肥施用超标量居于全国中游位置。但是，辽宁农药施用强度相对较高，地表水体质量相对较差，水土流失较为严重，影响了辽宁环境质量的排名。值得肯定的是，辽宁通过多种途径努力改善环境质量，如在水环境治理方面推行生态补偿制度。2011 年《辽宁省辽河流域水污染防治条例》正式施行，2013 年辽宁启动了我国第一个流域水环境保护生态补偿立法国际合作项目[1]。辽河流域治理取得了较大成效，从 2012 年起水质由重度污染转为轻度污染。辽宁近年来也下大力气治理水土流失。从 2008 年到 2012 年利用五年时间完成了国家水土保持重点建设工程，从 2011 年到 2013 年完成了国家农业综合开发东北黑土区水土流失重点治理项目，取得了较好的生态效益、经济效益和社会效益。

在社会发展方面，辽宁的医疗条件较好、城镇化率和人均 GDP 较高，在全国处于领先位置。但农村改水率不高，服务业产值占 GDP 比例低于全

---

[1]　郑古蕊：《生态补偿制度建设研究》，《人民论坛》2014 年第 4 期。

国平均水平，资源型产业和重化工业比重较高，成为制约社会发展的主要因素。值得肯定的是，辽宁在发展生态经济、增进民生福祉方面进行了积极探索。辽宁近年来借助海洋资源优势，积极转变海洋渔业发展方式，在大连、葫芦岛等多地建设现代化海洋牧场，注重海洋资源科学开发和生态环境保护的互利双赢，取得了良好效果。

但是，辽宁近年来的协调程度排名都比较靠后，生活垃圾无害化率、工业固体废物综合利用率、环境污染治理投资比重一直不高，成为辽宁生态文明建设的制约因素。需要指出的是，辽宁近几年经济增速连续下滑，并且低于发展预期，属于"计划之外"的下滑。对于辽宁来说，稳定经济发展增速任务十分艰巨，在扭转经济增速下滑背景下仍要保持环境容量则面临着双重困难。

（二）对策与建议

辽宁的生态文明建设可以着重考虑以下几个方面。

首先，扭转经济增速下滑是辽宁迫切需要解决的难题。生态文明建设与经济建设不必然矛盾，经济的良好运行是生态文明建设的应有之义。顶住经济下行压力，维持经济平稳增长，是辽宁生态文明健康发展的重要动力。受老工业基地发展模式的惯性影响，辽宁经济结构尚未实现全面转型，仍然存在一些突出问题：依赖传统产业，服务业比重低；对外开放不够，外贸比重低；依赖政府投资，民营比重低，科技创新低。为此，辽宁经济发展需要在以下几个方面着力：扩大开放、拉动消费、搞活市场、科技创新。借助国家相关政策和沿海优势扩大经济开放，加快装备制造业等优势产业国际化步伐，着力建设沿海经济带。通过旅游、养老、健康等途径拉动消费，增强经济增长内在动力。突破依赖政府投资的发展瓶颈，多途径鼓励和吸引社会资本进入市场。利用现代化科技手段，改造传统产业模式。例如，沈阳机床集团就依靠科技力量，将产品从传统机床升级到智能机床，利润翻了几倍。

其次，保持生态承载力和环境容量是辽宁发展必须坚守的红线。生态及环境的保护和建设是互补关系。提高生态承载力一方面依靠自然恢复，一方面也需要借助科学方法。辽宁在湿地保护方面进行的退养还湿，在海洋保护和利用方面推行的海洋牧场，都是利用科学方法进行生态建设的有效措施，可以也应该在更多地区因地制宜大力推广。在环境保护方面，辽宁通过几年时间已经完成了辽河流域治理，水体质量从 2012 年起由重度污染转为轻度污染。辽宁应及时总结经验，继续加强大凌河等其他流域的治理工作。此外，辽宁的工业固体废物综合利用率和环境污染治理投资拉低了协调程度的整体排名，今后应进一步强化工业固体废物利用，重视环境污染治理投资的稳定性和持久性。

最后，加快行政体制改革。辽宁近几年的经济增速下滑在一定程度上是一些旧的体制性、结构性矛盾的集中式爆发。其中行政管理效率不高是一个突出问题。辽宁应进一步转变政府职能，优化政府组织结构，减少和规范行政审批，提高行政效率，加快完善行政管理法规体系。辽宁已经实行审批事项清单上网公开，清单之外无须审批，这是简政放权的进步之举。但是在放权的同时，辽宁也需要进一步思考放权与接权的衔接问题，考虑基层对权力的承接能力和适应过程。

G.12

第十二章

吉　林

一　吉林2014年生态文明建设状况

2014 年，吉林生态文明指数（ECI）得分为 78.42 分，排名全国第 17 位。具体二级指标得分及排名情况见表 1。去除"社会发展"二级指标后，吉林绿色生态文明指数（GECI）得分为 65.37 分，全国排名第 13 位。

表1　2014 年吉林生态文明建设二级指标情况

二级指标	得分	排名	等级
生态活力（满分为 43.20 分）	29.83	4	1
环境质量（满分为 36.00 分）	23.20	7	2
社会发展（满分为 21.60 分）	13.05	13	3
协调程度（满分为 43.20 分）	12.34	29	4

吉林 2014 年生态文明建设的基本特点是，生态活力居于全国领先水平，环境质量居于上游水平，社会发展居于中游水平，协调程度居于下游水平。如图 1 所示，在生态文明建设的类型上，吉林属于生态优势型。

2014 年吉林生态文明建设三级指标数据见表 2。

具体来看，在生态活力方面，森林质量处于领先水平，居于全国第 2 位。自然保护区的有效保护、森林覆盖率居于全国中上游水平，分别居于全国第 7 位、第 11 位。而建成区绿化覆盖率则较低，居于全国第 29 位。

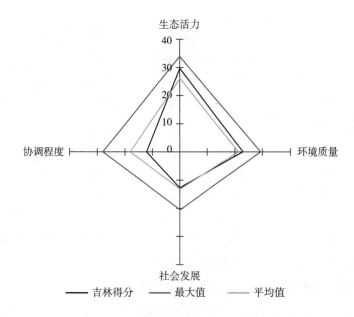

图 1　2014 年吉林生态文明建设评价雷达图

表 2　吉林 2014 年生态文明建设评价结果

一级指标	二级指标	三级指标	指标数据	排名
生态文明指数（ECI）	生态活力	森林覆盖率	40.38%	11
		森林质量	120.78 立方米/公顷	2
		建成区绿化覆盖率	31.40%	29
		自然保护区的有效保护	12.97%	7
		湿地面积占国土面积比重	5.32%	16
	环境质量	地表水体质量	62.80%	19
		环境空气质量	63.01%	12
		水土流失率	16.49%	11
		化肥施用超标量	175.49 千克/公顷	20
		农药施用强度	9.42 千克/公顷	15
	社会发展	人均 GDP	47191.00 元	11
		服务业产值占 GDP 比例	35.50%	24
		城镇化率	54.20%	13
		人均教育经费投入	1561.74 元	17
		每千人口医疗卫生机构床位数	4.84 张	11
		农村改水率	85.44%	12

续表

一级指标	二级指标	三级指标	指标数据	排名
生态文明指数（ECI）	协调程度	环境污染治理投资占GDP比重	0.81%	30
		工业固体废物综合利用率	80.84%	11
		城市生活垃圾无害化率	60.85%	28
		COD排放变化效应	11.52 吨/千米	14
		氨氮排放变化效应	0.70 吨/千米	21
		二氧化硫排放变化效应	0.73 千克/公顷	16
		氮氧化物排放变化效应	0.51 千克/公顷	19
		烟（粉）尘排放变化效应	−1.83 千克/公顷	28

在环境质量方面，水土流失率较低，居于第11位。环境空气质量、农药施用强度居于中游水平，全国排名第12位、第15位。地表水体质量稍差，化肥施用超标量较多，分别排在第19位、第20位。

在社会发展方面，每千人口医疗卫生机构床位数、人均GDP、城镇化率、农村改水率都处于全国中上游水平。人均教育经费投入较弱，处于全国中下游水平。服务业产值占GDP比例则处于全国下游水平，排名第24位。

在协调程度方面，工业固体废物综合利用率、COD排放变化效应居于全国中游偏上水平。但氨氮排放变化效应、烟（粉）尘排放变化效应、环境污染治理投资占GDP比重、城市生活垃圾无害化率四个指标均居于全国下游水平。

从年度进步情况来看，吉林2013~2014年度的总进步指数为−1.26%，全国排名第21位。具体到二级指标，生态活力的进步指数为−0.35%，居全国第27位；环境质量进步指数为−7.79%，居全国第13位；社会发展的进步指数为4.18%，居全国第22位；协调程度的进步指数为0.53%，居全国第5位。

二 分析与展望

吉林是我国面向东北亚开放的重要门户，是东北地区新的重要增长极。

吉林交通运输设备制造、石化、生物、光电子和农产品加工、高新技术产业等有广阔的发展前景。此外，吉林也是全国农产品主产区，长白山森林属于国家重要的生态屏障。

（一）现状与问题

吉林生态文明建设居于全国中游水平，但是发展不均衡，优势与短板都比较突出，生态活力领先，协调程度落后。在生态活力方面，吉林具有很好的自然生态条件。森林作为地球之肺，在吸收二氧化碳、减少水土流失、维护生物多样性、应对气候变化等方面具有不可替代的作用。吉林的森林覆盖率、森林质量都居于全国前列，这为吉林的生态活力优势打下了坚实的基础。吉林进行森林保护并非单一的植树造林和限制采伐，而是把森林的管护和经营结合起来，引入现代森林经营理念，借助多种途径和力量推动森林的保护与建设。例如，作为第一家国有控股森工企业的吉林森工集团大力推进战略转型，从传统采伐过渡到综合开发林区多种资源，特别是非林非木资源，形成了森林资源经营产业、林木精深加工产业、森林矿产水电产业、森林保健食品产业、森林生态旅游产业、金融地产现代服务产业六大产业。吉林森工集团每年从净利润中提取5%～10%作为育林专项基金，用于绿化、造林和森林经营管护，走出了一条"非林养林"、不依赖采伐木材而发展壮大的新路①。

吉林近几年的协调程度排名都比较靠后，反映了经济发展与生态环境之间的矛盾依然突出。吉林的经济总量本身偏低，而增速从2012年开始下滑，至2014年已跌入后五名。并且，吉林的经济增速下降属于计划外下降，超出了合理预期。贫穷不是生态文明，生态文明建设离不开经济发展。因此，扭转经济颓势是吉林迫切需要解决的问题。与此同时，吉林经济发展对环境的负面影响也有所显现。从协调程度三级指标看，氨氮排放变化效应、烟（粉）尘排放变化效应排名靠后，表明水质和空气质量都受

---

① 王友军等：《十年老代表的生态新思维》，《中国经济时报》2013年3月10日。

到工业污染的较大影响，承载能力受到威胁。此外，吉林的城市生活垃圾无害化率、环境污染治理投资占 GDP 比重排名始终靠后，表明对环境污染的治理还有待加强，否则有可能导致环境的进一步恶化。吉林一方面要解决经济增速下滑的问题，另一方面又要恪守环境容量红线，生态文明建设可谓任重而道远。

（二）对策与建议

吉林今后的生态文明建设需要在以下几个方面着力。

首先，加快调整经济增长方式。对于经济增速跌入全国后列的吉林来说，稳定经济走势是亟待解决的问题。吉林受制于传统工业基地发展惯性，经济结构调整存在较多制约因素，成为制约社会发展的核心问题，并导致近几年经济发展迟缓，全国排名靠后。主要原因有几个方面：发展方式粗放，结构不合理，能源重化工业占比过大；对政府投资过分依赖，缺乏活跃的资本市场，经济发展内生动力不足；此外，人口净流出比重大和生育率偏低造成的人口老龄化也是影响吉林经济发展的潜在因素。毫无疑问，尽快完成经济转型和结构调整、推进生产方式的绿色化是吉林发展的当务之急。同时，积极寻找新的经济增长点，如交通运输制造业国际化、农产品深加工、高新技术转化等都是推动吉林经济的重要方向。

其次，进一步加快行政体制改革。受传统发展模式和思维的影响，吉林的经济社会发展仍具有强烈的计划色彩，政府与市场的角色与分工仍未厘清，经济社会发展仍受制于烦琐的行政流程。部分企业反映，国家的一些金融优惠政策往往被堵塞在"最后一公里"，融资难、融资贵的问题依然存在。吉林针对此类情况也进行了行政体制改革。经过两轮清理，省级行政审批项目减幅超过 60％，非行政许可项目则基本实现了"零审批"。吉林在行政审批方面也实施了一些新举措，如工商注册资本由实缴登记改为认缴登记制，让市场和企业走向台前，政府则退居到事中和事后进行监管。吉林一系列改革已经开始实施，但是还远没有到位。当前一些尖锐的利益矛盾才刚刚开始浮现，改革即将步入深水区。只有坚持到底，动真碰硬，才能彻底打破陈旧的体制和机制束缚。

最后，重点改善低位环境要素。吉林的建成区绿化覆盖率一直较低（近五年排在第 25 位左右），成为制约生态活力指标进一步提升的主要因素。主要原因在于，吉林部分地方尚未形成完整系统的绿地建设规划，城市绿化管理方面还不够完善，绿化建设及养护管理费用投入不够。吉林今后需要更加重视建成区绿化问题，在规划、管理和投入等方面多下功夫。吉林是农业大省，常年超标施用化肥导致的土壤品质下降问题较为严重。今后应积极推广测土配方技术，实行精准施肥，调整化肥施用结构、有机肥与化肥相结合。吉林地表水体质量欠佳，同样需要加以重视。尽管重点流域水污染防治取得成效，但松花江、辽河各支流的污染问题仍然比较严重，少数城市集中式生活饮用水水源地个别环境因子偶有超标，重点流域水质达标率还存在不稳定因素。另外，两个重点流域治理存在不平衡现象，辽河流域规划执行情况较为缓慢①。吉林的城市生活垃圾无害化率、环境污染治理投资占 GDP比重排名始终靠后，需要进一步加大资金投入，增加城市生活垃圾处理站。

---

① 包丽艳等：《吉林省建设生态吉林成效及存在问题分析》，《中国科技信息》2014 年第 18期。

G.13

第十三章

黑龙江

一　黑龙江2014年生态文明建设状况

2014年，黑龙江生态文明指数（ECI）得分为80.71分，排名全国第13位。去除"社会发展"二级指标后，黑龙江绿色生态文明指数（GECI）得分为68.11分，全国排名第12位。具体二级指标得分及排名情况见表1。

表1　2014年黑龙江生态文明建设二级指标情况

二级指标	得分	排名	等级
生态活力（满分为43.20分）	31.89	2	1
环境质量（满分为36.00分）	23.20	7	2
社会发展（满分为21.60分）	12.60	16	3
协调程度（满分为43.20分）	13.03	28	4

从黑龙江二级指标情况来看，生态活力处于第一等级，排名全国第2位。环境质量处于第二等级，社会发展处于第三等级，协调程度则处于第四等级。在生态文明建设类型上，黑龙江属于生态优势型（见图1）。

黑龙江2014年具体三级指标及排名见表2。

在生态活力方面，黑龙江作为一个绿色资源大省，在过去的一年中森林覆盖率和森林质量都得到了明显提升，名次仍旧处于全国领先位置。建成区绿化覆盖率和自然保护区的有效保护两项指标变化不大。湿地面积占国土面积比重增加了1.82个百分点，名次也上升了1位。

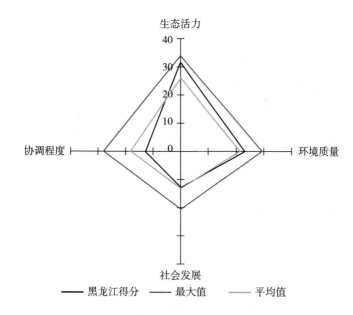

图1 2014年黑龙江生态文明建设评价雷达图

表2 黑龙江2014年生态文明建设评价结果

一级指标	二级指标	三级指标	指标数据	排名
生态文明指数(ECI)	生态活力	森林覆盖率	43.16%	9
		森林质量	83.83 立方米/公顷	5
		建成区绿化覆盖率	35.99%	25
		自然保护区的有效保护	14.96%	5
		湿地面积占国土面积比重	11.31%	4
	环境质量	地表水体质量	52.40%	20
		环境空气质量	65.48	10
		水土流失率	21.97%	16
		化肥施用超标量	-24.23 千克/公顷	3
		农药施用强度	6.89 千克/公顷	10
	社会发展	人均GDP	37509.27 元	17
		服务业产值占GDP比例	41.40%	13
		城镇化率	57.40%	11
		人均教育经费投入	1261.91 元	27
		每千人口医疗卫生机构床位数	4.93 张	8
		农村改水率	68.80%	23

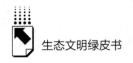

一级指标	二级指标	三级指标	指标数据	排名
生态文明 指数(ECI)	协调程度	环境污染治理投资占 GDP 比重	2.08%	9
		工业固体废物综合利用率	68.01%	16
		城市生活垃圾无害化率	54.41%	29
		COD 排放变化效应	15.85 吨/千米	11
		氨氮排放变化效应	1.54 吨/千米	13
		二氧化硫排放变化效应	0.36 千克/公顷	24
		氮氧化物排放变化效应	0.42 千克/公顷	22
		烟(粉)尘排放变化效应	−0.34 千克/公顷	18

在环境质量方面，地表水体质量略有下降，名次不变；环境空气质量数值有所下降，但名次上升了 9 位；水土流失率保持不变；化肥施用超标量和农药施用强度略有上升。

在社会发展方面，人均 GDP 有所上升；服务业产值占 GDP 比例也有所增长，排名上升了 2 位；城镇化率和人均教育经费投入基本保持不变；每千人口医疗卫生机构床位数较上一年度有所增长，排名也上升了 1 位；农村改水率呈现下降趋势，在全国处于中下游水平。

在协调程度方面，环境污染治理投资占 GDP 比重进步率最大，达到 30.82%，全国排名也上升了 3 位；工业固体废物综合利用率有所降低，排名下降了 3 位；城市生活垃圾无害化率进步也很明显，进步率为 14.31%，但是全国排名下降了 1 位。COD 排放变化效应有所降低，但是名次没有变化，二氧化硫排放变化效应有所增强，名次上升了 3 位。

从年度变化情况来看，黑龙江 2013~2014 年生态文明建设进步指数为 −2.54%，全国排名第 24 位。具体到二级指标，生态活力进步指数为 4.36%，居全国第 24 位；环境质量进步指数为 −12.36%，居全国第 26 位；社会发展进步指数为 3.14%，居全国第 28 位；协调程度进步指数为 −4.11%，居全国第 18 位。

二 分析与展望

黑龙江生态文明建设有向好趋势,生态活力和环境质量两类指标优势保持并有所推进和突破,尤其表现在湿地恢复和林区功能保持方面。

(一)现状与问题

黑龙江在生态文明建设方面取得了许多成效,主要表现在水资源的保护和森林、湿地的恢复及污染的防治等方面,如松花江、兴凯湖等区域水体质量的改善和防治,以及近年来新增造林125万亩等。但目前仍存在较大的调整空间,主要体现在环境空气质量较差、农药和化肥施用对土壤造成污染。黑龙江的环境空气质量受到秸秆焚烧的季节性污染影响,有必要进一步改善秸秆处理技术,推动污染综合治理,加快发展优质高效农业、畜牧业、食品加工业、涉农服务业。

作为全国生态文明建设试点省份,黑龙江重视环境治理,但是在社会发展和协调程度方面,则面临着较为艰巨的任务。一是由于政策影响及国有企业整改,省内油田面临一定规模的减产,导致与石油及天然气相关的周边产业连续多年出现赢利负增长。二是与国内其他资源型省份的行业发展类似,黑龙江省内的煤炭行业发展也存在较大困难,这给社会及产业发展带来很大的影响和负担。三是由于全局性的资源涵养政策,自2014年起,依照相关政策规定,国有林区全面停止商业性采伐,黑龙江省内木材销售和衍生产品的开发营业收入减少20亿元以上,对全省木材深加工行业等方面影响很大。

(二)对策与建议

黑龙江的生态文明建设积累了一些经验,值得推广和加强的措施包括:一方面,推动黑龙江省内林区相关产业的转型发展,开展森林资源管理体制改革;另一方面,积极争取、落实好国务院支持东北振兴和促进资源型城市

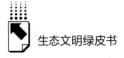

可持续发展的各项政策措施，制定相关制度法规，并进行有效监督。比如，在上一年度陆续出台了《大小兴安岭林区生态保护与经济转型规划》等，并将民生保障重点写入 2015 年政府工作报告。其工作重点在于把农业和林业产品深加工、绿色食品深加工提上日程，实现增值效益最大化；推动绿色农副产品的种植和销售，打造绿色农畜产品品牌，利用好国家强农、富农、惠农政策；对于受到重大政策调整影响的农户、林户切实做好补偿和保障工作，在养老、医疗和教育等方面加大支持力度，在小危企业转型和职工再就业方面给予资金支持、政策帮助和技术指导。

综上所述，黑龙江省坚持生态文明制度创新，推进绿色发展、循环发展和低碳发展，以省域内丰富的生态资源为依托，强化和突出已有的生态优势及产能优势，保持生态大省、生态强省的良好势头。下一步的工作重点是，通过采取更有效的保护措施，全面促进生态系统的恢复重建，克服政策性调整带来的不利影响，发展浩瀚林海所蕴含的生态保障力和生产力，实现生态价值、经济价值和社会价值的统一，推动生态文明建设迈向新的阶段。

第十四章
上　海

一　上海2014年生态文明建设状况

2014 年，上海生态文明指数（ECI）得分为 80.02 分，排名全国第 15 位。具体二级指标得分及排名情况见表 1。去除"社会发展"二级指标后，上海绿色生态文明指数（GECI）得分为 59.54 分，全国排名第 23 位。

表 1　2014 年上海生态文明建设二级指标情况汇总

二级指标	得分	排名	等级
生态活力(满分为 43.20 分)	23.66	23	3
环境质量(满分为 36.00 分)	20.80	13	3
社会发展(满分为 21.60 分)	20.48	1	1
协调程度(满分为 43.20 分)	15.09	24	3

2014 年上海生态文明建设的特点是，社会发展处于全国领先位置，生态活力、环境质量和协调程度都处于全国中游偏下位置。在生态文明建设的类型上，上海属于社会发达型（见图 1）。

2014 年上海生态文明建设三级指标数据见表 2。

具体来看，在生态活力方面，湿地面积占国土面积比重仍排全国第 1 位，达到了 73.27%。森林覆盖率和森林质量与上年相比虽有较大提升，但仍排名靠后，分别位列全国第 28 位和第 27 位。建成区绿化覆盖率排名略有上升，位列全国第 17 位，自然保护区的有效保护指标数据和排名皆无太大变化。

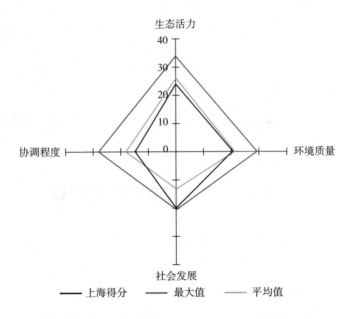

图 1　2014 年上海生态文明建设评价雷达图

表 2　上海 2014 年生态文明建设评价结果

一级指标	二级指标	三级指标	指标数据	排名
生态文明指数(ECI)	生态活力	森林覆盖率	10.74%	28
		森林质量	27.36 立方米/公顷	27
		建成区绿化覆盖率	38.36%	17
		自然保护区的有效保护	5.22%	23
		湿地面积占国土面积比重	73.27%	1
	环境质量	地表水体质量	6.40%	30
		环境空气质量	67.40%	9
		水土流失率	0%	1
		化肥施用超标量	60.79 千克/公顷	10
		农药施用强度	13.30 千克/公顷	20
	社会发展	人均 GDP	90092 元	3
		服务业产值占 GDP 比例	62.20%	2
		城镇化率	89.60%	1
		人均教育经费投入	3027.21 元	3
		每千人口医疗卫生机构床位数	4.73 张	16
		农村改水率	99.99%	1

一级指标	二级指标	三级指标	指标数据	排名
生态文明 指数（ECI）	协调程度	环境污染治理投资占GDP比重	0.87%	28
		工业固体废物综合利用率	97.12%	2
		城市生活垃圾无害化率	90.58%	18
		COD排放变化效应	10.32 吨/千米	16
		氨氮排放变化效应	2.47 吨/千米	11
		二氧化硫排放变化效应	10.12 千克/公顷	1
		氮氧化物排放变化效应	17.39 千克/公顷	1
		烟（粉）尘排放变化效应	5.09 千克/公顷	1

在环境质量方面，水土流失率延续了前几年的优势，排名第一。但地表水体质量与上年相比下降了58.44%，从倒数第三滑到了倒数第二，仅优于天津。环境空气质量和化肥施用超标量分别位列第9位和第10位，处于全国中游水平。农药施用强度上升了4个名次，排在全国第20位。

社会发展是上海唯一一个排名较为靠前的二级指标，其中人均GDP、服务业产值占GDP比例、城镇化率、人均教育经费投入、农村改水率等都居全国前三位，仅每千人口医疗卫生机构床位数排名第16位，与上年相比上升了4位，但仍处于全国中游水平。

在协调程度方面，二氧化硫排放变化效应、氮氧化物排放变化效应、烟（粉）尘排放变化效应皆排名全国第一，工业固体废物综合利用率排名第二。城市生活垃圾无害化率、环境污染治理投资占GDP比重较2013年有所改善，但总体排名仍然欠佳；COD排放变化效应的排名无太大变化，但氨氮排放变化效应从上年度的全国第5位下降到了第11位。

上海2013~2014年度的总进步指数为-4.47%，全国排名第28位。这主要是因为环境质量和协调程度二级指标退步较大。在环境质量中，地表水体质量和环境空气质量大幅退步，农药施用强度指标有所进步；在协调程度

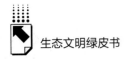

中，除环境污染治理投资占 GDP 比重和城市生活垃圾无害化率有所进步外，其他三级指标全面退步。得益于森林质量和湿地面积占国土面积比重的大幅提高，生态活力有较大进步，进步指数达到 18.11%。社会发展也有所进步，进步指数为 2.82%。

二　分析与展望

上海是国内较早重视环境保护的城市之一，从 2000 年开始便滚动实施"环保三年行动计划"，并确立了环境保护"四个有利于"指导思想及"三重三评"指导原则①。到目前为止，"环保三年行动计划"已实施了五轮，累计安排项目 1183 项，资金投入约 3200 亿元，环境保护工作逐步实现了从点源污染治理到面源环境综合整治，从末端污染治理到推进结构布局优化调整等源头防控，从中心城区为主到城乡一体和区域联动等重大战略转变，给生态文明建设打下了良好的基础②。

2001 年，《上海城市总体规划（1999～2020）》提出，要把上海打造成"四个中心"，即国际经济中心、国际金融中心、国际航运中心和国际贸易中心。2013 年，国务院正式批准设立上海自贸区，上海成为新一轮改革开放的支点。2014 年，习近平总书记又提出，上海要加快建设成具有全球影响力的科技创新中心。未来上海的目标是打造生态宜居的国际化大都市，对环境质量、经济结构、城市发展水平等都提出更高的要求。

同时，上海是长三角区域经济一体化的核心城市，是长江经济带的龙头城市，是"一带一路"的交会点，具有联通内外的战略地位。

---

① "四个有利于"是指环境保护要有利于城市布局调整、有利于产业结构优化、有利于城市管理水平提高、有利于市民生活质量改善；"三重三评"即在全面推进中重治本，在综合治理中重机制，在资金投入上重实效，更加注重市民评判、社会评价、科学数据评定。

② 《推进生态文明建设，改善城市环境质量——上海市前五轮环保三年行动计划完成情况和第六轮环保三年行动计划总体安排》，《中国环境报》2015 年 3 月 31 日，第 4 版。

（一）现状与问题

上海的生态文明发展不均衡，社会发展有突出优势，但其他三项二级指标皆处于全国中下游水平，尤其是生态活力和协调程度两项排名较为靠后。目前，上海的生态文明建设存在以下三个主要矛盾。

首先，快速扩张的城市人口规模与有限的生态承载力之间的矛盾。上海是个地少人多的城市，2011 年底，其建设用地面积占全市土地面积比例就达到了 43.6%，预计到 2020 年，这一数字将超过 50%，人口超过 3000 万人①。在这种情况下，森林覆盖率、自然保护区面积等将难以得到有效提升，而它们是生态承载力的主要提供者，对生态活力有较大影响。同时，中心城区积聚效应明显，城乡协调发展程度不够，环境差异较大。这都会进一步压缩上海的生态空间。

其次，产业能源结构不合理与"四个中心"国际大都市定位之间的矛盾。要建设一个生态宜居的国际化大都市，自然要求有合理的产业结构和良好的环境质量，但从目前来看，上海在这方面还有所欠缺。上海的产业结构仍然偏重，传统重工业对经济增长的贡献较大。这两年来，上海重点高技术产业的质量效益呈现下滑趋势，科技创新产业化的增长也出现疲软，战略性新兴产业发展相对滞后，对经济发展的引领性较弱②。再加上工业用地布局不合理，能源结构中煤炭比例偏高，集约利用化程度不够等，上海在产业能源结构调整方面还须加强。

最后，自身发展不均衡与作为生态文明建设引领者之间的矛盾。生态文明建设是一个全局性的工作，不但需要有高水平的经济社会发展作支撑，还要有良好的生态环境质量及资源的节约高效利用。上海的生态文明建设目前只有经济社会发展一项较为突出，是"一只脚走路"。

---

① 参见《上海人口突破 2020 年控制指标　着手准备新一轮城市规划》，http：//news. eastday. com/csj/2013 - 10 - 21/876830. html。

② 徐净等：《"十三五"上海产业结构调整升级基本思路研究》，《科学发展》2015 年第 5 期，第 38 ~ 46 页。

2013 年上海环境污染治理投资占 GDP 比重不到 1%，低于全国平均水平。

（二）对策与建议

总之，上海的生态文明建设还存在诸多短板，要实现其战略定位，提升生态文明水平，可以从以下几个方面入手。

稳定城市规模。一方面要继续严控人口规模，深入落实以积分制为主体的居住证制度，加强人口服务管理，使上海在减缓人口增长速度的同时又有充足的人力资源支撑。建立倒逼机制，以资源生态承载力为基础引导城市合理发展，划定城市建设用地的底线，积极通过盘活存量、控制增量来提升效率、优化布局。另一方面，上海的中心城区已较为紧凑，郊区是未来发展的方向。这就要求上海继续推进卫星城的建设，疏解中心城区功能，主动谋划推进新型城镇化，从顶层设计上做好城乡发展规划，着力解决城乡二元结构问题。

开展立体化生态建设。上海的生态建设用地有限，但 2014 年森林覆盖率、森林质量、湿地面积等都有较大幅度提升。这主要是因为，过去几年上海出台了一系列规划加强林地和湿地保护，如《上海城市森林规划》《上海市基本生态网络规划》《上海市林地保护利用规划》等，已基本形成"以中心城区绿化为主体、郊区新城绿化为补充、生态林地和防护林地为外围支撑的'环、楔、廊、园、林'生态环境格局"[1]。在未来的发展中，上海应该继续加强这方面的建设力度，着力推进屋顶绿化、生态建设和城市公园、小区及道旁绿化等，充分利用每一寸空间。

构建高端产业结构。在产业结构上，上海应紧紧抓住"四个中心""四个率先"和自贸区建设的历史机遇，加快产业结构升级，大力发展战略性新兴产业。同时，应加快产业内部结构调整速度，加快新技术、新模式对传

---

[1] 参见《"森林生态功能，让城市和我们更美好"国际论坛在沪召开》，http://www.shanghai.gov.cn/shanghai/node2314/node2315/node18454/u21ai1016358.html。

统生产经营模式的改造，提高信息化、智能化程度，增强创新能力。在城市发展统一规划基础上优化各类用地布局，大力推进各类产业向产业园区、基地集聚，归并整理较为分散的镇属、村属产业园，促进工业用地及资源能源集约化利用。

加强环境污染治理和联防联控。上海的协调程度排名全国第 24 位，地表水体质量、土壤质量等都欠佳，这都需要上海推进专项工作，继续加大环境污染治理投资，将经济发展的成果反哺到生态环境保护上来。同时，上海要顺应长三角区域一体化逐渐加深的趋势，加大与周边省市进行大气污染、水污染等联防联控的力度。

G.15

第十五章

江　苏

一　江苏2014年生态文明建设状况

2014 年，江苏生态文明指数（ECI）得分为 80.24 分，排名全国第 14 位。具体二级指标得分及排名情况见表 1。去除"社会发展"二级指标后，江苏绿色生态文明指数（GECI）得分为 62.91 分，全国排名第 18 位。

表 1　2014 年江苏生态文明建设二级指标情况

二级指标	得分	排名	等级
生态活力（满分为 43.20 分）	25.71	13	3
环境质量（满分为 36.00 分）	20.40	18	3
社会发展（满分为 21.60 分）	17.33	4	1
协调程度（满分为 43.20 分）	16.80	18	3

江苏 2014 年生态文明建设的基本特点是，社会发展居全国领先水平，生态活力、环境质量和协调程度都居于中等偏下水平。如图 1 所示，在生态文明建设的类型上，江苏属于社会发达型。

2014 年江苏生态文明建设三级指标数据见表 2。

具体来看，在生态活力方面，湿地面积占国土面积比重和建成区绿化覆盖率两个指标全国排名靠前，分别居第 2 位和第 5 位。森林质量排名较2013 年有所上升，居第 19 位，森林覆盖率、自然保护区的有效保护排名无太大变化，分列全国第 24 和第 27 位。

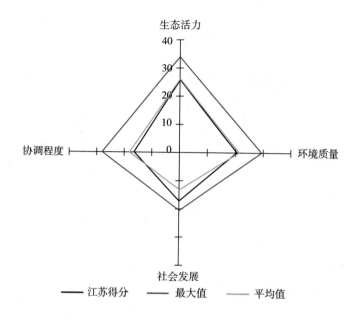

图1 2014年江苏生态文明建设评价雷达图

表2 江苏2014年生态文明建设评价结果

一级指标	二级指标	三级指标	指标数据	排名
生态文明指数（ECI）	生态活力	森林覆盖率	15.80%	24
		森林质量	39.91 立方米/公顷	19
		建成区绿化覆盖率	42.44%	5
		自然保护区的有效保护	3.92%	27
		湿地面积占国土面积比重	27.51%	2
	环境质量	地表水体质量	33.30%	27
		环境空气质量	54.25%	18
		水土流失率	4.06%	4
		化肥施用超标量	200.36 千克/公顷	22
		农药施用强度	10.56 千克/公顷	17
	社会发展	人均GDP	74607.00 元	4
		服务业产值占GDP比例	44.70%	9
		城镇化率	64.11%	6
		人均教育经费投入	2010.70 元	10
		每千人口医疗卫生机构床位数	4.64 张	18
		农村改水率	98.52%	4

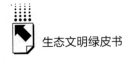

续表

一级指标	二级指标	三级指标	指标数据	排名
生态文明 指数(ECI)	协调程度	环境污染治理投资占 GDP 比重	1.49%	16
		工业固体废物综合利用率	96.74%	3
		城市生活垃圾无害化率	97.36%	8
		COD 排放变化效应	4.04 吨/千米	26
		氨氮排放变化效应	0.48 吨/千米	24
		二氧化硫排放变化效应	2.56 千克/公顷	3
		氮氧化物排放变化效应	7.19 千克/公顷	3
		烟(粉)尘排放变化效应	−2.88 千克/公顷	29

在环境质量方面，水土流失率位于全国第 4 位。农药施用强度、环境空气质量和化肥施用超标量分别位于第 17 位、第 18 位和第 22 位，处于全国中下游水平。地表水体质量上升了 3 个百分点，但仍处于第 27 位，与上年度相同。

在社会发展方面，农村改水率（位列第 4）、人均 GDP（位列第 4）、城镇化率（位列第 6）、服务业产值占 GDP 比例（位列第 9）、人均教育经费投入（位列第 10）五项指标处于全国上游水平。每千人口医疗卫生机构床位数居于全国中游水平，位于第 18 位。

在协调程度方面，工业固体废物综合利用率、二氧化硫排放变化效应、氮氧化物排放变化效应皆位于全国第 3 位，城市生活垃圾无害化率位列全国第 8 位。环境污染治理投资占 GDP 比重较上年上升了 4 个名次，位于全国第 16 位。COD 排放变化效应、氨氮排放变化效应、烟（粉）尘排放变化效应三项指标排名较为靠后，分别位于第 26 位、第 24 位和第 29 位。

从年度进步情况来看，江苏 2013～2014 年度的总进步指数为 6.75%，全国排名第 6 位，较上年有大幅提升。这主要是因为生态活力的进步较大，其进步指数为 26.36%。其他二级指标中，社会发展进步指数为 5.04%，环境质量和协调程度的进步指数分别为 −7.18% 和 −0.39%。

具体到三级指标，森林覆盖率、森林质量、湿地面积等有大幅提升，但环境空气质量有所退步，且幅度较大。协调程度总体上只有小幅下降，但其各三级指标发展并不均衡，呈分化趋势，如环境污染治理投资占GDP比重、COD排放变化效应、氨氮排放变化效应都有所进步，而二氧化硫排放变化效应、氮氧化物排放变化效应、烟（粉）尘排放变化效应却均有退步。

二　分析与展望

江苏生态文明建设起步较早，省委省政府也高度重视。2000年，省委九届十二次全会便提出要"积极推进生态省建设"，2004年出台《生态省建设规划纲要》，提出到2020年要基本解决环境污染和生态破坏问题的远景目标。2011年，作为"十二五"期间推进生态省建设的首要任务和核心内容，生态文明建设工程被正式提出。在此基础上，2013年又出台了《江苏省生态文明建设规划（2013~2022）》，进一步明确了生态文明建设的指导思想、总体目标和重点任务。

（一）现状与问题

这些年来，江苏一直以生态省建设为载体，以生态文明建设工程为抓手，积极采取多项措施治理环境污染，促进产业结构升级，生态文明建设取得较大进步。但随着工业化、城镇化的加速推进，人口密度大、人均环境容量小的劣势逐渐凸显，资源环境仍然面临较大压力。要进一步提高生态文明水平，江苏还面临着很多挑战。

从生态活力来看，江苏的森林覆盖率、森林质量、自然保护区的有效保护等皆处于全国下游水平，这与江苏的土地利用情况密切相关。江苏全省土地调查面积为10674.2千公顷，其中2013年农作物播种面积就达到7683.6公顷，占国土调查面积的72%[1]，再加上建设用地已占用面积，在严保耕地红线的前提下，留给林业及其他用地的国土面积其实已较为有限。

从环境质量和协调程度上看，江苏的地表水体质量、土壤质量、环境空

---

① 《中国统计年鉴（2014）》。

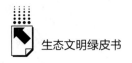

气质量都处于全国中下游水平。在地表水体方面，江苏河流湖泊众多，水质状况评价总河长居全国首位，且大都分布于人口密度较高的地区，这就造成水体质量对人们生产生活的影响远大于其他省份，应对此进行重点关注。从具体数据分析，2013年，在与水体质量密切相关的两项主要污染物排放指标中，化学需氧量的排放工业占比为18.21%，农业占32.74%，生活排污占48.63%；氨氮排放工业占比为9.77%，农业为25.92%，生活排污为63.91%①，说明农业面源污染和生活污染问题较为突出。同时，化肥施用超标量和农药施用强度排名较为靠后，同样说明农业面源污染问题突出。在环境空气质量方面，江苏二氧化硫、氮氧化物的排放变化效应都居全国前列，都位列第3位，而工业污染源在其中都占有绝对比重，说明工业污染仍然较严重，经济结构仍不合理。

因此，总体来看，江苏生态文明建设面临的问题主要有四个。一是生态环境空间有限，且地区分布不均衡，应在采取各种有效措施提升生态活力的同时减少经济社会发展对环境空间的需求。二是江苏仍然偏重第二产业，高污染、高能耗行业仍占较大比重，经济发展方式没有实现根本性转变，对工业污染排放也应进行集中治理。三是农业污染问题较为严重且影响较大，应大力发展生态农业、精品农业等，降低对化肥、农药的依赖。四是苏北地区生态文明建设速度较慢，且面临着承接苏南地区产业转移的大趋势，在加快工业化、城镇化的同时不能忽视生态建设。

（二）对策和建议

全面提升江苏的生态文明水平，充分发挥优势，规避不利因素，因地制宜，走江苏特色的生态文明发展之路。

首先，划定生态红线，加大补偿力度，形成刚性约束，合理布局发展空间。在这方面，江苏已有相关文件出台。2013年8月，江苏省政府出台了《江苏省生态红线区域保护规划》，确定了"两个确保"的基本目标，即

---

① 《江苏省环境状况公报（2013）》。

"确保生态保护红线区面积占国土面积达到20%以上；确保具有重要生态服务功能的区域、生态系统以及重要和特殊物种得到有效保护"①。随后，又制定出台了《江苏省生态红线区域保护监督管理考核暂行办法》和《江苏省生态补偿转移支付暂行办法》，规定了生态红线区域保护的具体实施方案。下一步，江苏应加大奖惩力度和转移支付力度，使生态功能区内的县市有意愿、有动力主动进行生态建设，保护生态环境，为其他地方的发展提供生态空间。

其次，借助新一轮改革开放的契机，继续调整产业和能源结构，转变经济发展方式。目前来看，江苏重工业占整个工业的比重仍然很大，超过70%。化工、火电、冶金、石化等14类重污染行业的工业产值占全省工业总产值比重更是达到60%以上②。在能源消耗中，煤炭和石油占一次能源消耗的比例也达到了75%和16%，且能源消耗总量大，能源利用效率低。正是它们成为空气污染、水污染的罪魁祸首。江苏要大力发展战略性新兴产业，强化创新驱动，加快推进创新型省份建设。同时充分发挥江苏在电子商务、现代物流、国际贸易等方面的优势，继续推进第三产业发展。抓住"一带一路"和"长江经济带"建设的战略机遇，拓展对内对外开放新空间，加强省际合作与国际合作，在充分利用各方面资源和机会的基础上推进产业结构升级，继续保持经济优质高效增长。

再次，大力发展现代农业和生态农业，建设新型农村，继续推进城乡区域协调发展。完善农村土地流转机制改革，推进农业的适度规模经营。要发展现代农业和集约化农业，只有通过土地流转形成适度经营规模，推进大型农业机械应用及基础设施建设，着力提高资源利用率、土地产出率、农业劳动生产率等。调整农业结构，发展精品农业和新型农业。在稳定发展粮食生产、保障农产品安全供应的基础上积极发展高效园艺业、规模畜牧业、特色

---

① 《江苏省生态红线区域保护规划》。

② 《保蓝天，亟需开出"霾源清单"》，http：//jsnews．jschina．com．cn/system/2014/01/23/020063217．shtml。

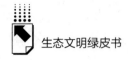
水产业和休闲观光农业等，对农业农村进行综合开发，提升农业产业化经营水平。提高农业科技化和信息化水平，用创新驱动农业发展，降低对化肥农药等的依赖。近几年，江苏提出要创建"信息江苏"和创新型省份。在此背景下，农业科技创新也要积极推进，建立新型的农业科技社会化推广及服务体系，充分利用现代生物技术、信息技术等提升农业发展质量，减少环境污染。

最后，提升苏北地区发展水平，促进全省统一协调发展。苏北在全省生态建设中具有重要的战略地位，其广阔的腹地空间，为江苏发展提供了重要的生态资源。"没有苏北生态达小康，全省全面小康也只能是'水中月镜中花'。"① 但是，苏北又地处淮河流域下游，容易遭受污染，环境较为脆弱，在推进城镇化、工业化时更应注重环境保护。一是各县市在制定发展规划时要因地制宜，巩固苏北地区良好的生态环境优势，积极加快城乡环境基础设施建设，为经济与环保同步发展创造条件。二是在承接苏南地区产业转移时要制订负面清单，对重染污工业项目进行综合考量，大力发展战略性新兴产业，不能走"先污染、后治理"的老路。三是江苏"十三五"生态省建设规划的重点项目要适当向苏北地区倾斜，鼓励人才、资金向苏北流动，加大对全面小康社会建设的奖补力度。

---

① 《支持苏北全面小康建设意见解读④：生态，全面小康不可或缺的考量》，《新华日报》2013年8月12日，第A02版。

第十六章

浙　江

一　浙江2014年生态文明建设状况

2014 年，浙江生态文明指数（ECI）得分为 81.68 分，排名全国第 12 位。相关二级指标得分及排名情况见表 1。去除"社会发展"二级指标后，浙江绿色生态文明指数（GECI）得分为 65.03 分，全国排名第 14 位。

表 1　2014 年浙江生态文明建设二级指标情况

二级指标	得分	排名	等级
生态活力（满分为 43.20 分）	26.74	11	2
环境质量（满分为 36.00 分）	20.80	13	3
社会发展（满分为 21.60 分）	16.65	5	1
协调程度（满分为 43.20 分）	17.49	13	3

浙江 2014 年生态文明建设的基本特点是，社会发展居于全国领先水平，而生态活力、环境质量和协调程度均居于中上游水平。由于协调程度名次的大幅下降，2014 年浙江生态文明建设类型由上一年度的均衡发展型转变为社会发达型（见图 1）。

2014 年浙江省生态文明建设三级指标数据见表 2。

具体来看，生态活力方面，森林覆盖率处于领先水平，居于全国第 3 位。建成区绿化覆盖率、湿地面积占国土面积比重居于全国中上游水平，分别居于第 10 位、第 7 位。森林质量居于全国第 22 位，而自然保护区的有效保护依旧排名第 31 位。

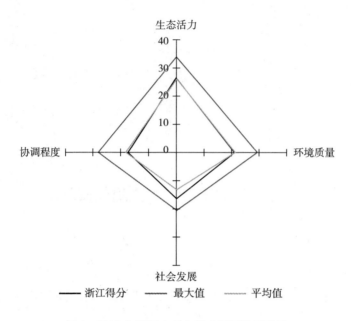

图1 2014年浙江生态文明建设评价雷达图

表2 浙江2014年生态文明建设评价结果

一级指标	二级指标	三级指标	指标数据	排名
生态文明指数（ECI）	生态活力	森林覆盖率	59.07%	3
		森林质量	36.05 立方米/公顷	22
		建成区绿化覆盖率	40.26%	10
		自然保护区的有效保护	1.55%	31
		湿地面积占国土面积比重	10.91%	7
	环境质量	地表水体质量	63.00%	18
		环境空气质量	58.08%	16
		水土流失率	15.77%	10
		化肥施用超标量	174.78 千克/公顷	19
		农药施用强度	26.90 千克/公顷	30
	社会发展	人均GDP	68462.00 元	5
		服务业产值占GDP比例	46.10%	8
		城镇化率	64.00%	7
		人均教育经费投入	2209.24 元	6
		每千人口医疗卫生机构床位数	4.18 张	22
		农村改水率	95.68%	5

续表

一级指标	二级指标	三级指标	指标数据	排名
生态文明指数(ECI)	协调程度	环境污染治理投资占 GDP 比重	1.04%	23
		工业固体废物综合利用率	95.15%	4
		城市生活垃圾无害化率	99.44%	3
		COD 排放变化效应	26.00 吨/千米	9
		氨氮排放变化效应	4.00 吨/千米	7
		二氧化硫排放变化效应	1.79 千克/公顷	7
		氮氧化物排放变化效应	3.08 千克/公顷	7
		烟(粉)尘排放变化效应	-3.62 千克/公顷	30

环境质量方面,水土流失率排名第 10 位,处于全国中上游水平。而地表水体质量、环境空气质量以及化肥施用超标量均居于全国中游水平。农药施用强度排名第 30 位,居全国下游水平。

社会发展方面,除每千人口医疗卫生机构床位数居于全国中下游外,其他三级指标均排名全国第 5~8 位,居全国上游水平。

协调程度方面,工业固体废物综合利用率、城市生活垃圾无害化率分别排名第 4 位和第 3 位,处于全国上游水平。COD 排放变化效应排名第 9 位,氨氮排放变化效应、二氧化硫排放变化效应、氮氧化物排放变化效应都排名全国第 7 位,均位于中上游水平。环境污染治理投资占 GDP 比重排名第 23 位,处于全国中下游水平。烟(粉)尘排放变化效应排名第 30 位,居全国下游。

浙江 2013~2014 年度的总进步指数为 -1.89%,全国排名第 23 名,相比上一年度的第 4 名出现了较大幅度的后退。4 个二级指标中,生态活力进步指数为 10.03%,排名第 14 位;环境质量进步指数为 -11.34%,排名第 25 位;社会发展进步指数为 4.20%,排名第 21 位;协调程度进步指数为 -8.97%,排名第 24 位。纵观指标数据和排名,虽然浙江的生态活力和社会发展继续保持稳步增长,但由于环境质量和协调程度都出现较大幅度的下降,2014 年浙江生态文明建设排名有所退步。

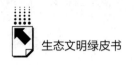
二　分析与展望

　　浙江位于全国主体功能区规划中国家优化开发的长江三角洲地区，综合实力较强，经济规模较大，是辐射带动长江流域发展的龙头之一。基于国家规划和现实发展需要，浙江于 2014 年提出了建设美丽浙江、创造美好生活的口号，加快全国生态文明示范区、美丽中国先行区建设，力争在优化开发格局、加快产业升级、节约能源资源、创新生态文明制度等方面实现全面突破。

（一）现状与问题

　　作为传统经济强省，又具有较好的生态条件，生态活力和社会发展一直以来都是浙江生态文明建设的两大优势。虽然 2014 年度生态活力依然保持平稳进步，但提升的空间也越来越小。伴随着经济进入新常态以及结构转型，浙江的社会经济发展逐渐减速，开始呈现中高速增长态势，环境质量和协调程度依然是转型时期浙江的两大困扰。

　　浙江具有良好的基础条件，森林资源丰富，森林覆盖率近些年一直位列全国前三名，而建成区绿化覆盖率和湿地面积也在逐年稳步增长。2014 年全省完成造林更新面积 59.05 千公顷，森林抚育面积比上年增加 7.28%，完成义务植树 6800 多万株，森林浙江建设成效显著[1]。

　　虽然生态活力持续上升，生态省建设卓有成效，但环境质量依然是浙江生态文明建设最主要的短板。2014 年浙江环境质量进步指数为 -11.34%，出现负增长，全国排名仅为第 25 位，主要三级指标中地表水体质量、环境空气质量和化肥施用超标量都在退步，环境容量超载严重。浙江近些年推出多项行动计划，如"五水共治""十百千万治水大行动"，实施大气环境质量管理考核，加快治理水土流失，致力于改善环境质量。

---

　　① 数据来源于浙江省统计局《2014 年浙江省国民经济和社会发展统计公报》。

2014 年全省新增水土流失治理面积 688 平方公里，全年减少化肥农药用量
3.5 万吨以上，在 21 个县试点农药废弃包装物回收。但在经济下行压力
下，资源环境生态束缚趋紧，有效解决环境质量问题是浙江生态文明持续
健康发展的关键。

虽然面临经济下行、市场有效需求不足、传统产业产能严重过剩等多重
压力，浙江通过结构调整来积极解决，社会发展仍保持进步势头。2014 年，
全省生产总值 40153 亿元，同比增长 7.6%。完成固定资产投资 23555 亿元，
增长 16.6%。城镇居民人均可支配收入 40393 元，增长 8.9%，农村居民人
均可支配收入 19373 元，增长 10.7%①。虽然社会发展排名依然靠前，但考
察全国范围的进步指数，浙江的进步速度已经放缓，排名第 21 位。从三级
指标来看，保持浙江社会发展继续进步，以每千人口医疗卫生机构床位数为
代表的社会保障和基础设施建设尚有进一步开拓的空间。

协调程度方面，浙江居于全国中上游水平。2014 年，浙江省提出集中
在水、大气、土壤、固体废物等污染防治和生态补偿、生态修复以及社会
保障、食品安全等领域，抓紧制定或修改、完善相应地方性法规。与前一
年度相比，虽然三级指标数据变化不大，但从进步指数看，2014 年浙江协
调程度处于退步状态，究其原因，一是全国其他各省市竞相加强生态环境
建设，协调程度不断提升；二是新增的三级指标烟（粉）尘排放变化效应
落后。

（二）对策与建议

总体来看，浙江的生态文明建设基础较好，社会发展水平较高，但资源
环境束缚也较为明显。如何保持传统优势，均衡提高环境质量和协调程度，
是今后浙江生态文明建设的重要任务。针对转型时期持续发展的要求，应加
大技术创新力度，继续推进调整存量、做优增量并存的深度调整，重点培育
发展信息、环保、健康、旅游、时尚、金融和高端装备制造业等新兴行业，

① 数据来源于《2015 年浙江省政府工作报告》。

逐步取代传统产业，使其成为经济发展的重要引领和拉动力量。

　　基于社会发展水平较高，浙江应加大社会经济对生态环境的反哺力度，进一步加强医药卫生等社会保障和基础设施建设。针对受资源环境严重束缚的困境，一方面要注意节约资源，设置自然资源利用红线，优化资源环境要素配置，通过结构调整和节能减排等进一步控制和降低资源消耗。另一方面，要通过实施农业面源污染、耕地重金属污染等综合污染防治，不断改善环境质量。在农业方面，应抓住全国唯一的现代生态循环农业试点省份这一契机，坚定不移地走生态农业之路。

第十七章

安　徽

一　安徽2014年生态文明建设状况

2014 年，安徽生态文明指数（ECI）得分为 70.20 分，排名全国第 27 位。具体二级指标得分及排名情况见表 1。去除"社会发展"二级指标后，安徽绿色生态文明指数（GECI）得分为 60.97 分，全国排名第 22 位。

表 1　2014 年安徽生态文明建设二级指标情况

二级指标	得分	排名	等级
生态活力(满分为 43.20 分)	24.69	18	3
环境质量(满分为 36.00 分)	18.80	26	3
社会发展(满分为 21.60 分)	9.23	31	4
协调程度(满分为 43.20 分)	17.49	13	3

安徽 2014 年生态文明建设的基本特点是，协调程度居于全国中游水平，生态活力居于中下游水平，环境质量和社会发展均居于下游水平。安徽生态文明建设类型由前一年度的低度均衡型转变为相对均衡型（见图 1）。

2014 年安徽生态文明建设三级指标数据见表 2。

具体来看，在生态活力方面，森林质量、建成区绿化覆盖率、湿地面积占国土面积比重均处于全国中上游。森林覆盖率居中游水平。自然保护区的有效保护排名第 28 名，居全国下游。

环境质量方面，水土流失率较低，居第 9 位。化肥施用超标量排名第 16 位，居全国中游水平。地表水体质量、环境空气质量、农药施用强度均居于全国中下游水平。

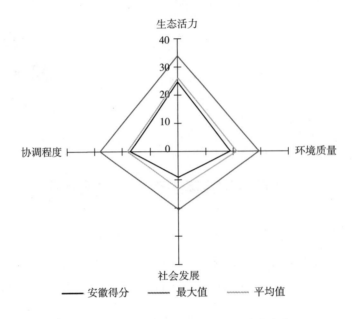

图1　2014 年安徽生态文明建设评价雷达图

表2　安徽 2014 年生态文明建设评价结果

一级指标	二级指标	三级指标	指标数据	排名
生态文明 指数(ECI)	生态活力	森林覆盖率	27.53%	18
		森林质量	47.51 立方米/公顷	10
		建成区绿化覆盖率	39.85%	14
		自然保护区的有效保护	3.76%	28
		湿地面积占国土面积比重	7.46%	12
	环境质量	地表水体质量	51.60%	21
		环境空气质量	49.32%	22
		水土流失率	12.13%	9
		化肥施用超标量	153.29 千克/公顷	16
		农药施用强度	13.17 千克/公顷	19
	社会发展	人均GDP	31684.00 元	26
		服务业产值占GDP比例	33.00%	29
		城镇化率	47.86%	23
		人均教育经费投入	1369.30 元	23
		每千人口医疗卫生机构床位数	3.91 张	27
		农村改水率	58.56%	29

续表

一级指标	二级指标	三级指标	指标数据	排名
生态文明 指数（ECI）	协调程度	环境污染治理投资占 GDP 比重	2.66%	7
		工业固体废物综合利用率	87.64%	7
		城市生活垃圾无害化率	98.82%	6
		COD 排放变化效应	6.04 吨/千米	20
		氨氮排放变化效应	0.78 吨/千米	19
		二氧化硫排放变化效应	0.64 千克/公顷	17
		氮氧化物排放变化效应	2.03 千克/公顷	11
		烟（粉）尘排放变化效应	1.53 千克/公顷	4

社会发展方面，城镇化率、人均教育经费投入均排名第 23 位，居全国中下游。而人均 GDP、服务业产值占 GDP 比例、每千人口医疗卫生机构床位数、农村改水率都处于全国下游水平。

协调程度方面，环境污染治理投资占 GDP 比重、工业固体废物综合利用率、城市生活垃圾无害化率、烟（粉）尘排放变化效应均排名前 10 位，位于全国上游水平。氮氧化物排放变化效应排名第 11 位，居全国中上游。COD 排放变化效应、氨氮排放变化效应、二氧化硫排放变化效应居全国中下游水平。

从进步情况来看，安徽 2013～2014 年度的总进步指数为 3.76%，全国排名第 8 位。具体到二级指标，生态活力的进步指数为 13.73%，居全国第 12 位。环境质量进步指数为 -8.08%，居全国第 16 位；社会发展的进步指数为 4.87%，居全国第 13 位；协调程度的进步指数为 3.10%，居全国第 4 位。

与上一年度相比，2014 年安徽的生态活力继续保持提高态势，这主要得益于森林质量和湿地面积占国土面积比重两项三级指标数据的提升。环境质量继续退步，主要是由于环境空气质量的下降。社会发展速度虽然减缓，但仍保持继续上升趋势。协调程度上升明显，主要三级指标数据都有所提升。

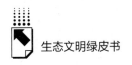

二 分析与展望

安徽是我国中部第一个生态省建设试点省份，自 2003 年开始就拉开了生态强省建设的序幕，并于 2012 年正式出台《安徽省生态强省建设实施纲要》，目标是在 2020 年基本建成生态环境优美、生态经济发达、生态家园舒适、生态文化繁荣的宜居宜业生态强省。但安徽综合经济实力不强，工业化和城镇化水平不高，生态省建设基础相对薄弱。在全国主体功能区规划中，安徽属于国家层面重点开发的江淮地区，位于全国"两横三纵"城市化战略格局中的沿长江通道横轴。安徽的生态文明建设仍处于发力期，前景可期，保持均衡协调、全面发展是今后很长一段时间的主旋律。

（一）现状与问题

虽然目前安徽的生态文明建设水平偏低，各个二级指标都不是非常突出，但近几年进步指数呈现不断提升态势。2014 年安徽生态文明建设整体进步明显，进步指数为 3.76%，全国排名第 8 位，ECI 排名较前一年度也上升 1 位。安徽生态资源优势明显，近几年生态活力一直稳步提高。2014 年全省完成新造林 15.1 万公顷，退耕还林、荒山荒地造林 6511.7 公顷。新建 15 处省级湿地公园试点单位，增加湿地保护面积 45.3 万亩①。但应该看到安徽森林资源存在总量不足、分布不均等问题，森林覆盖率居全国中等偏后位置；虽然自然保护区面积较大，但有效保护水平不高。2014 年安徽的环境质量仍在退步，是唯一下降的二级指标，且下降的速度加快。三级指标中，环境空气质量、化肥使用超标量、农药施用程度都在退步；水环境也不容乐观，尤其是安徽境内的淮河、长江、巢湖等重点水域污染严重，又因流域面广，治理更显困难。环境质量是当前安徽生态文明建设中迫切需要关注的核心问题。安徽属于经济欠发达地区，但最近几年的社会发展一直保持稳

---

① 数据来源于安徽省林业厅《2014 年安徽省国土绿化状况公报》。

步提高。2014 年，全省生产总值 20848.8 亿元，增长 9.2%。人均 GDP 达到 31684 元，比上年增加 2892 元。完成固定资产投资 21256.3 亿元，增长 16.5%。尤其值得注意的是，全年规模以上工业增加值比上年增长 11.2%，其中高新技术产业增加值增长 13.6%，服务业增加值占生产总值比重 34.8%，提高 0.6 个百分点。但安徽的总体社会发展水平与其他省份还存在一定差距；社会发展方面的三级指标，基本上都处于全国下游水平，尤其是安徽省产业水平和工业结构层次相对较低，以能源、原材料等传统工业和资源型工业为主，资源利用主要集中在传统的原生资源，高科技新型技术产业占比也不高。协调程度方面，2014 年安徽排名第 16 位，只处于全国中等水平；但在全国普遍退步的情况下，安徽的进步指数达到 3.10%，位列全国第四，这与安徽省积极推进生态文明制度建设，着力加强生态环境保护，努力提高资源利用效率分不开。

（二）对策与建议

总体来看，安徽的生态文明建设处于初步发展阶段，既有社会经济快速发展的迫切需求，又有生态保护、环境改善的现实压力。可喜的是，虽然排名靠后，但安徽进步趋势明显。基于生态文明总体水平较低、全国排名靠后且二级指标相对均衡的现状，全面均衡发展仍是安徽今后较长时期生态文明建设的主旋律。应充分利用本省生态资源丰富、区域创新能力强、专业人才和专利技术集中的优势，结合全国主体功能区规划设计，围绕产业结构优化升级，大力发展实体经济；立足区域创新能力，积极发展高新技术产业、环保产业以及低碳服务业，重点扶持新能源汽车、光伏等节能环保产业，保持可持续发展，同时减轻环境压力。

在保持全面发展的前提下，安徽应考虑着力加强以下几点。第一，充分发挥生态资源优势，加大政策扶持力度，保证森林资源持续增长，逐步提高森林质量；加强江淮之间和沿江丘陵地区的造林绿化，逐步改善森林资源分布不均衡状况。第二，以强化污染治理为核心，着力改善环境质量。空气治理方面，严格执行《安徽省大气污染防治条例》，进一步调整能源结构，推

进节能减排；水环境治理方面，结合国家生态文明先行示范区建设，加强对以巢湖流域为代表的重点流域、重污染水环境治理；土壤治理方面，结合《全国农业可持续发展规划（2015～2030年）》，着力进行农业面源污染整治。第三，加强制度建设，在落实治理责任方面有所突破。抓紧制定实施针对水、土壤等重点领域的保护条例；安徽环境污染治理投资比重较低，应加大对生态环保方面的资金投入；开发清洁能源，鼓励发展科技含量高、污染水平低、消耗能量低的行业，减少对生态环境的破坏和环境污染物的排放。

第十八章
福　建

一　福建2014年生态文明建设状况

2014 年，福建生态文明指数（ECI）得分为 90.93 分，排名全国第 3 位。具体二级指标得分及排名情况见表 1。去除"社会发展"二级指标后，福建绿色生态文明指数（GECI）得分为 77.20 分，全国排名第 2 位。

表1　2014 年福建生态文明建设二级指标情况

二级指标	得分	排名	等级
生态活力（满分为 43.20 分）	27.77	7	2
环境质量（满分为 36.00 分）	22.00	11	2
社会发展（满分为 21.60 分）	13.73	11	2
协调程度（满分为 43.20 分）	27.43	2	1

福建 2014 年生态文明建设的基本特点是，生态活力居于全国上游水平，环境质量与社会发展均居于全国中上游水平，协调程度居于全国领先水平。如图 1 所示，在生态文明建设的类型上，福建属于均衡发展型。

2014 年福建生态文明建设三级指标数据见表 2。

具体来看，在生态活力方面，森林覆盖率处于领先水平，居全国第 1 位。建成区绿化覆盖率、森林质量居于全国上游水平，分别居全国第 3 位、第 6 位。而自然保护区的有效保护排在全国第 30 位。

在环境质量方面，环境空气质量全国最优，居全国第 1 位。地表水体质量较好，居第 8 位。水土流失率全国排名第 8 位。化肥施用超标量、农药施用强度分别排在第 28 位、第 29 位。

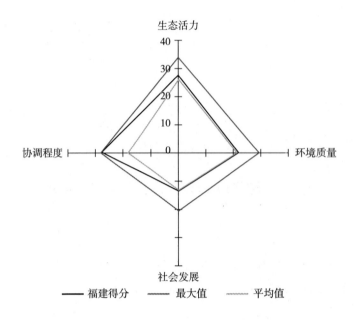

图1　2014年福建生态文明建设评价雷达图

表2　福建2014年生态文明建设评价结果

一级指标	二级指标	三级指标	指标数据	排名
生态文明 指数（ECI）	生态活力	森林覆盖率	65.95%	1
		森林质量	75.87 立方米/公顷	6
		建成区绿化覆盖率	42.77%	3
		自然保护区的有效保护	3.09%	30
		湿地面积占国土面积比重	7.18%	13
	环境质量	地表水体质量	85.60%	8
		环境空气质量	93.97%	1
		水土流失率	10.58%	8
		化肥施用超标量	301.01 千克/公顷	28
		农药施用强度	25.22 千克/公顷	29
	社会发展	人均GDP	57856.00 元	9
		服务业产值占GDP比例	39.10%	18
		城镇化率	60.77%	8
		人均教育经费投入	1705.60 元	16
		每千人口医疗卫生机构床位数	4.14 张	24
		农村改水率	91.87%	8

续表

一级指标	二级指标	三级指标	指标数据	排名
生态文明指数（ECI）	协调程度	环境污染治理投资占 GDP 比重	1.30%	21
		工业固体废物综合利用率	88.39%	6
		城市生活垃圾无害化率	98.16%	7
		COD 排放变化效应	31.06 吨/千米	8
		氨氮排放变化效应	3.32 吨/千米	9
		二氧化硫排放变化效应	0.78 千克/公顷	15
		氮氧化物排放变化效应	2.19 千克/公顷	10
		烟（粉）尘排放变化效应	−0.51 千克/公顷	21

在社会发展方面，人均 GDP、城镇化率、农村改水率都处于全国中上游水平。服务业产值占 GDP 比例较低，人均教育经费投入较弱，处于全国中下游水平。每千人口医疗卫生机构床位数则处于全国下游水平，排名第 24 位。

在协调程度方面，工业固体废物综合利用率、城市生活垃圾无害化率、COD 排放变化效应、氨氮排放变化效应居于全国上游水平。二氧化硫排放变化效应、烟（粉）尘排放变化效应、环境污染治理投资占 GDP 比重三个指标均居于全国中下游水平。

从年度进步情况来看，福建 2013～2014 年度的总进步指数为 1.52%，全国排名第 11 位。具体到二级指标，生态活力的进步指数为 18.04%，居全国第 9 位；环境质量进步指数为 −10.89%，居全国第 23 位；社会发展的进步指数为 4.73%，居全国第 15 位；协调程度的进步指数为 −6.26%，居全国第 22 位。

二　分析与展望

福建地理位置优越，是我国沿海开放最早的省份之一。福建经过多年努力，生态文明建设有了长足发展，2014 年生态文明指数和绿色生态文明指数首次进入全国第三名和第二名，成绩十分突出。2014 年，福建生态文明建设在生态活力、环境质量、社会发展、协调程度四个方面均衡发展，

在国内位居前列，显示出良好的发展态势。但是，这种均衡并非高水平的均衡发展，还有很大的提升空间，需要从更宽广的视野来探讨福建生态文明建设的优势和劣势以及潜力和趋势，以真正跨入生态文明建设的新阶段。

（一）现状与问题

福建良好的生态活力，为福建生态文明建设打下坚实的基础。福建地处东南沿海，素有"八山一水一分田"之称。温暖湿润的亚热带气候条件，孕育了丰富的森林资源，森林覆盖率高达65.95%，连续37年稳居全国第一，与位居世界生态文明前列的日本相差无几，也超过了很多欧美发达国家。在本次评价中，由于自然保护区占国土面积比重仅为3.09%，全国排名第30位，致使生态活力评价为第二等级。但丰富的森林资源提供了清洁的空气等生态产品，森林资源优势完全可以弥补自然保护区面积的不足。

长期以来，福建在生态文明建设中狠抓林业建设，积累了大量的经验，成绩显著。福建良好的生态活力，与福建长期以来重视林业生态建设密切相关。福建是全国最早开始实行集体林权制度改革的省份，积极探寻林业改革新路径。2014年福建率先在全国实行取消GDP项目的考核制度，实施增加森林面积和增加森林蓄积量的林业"双增"目标年度考核，并建立了森林资源保护问责机制，开始了绿色GDP考核的实践[1]。

福建在重视生态基础建设的同时，也十分重视环境保护。在本次评价中，环境质量和协调程度分别属于第二等级和第一等级，位居全国中上游。近几年福建除执行国家各项资源环境保护的相关政策，还结合本省实际，相继出台了《福建省固体废物污染环境防治若干规定》《福建省促进生态文明建设若干规定（草案）》《福建省生态功能区划》《福建省流域水环境保护条例》《福建省"十二五"节能减排综合性工作方案》《福建省

---

[1] 《福建34个县市取消GDP考核　引导政府发挥特色》，新华网，2014年8月6日，http：// www. fj. xinhuanet. com/news/2014 – 08/06/c_ 1111951796. htm。

"十二五"主要污染物总量减排考核办法》《福建省人民政府办公厅关于2013 年度主要污染物减排工作的意见》等，多项制度政策相互支撑，政策加乘效果较为明显。

纵观近年来福建开展的环境治理不难发现，治理效果虽然在全国居于中上游水平，但进步幅度开始出现下滑，这是值得注意的。福建农药施用强度过大、化肥施用超标严重的问题多年来未能根本好转。农药施用强度虽然从 2009 年的 43.49 千克/公顷下降至 2014 年的 25.22 千克/公顷，五年内下降了 42%，但远高于全国 14.45 千克/公顷的平均水平。农药和化肥施用强度过大，这是当前亟须解决的问题。另外，多年来，福建的二氧化硫排放变化效应、烟（粉）尘排放变化效应等指标居全国中游水平，均不很理想。因此，福建还需不懈努力，加大环境治理力度，实现环境质量的根本好转。

在经济社会发展方面，福建人均 GDP 和城镇化率已经达到了中高等收入国家水平，但人均教育经费投入、每千人口医疗卫生机构床位数等指标居全国中下游水平，就其整体经济社会发展水平而言并未达到应有的高度。究其原因，一是海峡两岸关系的政治历史因素影响了福建早期的基础设施建设和经济发展；二是福建产业结构有待优化，产业规模经济效益有待提升；三是福建位于实施区域一体化发展模式的长三角和珠三角经济高度发达地区之间，正处于巨大的区域聚集经济效应的边缘地带；四是福建沿海的地理优势利用不充分，外向型经济发展有待加强。

（二）对策与建议

福建生态文明建设呈现出均衡发展态势，拥有良好的生态基础优势，从长远来看，其经济社会发展能否突破中上游水平现状，实现经济腾飞是福建生态文明建设能否跃上新台阶的关键。因此，福建一方面要继续抓好林业生态建设，保护好丰富的森林资源，为生态文明建设打下坚实的生态基础。另一方面，福建要着力发展经济，解决发展中长期存在的环境质量瓶颈问题，实现经济发展和生态保护的协调发展。

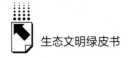

福建第一产业中农林渔业颇具特色，水果、茶叶和食用菌等经济作物比重较大，产量位居全国前列。但是福建化肥农药施用超标严重的问题不可回避。当今社会人们对食品安全高度重视，化肥农药施用不合理已经成为困扰福建生态文明建设的障碍。为此，一方面要加强市场监管，利用现代信息技术建立和推广食品溯源系统，严格农产品和农药化肥的市场准入制度，倒逼生产经营者规范生产行为；另一方面要走生态农业道路，利用先进科学技术，研发低毒高效的农药化肥，改良施用技术，生产安全的农产品。福建作为经济较为发达的省份，还可以扩大有机食品的生产，形成特色产业，减少化肥农药的施用。

福建产业结构中，以制造业为主的第二产业对经济发展的贡献最大，第三产业的贡献与发达国家相比依然较低。因此，产业结构优化，节能减排、产业转型升级，走绿色产业道路成为福建经济可持续发展的关键。福建要抓住大好历史机遇，在国家促进对台经济、实施海西战略和"一带一路"战略统筹布局下，通过建设平潭综合实验区、自由贸易试验区、21世纪海上丝绸之路核心区①，利用国家多项政策红利，发扬福建人民长期以来形成的敢闯敢干的开创精神，依靠广大海外闽籍侨胞的智慧和力量，争取进一步扩大外向型经济规模，实现"请进来"和"走出去"的有效结合；大力发展对外贸易、电子商务、交通运输、生态旅游观光等第三产业。抓住国家生态文明先行示范区建设的契机，加快淘汰落后产能，实现产业转型升级。

总之，凭借福建多年来构筑的生态活力优势，以及当下各种发展契机和政策红利，可以预测福建生态文明建设将会有一个大好的未来。

---

① 《福建"四区"建设新态势——来自福建自贸区、海丝核心区、平潭实验区和生态文明示范区的报道》，《人民日报》（海外版）2015年6月1日，第3版，http：//paper.people.cn/rmrbhwb/html/2015-06/01/content_1571621.htmhttp：//www.xmdcd.cn/infolib/surveydata/0304000005.htm。

第十九章
江　西

一　江西2014年生态文明建设状况

2014 年，江西生态文明指数（ECI）得分为 82.81 分，位列全国第 9 位。具体二级指标得分与排名见表 1。去除"社会发展"二级指标，江西绿色生态文明指数（GECI）得分为 72.46 分，全国排名第 8 位。

表1　2014 年江西生态文明建设二级指标情况

二级指标	得分	排名	等级
生态活力（满分为 43.20 分）	27.77	7	2
环境质量（满分为 36.00 分）	22.40	10	2
社会发展（满分为 21.60 分）	10.35	26	3
协调程度（满分为 43.20 分）	22.29	7	2

江西 2014 年生态文明建设的基本特点是，生态活力、协调程度居全国前列，环境质量居上游水平，社会发展居下游水平。如图 1 所示，江西生态文明建设类型，属于生态优势型。

2014 年江西生态文明建设三级指标数据见表 2。

生态活力方面，森林覆盖率、建成区绿化覆盖率仍高居全国第 2 位；森林质量、自然保护区的有效保护、湿地面积占国土面积比重居全国中游。

环境质量方面，地表水体质量全国排名靠前，农药施用强度居全国第 26 位（逆指标），环境空气质量、水土流失率居全国中游，化肥施用超标量居全国第 6 位（逆指标）。

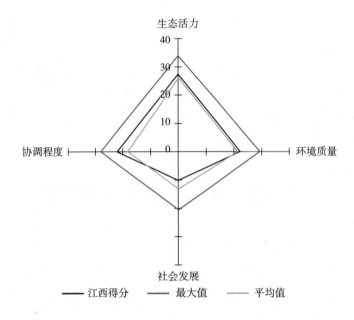

图1 2014年江西生态文明建设评价雷达图

表2 江西2014年生态文明建设评价结果

一级指标	二级指标	三级指标	指标数据	排名
生态文明指数（ECI）	生态活力	森林覆盖率	60.01%	2
		森林质量	40.77 立方米/公顷	17
		建成区绿化覆盖率	45.09%	2
		自然保护区的有效保护	7.46%	14
		湿地面积占国土面积比重	5.45%	14
	环境质量	地表水体质量	90.90%	7
		环境空气质量	63.01%	11
		水土流失率	20.00%	15
		化肥施用超标量	29.98 千克/公顷	6
		农药施用强度	18.00 千克/公顷	26
	社会发展	人均GDP	31771.00 元	25
		服务业产值占GDP比例	35.10%	27
		城镇化率	48.87%	19
		人均教育经费投入	1405.36 元	22
		每千人口医疗卫生机构床位数	3.85 张	28
		农村改水率	68.81%	22

一级指标	二级指标	三级指标	指标数据	排名
生态文明指数(ECI)	协调程度	环境污染治理投资占 GDP 比重	1.67%	13
		工业固体废物综合利用率	55.83%	22
		城市生活垃圾无害化率	93.28%	15
		COD 排放变化效应	24.27 吨/千米	10
		氨氮排放变化效应	3.89 吨/千米	8
		二氧化硫排放变化效应	0.38 千克/公顷	22
		氮氧化物排放变化效应	0.25 千克/公顷	26
		烟(粉)尘排放变化效应	0.04 千克/公顷	9

社会发展方面，五项指标排名仍不甚理想，居全国中游偏下乃至下游水平。

协调程度方面，环境污染治理投资占 GDP 比重、城市生活垃圾无害化率居全国中游；COD 排放变化效应、氨氮排放变化效应、烟（粉）尘排放变化效应相对较好，居全国前十位；工业固体废物综合利用率、二氧化硫排放变化效应、氮氧化物排放变化效应相对较差，居全国下游。

从年度进步情况来看，江西 2013~2014 年度的总进步指数为 -3.14%，全国排名第 26 位。具体到二级指标，生态活力的进步指数为 -1.01%，居全国第 28 位。环境质量进步指数为 -5.39%，居全国第 6 位。社会发展的进步指数为 4.89%，居全国第 12 位。协调程度的进步指数为 -7.40%，居全国第 23 位。

二　分析与展望

生态环境是江西最大的优势，绿色发展是江西最亮的品牌。贯彻落实"绿色崛起、实干兴赣"方针，努力建设富裕和谐秀美江西，是江西生态文明建设的明确目标。

江西是长三角、珠三角和闽南三角地区的腹地，资源丰富，生态良好，产业齐备，旅游业繁荣。江西农业的有机食品、绿色食品、无公害食品位

居全国前列，工业的有色产业、电子信息、医药、汽车、航空等一系列新兴产业发展势头良好。江西依托鄱阳湖生态经济区、赣南原中央苏区振兴发展的国家战略，推动赣东赣西经济板块两翼齐飞，并在发展中坚持经济增长与生态文明建设有机统一，努力探索"生态文明建设全国领先"发展模式。

（一）现状与问题

江西 2013~2014 年度生态文明指数全国排名前列，生态文明建设成效显著。同时也存在发展不均衡现象，生态活力、环境质量、协调程度排名表现突出，社会发展不够理想，排名居全国下游。从年度进步情况看，生态文明总进步指数为负，排名靠后，生态活力、环境质量、协调程度进步指数均出现负增长，唯有社会发展进步指数居全国中上游。

江西拥有得天独厚的生态资源，森林覆盖率超过 60%，稳居全国第二。江西大力推进森林城市和乡村创建、通道绿化提升、绿道建设、森林资源保护、生态富民产业等重大生态工程，重视"五河一湖"等重点水域保护，落实鄱阳湖湿地、东江源头生态修复与保护工程，加大越冬候鸟和野生动植物保护力度①。江西林业厅出台一系列政策，深化林权制度配套改革，推行国有林场改革试点，推进国家级公益林管理建设，抓好森林资源培育、保护和林业产业发展，主导开展了"森林城乡、绿色通道"建设调研督导、"造林质量年"活动、全国林业碳汇计量监测体系建设江西省调查队伍的组建与培训，保证了江西森林覆盖率与森林质量的持续提升。需要注意的是，江西落实《江西省湿地保护条例》，开展打击破坏湿地资源和越冬候鸟专项行动，在自然保护区与湿地保护方面做出了努力，但收效略显不足，影响了江西生态活力的持续健康发展。

江西推进"净空、净水、净土行动"，实行最严格的节约用地和水资源管理制度，加强江河、湖泊、水库、地下水资源的管理和保护，促进水资源

---

① 江西省 2013 年政府工作报告。

节约与合理开发利用；通过确定地理界线、设置保护区标志、加强水环境质量监测等手段，依法加强对饮用水源保护区管理；还大力开展防沙治沙、封沙育林活动，整治水土流失，努力降低化肥和农药施用强度，大力发展优质高效、绿色和观光休闲等新兴农业。这些举措保护了水体质量、降低了农药化肥施用，效果显著。但空气质量下滑明显，如南昌市环境空气主要指标中的空气质量优良率比上年度下滑了 33%、空气质量优良天数减少了 108 天①，空气污染治理任务紧迫。

江西实施鄱阳湖生态经济区建设与赣南革命老区振兴战略；加快南昌核心增长极和九江沿江开放开发推进步伐；支持赣东北扩大开放合作，支持经济转型发展②。经济领域着力壮大战略性新兴产业，重点发展新能源、新材料、电子信息、航空制造、生物医药等优势产业；着力推动红色旅游、生态旅游、休闲旅游、新兴文化产业等融合发展③。江西有序推进新型城镇化，新增城镇人口 86 万，并在 8321 个村点开展了新农村建设。江西还建立和完善了城乡居民大病保险等保障制度，推进农村义务教育学校标准化建设等一批教育重大工程。全年人均 GDP 超过 3 万元，城镇居民人均可支配收入增长 10.1%，农民人均纯收入增长 12.2%，社会发展态势良好。但受全国经济下行态势影响，增速有所放缓。

江西将资源消耗、环境损害、生态效益纳入经济社会发展评价体系；开展六大节能工程，实施节能技术改造、节能技术产业化示范等项目；推进 20 个工业园区和产业集聚区实行循环化改造；推进萍乡、景德镇、新余等全国资源枯竭型城市转型试点；推进城镇农村垃圾无害化处理，抓好城镇、工业园区污水处理设施营运及监管，推进农村地区工矿、重金属和畜禽养殖业污染防治。江西全面整治燃煤小锅炉、城市建筑扬尘，建立以空气质量改善为核心的环境保护目标责任考核体系；依法开展机动车污染专项整治行动，保护大气环境。江西环境监察局还依法处罚了一批水污染大气污染防治

① 南昌市环保局：《2013 年度环境质量主要指标》。
② 江西省 2014 年政府工作报告。
③ 江西文化厅：《江西省 2013~2015 年文化改革发展规划纲要》。

设施缺失、废水废弃物直接排入外环境等企业的环境违法行为。江西完成十几个重金属污染源综合治理项目，淘汰近百个落后产能项目，主要污染物减排完成预定任务①。但也要看到，江西仍处于经济转型的调整与阵痛期，对传统能源与矿产开采依赖较大，稀有金属深加工还未做强，资源枯竭城市转型仍在试点，钢铁水泥、金属冶炼、化肥农药、陶瓷等高污染高耗能产业仍在增长，某些工业产业园区的扩区可能对节能减排与污染监测治理带来困扰。

（二）对策与建议

第一，林业质量保增长，保护区湿地需加强。

江西林业建设为生态环境与绿色崛起奠定了坚实基础。今后，应当继续注重林业建设质量，保持生态资源优势，保证生态环境质量稳定增长。同时，加强法律、政策、制度、宣传等方面建设，提升保护区和湿地的保护力度。

第二，空气质量是重头戏，污染治理任务紧迫。

空气质量改善方面，江西需持续落实《江西省2014年大气污染防治实施计划》，做好空气质量监测工作，加强重污染天气条件下空气质量监测预警、信息发布、应急处置，严惩污染企业违法排放行为。可喜的是，目前江西已经做了诸多努力，收效显著，空气质量有了较大幅度改善。

第三，生态产业驱动，生态文明宣传普及落实。

面对工业化中期阶段的省情，以及全国经济发展增速放缓的大环境，江西应当制定科学的发展目标，努力将生态优势转化为竞争优势、发展优势，打造新兴产业、绿色旅游产业等经济增长极。生态文明建设宣传普及方面，虽然制定了推动宣传教育、倡导绿色低碳的目标计划，明确旨在增强民众节约意识、环保意识、生态意识，但这些计划仍需要加快推进、有效落实，构建家庭、学校、社会全方位生态文明教育体系。

---

① 江西省人民政府2014年政府工作报告。

第四，节能减排下气力，讲求共赢才长远。

江西要实现长远发展，要辩证处理金山银山与绿水青山的关系，实现经济快速发展与生态环境共赢。在发展上，应当建立新上项目与减排指标完成度挂钩、与落后过剩产能退出结合的机制；在制度上，加大环境污染治理投资，推进工业园区工业废弃物集中处理设施建设，加强监管监测，严防环境突发事件；在法律上，强化环境保护立法，依法严惩污染行为，依法推进绿色崛起。

G.20

第二十章

山　东

一　山东2014年生态文明建设状况

2014 年，山东生态文明指数（ECI）得分为 74.05 分，在全国名列第 24 名。具体二级指标得分及排名见表 1。除去"社会发展"二级指标以后，山东绿色生态文明指数（GECI）得分为 58.97 分，全国排名第 27位。

表1　2014 年山东生态文明建设二级指标情况

二级指标	得分	排名	等级
生态活力(满分为43.20 分)	24.69	18	3
环境质量(满分为36.00 分)	16.80	29	4
社会发展(满分为21.60 分)	15.08	8	2
协调程度(满分为43.20 分)	17.49	13	3

2014 年山东省生态文明建设的总体特点为，生态活力处于全国中下游水平，环境质量不佳，居于下游水平，社会发展居于上游水平，协调程度居于中游水平。如图 1 所示，山东省的生态文明建设类型为社会发达型。

2014 年山东生态文明建设三级指标数据见表 2。

具体到生态活力上，建成区绿化覆盖率和湿地面积占国土面积比重两个指标居于全国前列，分别位于第 4 位和第 6 位。但是森林覆盖率、森林质量、自然保护区的有效保护三个指标都处于全国下游水平。

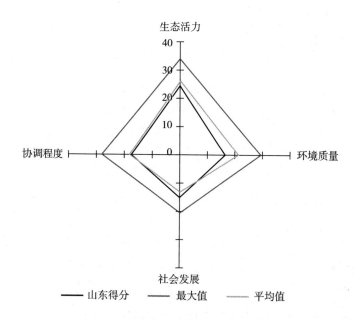

图 1　2014 年山东生态文明建设评价雷达图

表 2　山东 2014 年生态文明建设评价结果

一级指标	二级指标	三级指标	指标数据	排名
生态文明指数（ECI）	生态活力	森林覆盖率	16.73%	23
		森林质量	35.03 立方米/公顷	23
		建成区绿化覆盖率	42.63%	4
		自然保护区的有效保护	4.81%	25
		湿地面积占国土面积比重	11.07%	6
	环境质量	地表水体质量	35.70%	25
		环境空气质量	21.64	30
		水土流失率	18.92%	13
		化肥施用超标量	205.61 千克/公顷	23
		农药施用强度	14.43 千克/公顷	23
	社会发展	人均 GDP	56323 元	10
		服务业产值占 GDP 比例	41.20%	14
		城镇化率	53.75%	14
		人均教育经费投入	1424.50 元	19
		每千人口医疗卫生机构床位数	5.03 张	5
		农村改水率	93.58%	6

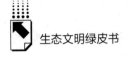

续表

一级指标	二级指标	三级指标	指标数据	排名
生态文明指数（ECI）	协调程度	环境污染治理投资占 GDP 比重	1.55%	14
		工业固体废物综合利用率	94.29%	5
		城市生活垃圾无害化率	99.47%	2
		COD 排放变化效应	11.91 吨/千米	13
		氨氮排放变化效应	1.11 吨/千米	16
		二氧化硫排放变化效应	1.43 千克/公顷	9
		氮氧化物排放变化效应	1.21 千克/公顷	14
		烟（粉）尘排放变化效应	-0.02 千克/公顷	12

在环境质量方面，水土流失率居全国中上游水平。化肥施用超标量和农药施用强度较高，居于全国中下游。地表水体质量和环境空气质量较差，居于全国下游水平。

在社会发展方面，每千人口医疗卫生机构床位数和农村改水率居于全国前列，分别位于第 5 位和第 6 位。城镇化率、服务业产值占 GDP 比例及人均 GDP 达到全国中上游水平。人均教育经费投入居全国中下游。

协调程度方面，城市生活垃圾无害化率、工业固体废物综合利用率居全国前列，分别处于第 2 位和第 5 位。氨氮排放变化效应处于全国中游水平，其余指标均处于全国中上游水平。

从年度进步情况来看，山东 2013～2014 年度的总进步指数为 1.19%，全国排名第 13 位。具体到二级指标，生态活力的进步指数为 5.81%，居全国第 20 位。环境质量进步指数为 -4.26%，居全国第 3 位；社会发展的进步指数为 4.29%，居全国第 19 位；协调程度的进步指数为 -0.44%，居全国第 8 位。山东 2013～2014 年度环境质量和协调程度的进步指数都居于全国上游，社会发展和生态活力的进步指数居于全国中下游。

二　分析与展望

山东是我国的经济大省，人口密集，城镇密度高。在全国主体功能区划分中，山东半岛地区被定位为优化开发区域，山东省东南部的部分地区被定位为重点开发区域①。

（一）现状与问题

总体而言，山东 2014 年度生态文明指数处于全国下游水平。其中，生态活力和环境质量居于下游水平，社会发展居于上游水平，协调程度居于中游水平。从年度进步情况看，山东总进步指数处于全国中上游，排名第 13 位。其中环境质量和协调程度的进步指数虽然为负数，但全国排名居于前列，分别为第 3 位和第 8 位。生态活力和社会发展进步较小，居于全国中下游水平。

在生态活力方面，山东的建成区绿化覆盖率和湿地面积占国土面积比重一直居于全国前列。山东实行城市绿荫行动，强化绿荫广场、小区、停车场、林荫路建设，最大限度地增绿扩绿，建成区绿化覆盖率增长到 42.63%。山东的湿地保护工作也呈现良好发展态势，截至 2013 年底，全省已建立国家湿地公园 39 处、省级湿地公园 81 处，新增湿地保护面积 130 万亩。通过编制《山东省湿地保护工程实施规划（2011～2015 年）》、制定湿地管理和保护的规章等，为湿地保护提供依据和法律保障。山东生态活力排名全国靠后，主要是由于森林覆盖率和森林质量一直居于全国中下游。山东省林业厅厅长燕翔指出，"山东森林资源增长空间越来越狭小，造林绿化主阵地已转入边缘隙地及立地条件差的荒山荒滩，工作难度越来越大。经济社会对土地需求的增长，农田耕地保护政策的趋紧，都对林地林木资源保护造成巨大压力"②。另外，山东自然保护区的有效保护这一指标也居全国下游水平，《山东省自然保护区发展规划（2008～2020 年）》明确指出了自然保护区建设中存在的问题，如认识不到位、布局不合理、管理不到位、资金投入不足等，规划也明确了今后一段时间山东自然保护区建设的重点、发展布

---

① 参见《全国主体功能区规划》。
② 《山东省 2013 年林业工作总结》。

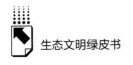

局和保障措施①。

在环境质量方面，山东的地表水体质量、空气质量差，原因之一是污染物排放量大，全省废水年排放总量超过40亿吨，其二是以煤炭和原油为主的能源消费结构单一，使得河流水质、饮用水安全及空气质量等遭受威胁②。另外，山东是农业大省，粮食总产量实现"十一连增"，与此同时农药、化肥的施用量也严重超标，不仅造成土壤和环境恶化，更对农产品质量安全构成威胁，不利于农业生产的可持续发展。

在社会发展和协调程度方面，山东的总体排名持续居于全国中上游水平。山东近年来经济持续快速增长，重视城乡一体化、协调发展，加快小城镇和农村新型社区建设，城镇化率达到53.75%。重视城乡医疗卫生服务体系建设，积极推行新农合大病保险，开展城乡居民基本医疗保险整合工作。同时，山东持续加大环境污染治理投资比重，把生态文明建设融入经济文化强省建设各方面和全过程。积极推进污水垃圾处理等设施建设与改造，城市垃圾无害化处理率已达到99.47%，居全国第2位。重视固体废物的管理和综合利用，强化土壤、重金属和危险废物的污染防治，工业固体废物综合利用率居全国第5位。实施最严格的水资源管理制度，氨氮排放和COD排放都较上年有所减少。

（二）对策与建议

1. 提高森林资源的数量和质量

山东省森林资源较少，难以满足人民群众的生态需求。面对土地资源不足、未利用土地开发难度较大的现实，基于森林在改善生态环境、保障国土安全、满足经济社会发展方面的重大作用，山东要围绕生态山东、美丽山东建设要求，继续大力开展造林行动，实施荒山绿化和退耕还林工程，加强森林资源管理力度，推动森林资源的数量和质量持续上升。同时完善生态环境

---

① 参见《山东省自然保护区发展规划（2008~2020年）》。
② 参见《山东省主体功能区规划》。

补偿制度，细化补偿办法，规范补偿资金的使用管理，形成有利于保护耕地、森林、草地、湿地等自然资源的激励机制。

2. 采取多项措施改善环境质量

山东是造纸、采矿、冶炼、化工等高污染行业的大户，且能源结构仍以煤炭为主，水污染和空气污染的治理压力大。针对地表水体质量差的问题，首先，应加大水污染治理力度，强化水资源保护。近年来，小清河流域生态治理、淮河流域治污、海河流域治污都取得较好成效。其次，施行节能减排政策，降低单位地区生产总值能耗、控制污染物总量。要提高污染物排放标准，推行清洁生产，推进节能节水降耗。再次，应淘汰落后产能，严格控制高污染、高能耗行业。针对严重的空气质量问题，山东出台了《山东省2013～2020年大气污染防治规划》和《山东省2013～2020年大气污染防治规划一期（2013～2015年）行动计划》，针对大气污染的原因、解决方法、保障措施等作了详细规划。针对农药、化肥的施用量严重超标问题，大力提升农业现代化和专业化水平，普及测土配方施肥，加强对农药使用的科学指导。目前，山东测土配方施肥面积占播种面积的25%，提高了肥料利用率，减少了化肥施用量。

3. 进一步优化产业结构

山东近年来经济持续快速增长，在关注经济增长总量的同时，更应关注产业结构的优化升级。目前，能耗高、污染重、附加值低、产业链短已成为山东提升经济竞争力的软肋。今后应按照高端、高质、高效的要求，努力提升第三产业比重，提升绿色环保产品比重，降低高污染产品比重[1]。同时运用财政、税收等手段支持高技术产业和现代化服务业，鼓励先进产业积极参与国际竞争[2]。

---

[1]　参见《山东省2014年政府工作报告》。
[2]　参见《山东省主体功能区规划》。

G.21

第二十一章

河　南

一　河南2014年生态文明建设状况

2014年，河南生态文明指数（ECI）得分为64.30分，居全国排名榜第30位。各二级指标分值及排名见表1。剔除"社会发展"二级指标后，河南绿色生态文明指数（GECI）得分54.17分，居全国第30位，较2013年排名第27位略有后退。

表1　2014年河南生态文明建设二级指标情况汇总

二级指标	得分	排名	等级
生态活力（满分为43.20分）	22.63	26	4
环境质量（满分为36.00分）	16.80	29	4
社会发展（满分为21.60分）	10.13	28	4
协调程度（满分为43.20分）	14.74	25	3

整体来看，河南在生态活力、环境质量、社会发展和协调程度四方面都处在全国下游水平。从生态文明建设的类型来看，河南2014年生态文明建设属于低度均衡型（见图1）。

如表2所示，2014年河南生态文明建设三级指标整体情况也不乐观。

生态活力指标中，森林质量排名第9位，位于全国上游水平；森林覆盖率、建成区绿化覆盖率和湿地面积占国土面积比重这三项指标均位于全国中等偏后；自然保护区的有效保护居全国第26位。

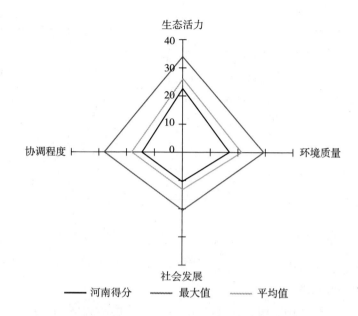

图1　2014年河南生态文明建设评价雷达图

表2　河南2014年生态文明建设评价结果

一级指标	二级指标	三级指标	指标数据	排名
生态文明指数（ECI）	生态活力	森林覆盖率	21.50%	20
		森林质量	47.61 立方米/公顷	9
		建成区绿化覆盖率	37.60%	22
		自然保护区的有效保护	4.42%	26
		湿地面积占国土面积比重	3.76%	21
	环境质量	地表水体质量	38.00%	24
		环境空气质量	36.71	29
		水土流失率	18.01%	12
		化肥施用超标量	261.17 千克/公顷	25
		农药施用强度	9.08 千克/公顷	14
	社会发展	人均GDP	34174.00 元	23
		服务业产值占GDP比例	32.00%	31
		城镇化率	43.80%	27
		人均教育经费投入	1259.21 元	28
		每千人口医疗卫生机构床位数	4.57 张	19
		农村改水率	61.73%	27

续表

一级指标	二级指标	三级指标	指标数据	排名
生态文明指数(ECI)	协调程度	环境污染治理投资占 GDP 比重	0.90%	26
		工业固体废物综合利用率	76.62%	12
		城市生活垃圾无害化率	90.04%	19
		COD 排放变化效应	5.85 吨/千米	21
		氨氮排放变化效应	0.82 吨/千米	17
		二氧化硫排放变化效应	0.49 千克/公顷	19
		氮氧化物排放变化效应	1.34 千克/公顷	13
		烟(粉)尘排放变化效应	−0.92 千克/公顷	24

环境质量指标中,水土流失率和农药施用强度分别排名第 12 位和 14 位,位于全国中游水平;环境空气质量、地表水体质量和化肥施用超标量都处在全国下游水平。

社会发展指标中,服务业产值占 GDP 比例居全国第 31 位,排名最后;除每千人口医疗卫生机构床位数排名还差强人意外,其余各三级指标都处于全国下游水平。

协调程度指标中,工业固体废物综合利用率、氮氧化物排放变化效应、氨氮排放变化效应、二氧化硫排放变化效应、城市生活垃圾无害化率位居全国中游水平;环境污染治理投资占 GDP 比重、烟(粉)尘排放变化效应排名比较靠后。

从年度进步情况来看,2014 年河南生态文明建设总进步指数为 −0.89%,处在进步指数排行榜第 20 位。具体而言,生态活力进步指数为 5.79%,位于全国第 21 位。环境质量进步指数为 −9.84%,位于全国第 19 位。社会发展进步指数为 5.00%,位于全国第 10 位。协调程度进步指数为 −3.04%,位于全国第 15 位。

二 分析与展望

河南省地处中原腹地,是全国的交通枢纽,在国家主体功能区划中属于中原经济区，功能定位是："全国重要的高新技术产业、先进制造业和现代服务业基地，能源原材料基地、综合交通枢纽和物流中心，区域性的科技创新中心，中部地区人口和经济密集区。"[1]

（一）现状与问题

地处平原地区，河南耕地面积占辖区面积 50% 以上，森林、湿地等生态资源相对不足，一定程度上影响了评价数据，导致其生态活力排名不高。但近年来的森林资源调查数据表明，河南森林覆盖率持续上升，已接近全国平均水平，说明河南在生态活力发展方面的努力已见成效。

统计数据显示，河南近年来环境质量仍在持续恶化，大气污染、水体污染、土壤污染仍然是环境恶化的主要原因。大气、水体污染物主要来源于工业排放，说明河南在工业生产上仍未摆脱粗放经营模式。

在产业结构方面，第一产业在河南仍占据较大比例，第二产业近年来也有较大发展，第三产业发展比较迟缓。自 2001 年以来，河南历年政府工作报告无不将优化产业结构、发展第三产业列为年度重点工作，但是成效并不明显。

作为农业大省，河南化学需要量排放量和氨氮排放量比较大。同时，作为工业高速发展的省份，河南的二氧化硫排放量和氮氧化物排放量也正处于上升期，所以，加大污染治理投入、控制污染排放的形势比较严峻。

（二）对策与建议

囿于先天"禀赋"不足，河南应当在提高森林覆盖率的同时，注重提高森林质量，在有限的林地上最大限度地提高森林蓄积量，将森林生态效能发挥到最高水平。

河南正处在工业化的快速发展时期，工业排污仍然是环境污染的首要因素，因此，转变经营模式、控制大气和水体排污、严格环境执法仍将是河南

---

[1] 《全国主体功能区规划》（2010）。

近期治理环境的主要措施。同时，加快耕地承包经营权流转，实现农业规模化种植将是减少土壤污染的有效手段。

河南第三产业发展缓慢，主要是城镇化水平较低，发展第三产业的基础薄弱，同时，传统服务业在服务业中占支配地位，科技含量较高的新兴服务业发展滞后。因此，寻求切实可行的第三产业突破口是河南的当务之急。作为华夏文明滥觞之地，河南文化底蕴非常深厚，应当充分发挥人文景观资源优势，大力发展旅游产业，以旅游业为引擎，带动第三产业发展，进而实现产业结构转型升级。

建设生态文明并非要求零污染零排放，而是要求污染物的排放不能超出环境容量，以环境能够实现自我净化为宜。当污染排放超出了环境容量时，加大环境治理投入，人为提高环境净化能力是有效的生态补救措施。因此，环境治理投入往往被视为衡量生态文明程度的指标之一。作为农业大省，河南在控制污染排放的同时，加大环境治理投入也是当前缓解环境污染的有效措施。

第二十二章
湖 北

一 湖北2014年生态文明建设状况

2014 年，湖北生态文明指数（ECI）得分为 71.75 分，在全国居第 26 位。各项二级指标的名次和分数见表 1。去除"社会发展"二级指标后，绿色生态文明指数（GECI）的为 59.37 分，全国排名第 25 位。

表 1 2014 年湖北生态文明建设二级指标情况汇总

二级指标	得分	排名	等级
生态活力（满分为 43.20 分）	25.71	13	3
环境质量（满分为 36.00 分）	19.60	21	3
社会发展（满分为 21.60 分）	12.38	17	3
协调程度（满分为 43.20 分）	14.06	26	3

湖北 2014 年生态文明建设的基本特点是，生态活力、环境质量和社会发展在全国居于中等偏后位置，协调程度在全国排名靠后。生态文明建设的类型属于相对均衡型（见图 1）。

2014 年湖北生态文明建设三级指标数据见表 2。

具体来看，在生态活力方面，森林覆盖率、森林质量、建成区绿化覆盖率和湿地面积占国土面积比重四项指标处于全国中游水平。自然保护区的有效保护指标处于全国下游水平。

在环境质量方面，地表水体质量排在全国第 15 位，居于全国中游水平。环境空气质量、水土流失率、化肥施用超标量和农药施用强度四项指标居全国下游水平。

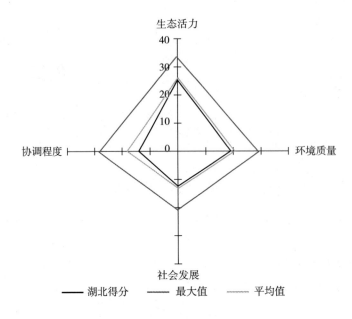

图1　湖北生态文明建设评价雷达图

表2　湖北2014年生态文明建设评价结果

一级指标	二级指标	三级指标	指标数据	排名
生态文明指数（ECI）	生态活力	森林覆盖率	38.40%	13
		森林质量	40.14 立方米/公顷	18
		建成区绿化覆盖率	38.12%	18
		自然保护区的有效保护	5.48%	22
		湿地面积占国土面积比重	7.77%	11
	环境质量	地表水体质量	69.50%	15
		环境空气质量	44.11%	25
		水土流失率	32.31%	22
		化肥施用超标量	209.15 千克/公顷	24
		农药施用强度	15.69 千克/公顷	24
	社会发展	人均GDP	42612.7 元	14
		服务业产值占GDP比例	38.10%	20
		城镇化率	54.51%	12
		人均教育经费投入	1188.72 元	30
		每千人口医疗卫生机构床位数	4.97 张	6
		农村改水率	75.31%	17

续表

一级指标	二级指标	三级指标	指标数据	排名
生态文明指数（ECI）	协调程度	环境污染治理投资占 GDP 比重	1.02%	24
		工业固体废物综合利用率	75.74%	13
		城市生活垃圾无害化率	85.40%	23
		COD 排放变化效应	13.16 吨/千米	12
		氨氮排放变化效应	1.90 吨/千米	12
		二氧化硫排放变化效应	0.55 千克/公顷	18
		氮氧化物排放变化效应	0.66 千克/公顷	18
		烟（粉）尘排放变化效应	-0.23 千克/公顷	15

在社会发展方面，每千人口医疗卫生机构床位数数跃居全国第 6 位。人均 GDP、城镇化率、农村改水率三项指标居于全国中游水平。服务业产值占 GDP 比例居全国中下游水平，人均教育经费投入居第 30 位，排在全国倒数第 2 名。

在协调程度方面，工业固体废物综合利用率、COD 排放变化效应、氨氮排放变化效应、二氧化硫排放变化效应和烟（粉）尘排放变化效应、氮氧化物排放变化效应 6 项指标居全国中游水平。环境污染治理投资占 GDP 比重和城市生活垃圾无害化率居全国下游水平。

从年度进步情况来看，湖北 2013～2014 年度的总进步指数为 0.82%，全国排名第 15 位。具体到四项二级指标，进步指数两项正增长、两项负增长。生态活力的进步指数为 17.80%，居全国第 10 位，这主要是由于森林覆盖率、森林质量和湿地面积占国土面积比重大幅上升，自然保护区的有效保护也有小幅上升。环境质量的进步指数为 -9.75%，居全国第 18 位，主要是地表水体质量下降所致。社会发展的进步指数为 6.19%，居全国第 4 位，主要是人均 GDP、服务业产值占 GDP 比例、城镇化率、每千人口医疗卫生机构床位数、农村改水率均有不同幅度上升。协调程度的进步指数为 -10.05%，居全国第 26 位，主要是环境污染治理投资占 GDP 比重下降所致。

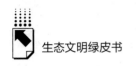

二　分析与展望

湖北是中部地区崛起的重要战略支点。在我国区域经济发展中，以湖北为腹地的长江中游地区处于过渡地带，连接我国东部和西部，具有重要的传承和辐射作用。2013 年已达 54.51% 的城镇化率是湖北省的一大特色，城镇化率的不断攀升推动湖北经济向前迈进。多年来，湖北的城镇化工作一直是战略重心，形成了多个城市集群，如"两圈一带"[①] "一主两副"[②] 和长江中游城市群等。

（一）现状与问题

总体来看，湖北生态文明建设居于全国下游水平。

湖北生态活力、环境质量、社会发展和协调程度均处于中下游。在生态文明建设评价的三级指标中，湖北指标数据在全国排名前十位的仅有 1 个，位居全国后十位的则有 8 项：自然保护区的有效保护、环境空气质量、水土流失率、化肥施用超标量、农药施用强度、人均教育经费投入、环境污染治理投资占 GDP 比重和城市生活垃圾无害化率，成为湖北生态文明建设的主要制约因素。

在湖北城镇化过程中，粗放型发展造成过度消耗资源、环境污染，阻碍了可持续发展之路[③]。填上湖泊，圈为陆地，破坏水体以及大肆捕捞水产资源使湖北湖泊面积逐步减少，"千湖之省"美名已大打折扣。

（二）对策与建议

1. 促进空间格局和产业结构的生态化

湖北中西部资源环境承载能力较强地区的城镇化水平较低，而东部地区

---

① 指武汉城市圈、鄂西生态文化旅游圈、长江经济带。
② 全省主中心城市武汉，两个"省域副中心城市"——宜昌、襄阳。
③ 严雄飞、彭亚宁：《基于生态文明建设的湖北新型城镇化发展研究》，《当代经济》2015 年第 3 期，第 86 页。

资源环境压力较大却城镇密集。湖北应当建设与人口资源承载力相适应的规模适中的城镇，控制城镇开发强度，防止城镇无序扩张，构建宜居适度的生活空间。要根据城市资源环境承载能力，打造宜居城镇。为此，应当进一步加大第三产业比重，跟环境友好型产业要效益，淘汰落后产业，推进转型升级，走绿色城镇化发展之路。

2. 着力推进大气污染防治工作

湖北不合理的城镇空间结构导致了"城市病"问题日益突出，人口过度集聚，交通拥堵问题严重，环境空气质量问题突出。湖北应当大力解决空气污染、垃圾围城等"城市病"。大气污染防治重点任务包括清洁生产、煤炭管理与油品供应、燃煤小锅炉整治、工业大气污染治理、城市扬尘污染控制、机动车污染防治、建筑节能、大气污染防治资金投入、大气环境管理等多项指标。

3. 构建森林生态保护下的水环境

湖北是全国有名的"千湖之省"，应当维护好水环境，用好这块生态名片。林业系统应当采取多种手段。为保护好湿地，天然林保护、长江防护林和退耕还林等森林资源管护措施必不可少，修复受损的生态环境才能构建比较完善的森林生态系统，以此助推湖泊保护，优化环境空气质量。

随着中部地区崛起作为国家战略全面展开，长江中游城市集群的重要性日渐凸显，长江经济带开放开发进入实质性推进阶段，必然形成整体、系统的战略步骤。湖北坚持生态立省，走绿色发展之路，提升生态承载力尤其关键。

G.23

第二十三章

湖　南

一　湖南2014年生态文明建设状况

2014年，湖南生态文明指数（ECI）得分为82.50分，在全国居第10位。各项二级指标的名次和分数见表1。去除"社会发展"二级指标后，绿色生态文明指数（GECI）的为70.80分，全国排名第10位。

表1　2014年湖南生态文明建设二级指标情况汇总

二级指标	得分	排名	等级
生态活力（满分为43.20分）	23.66	23	3
环境质量（满分为36.00分）	22.80	9	2
社会发展（满分为21.60分）	11.70	21	3
协调程度（满分为43.20分）	24.34	5	1

湖南2014年生态文明建设的基本特点是，环境质量、协调程度居于全国上游水平，生态活力、社会发展居于全国中下游水平。在生态文明建设的类型上，湖南属于相对均衡型（见图1）。

2014年湖南生态文明建设三级指标数据见表2。

具体来看，在生态活力方面，森林覆盖率在全国排名靠前，居于第8位。森林质量、建成区绿化覆盖率、自然保护区的有效保护和湿地面积占国土面积比重这四项指标居全国中下游水平。

在环境质量方面，地表水体质量达到98.20%，居全国第3位。化肥施用超标量61.93千克/公顷，居全国第11位。水土流失率处于全国中等水

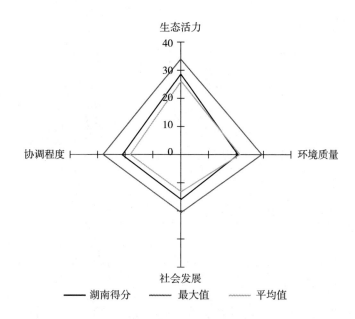

图 1　2014 年湖南生态文明建设评价雷达图

表 2　湖南 2014 年生态文明建设评价结果

一级指标	二级指标	三级指标	指标数据	排名
生态文明指数（ECI）	生态活力	森林覆盖率	47.77%	8
		森林质量	32.71 立方米/公顷	26
		建成区绿化覆盖率	37.63%	21
		自然保护区的有效保护	6.06%	19
		湿地面积占国土面积比重	4.81%	19
	环境质量	地表水体质量	98.20%	3
		环境空气质量	53.70%	19
		水土流失率	19.12%	14
		化肥施用超标量	61.93 千克/公顷	11
		农药施用强度	14.37 千克/公顷	22
	社会发展	人均 GDP	36763 元	19
		服务业产值占 GDP 比例	40.30%	16
		城镇化率	47.96%	22
		人均教育经费投入	1211.05 元	29
		每千人口医疗卫生机构床位数	4.69 张	17
		农村改水率	70.15%	20

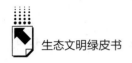

续表

一级指标	二级指标	三级指标	指标数据	排名
生态文明 指数（ECI）	协调程度	环境污染治理投资占 GDP 比重	0.95%	25
		工业固体废物综合利用率	64.19%	19
		城市生活垃圾无害化率	96.03%	12
		COD 排放变化效应	96.94 吨/千米	1
		氨氮排放变化效应	24.41 吨/千米	1
		二氧化硫排放变化效应	0.09 千克/公顷	28
		氮氧化物排放变化效应	0.48 千克/公顷	21
		烟（粉）尘排放变化效应	-0.45 千克/公顷	20

平，环境空气质量居于全国中下游水平。农药施用强度全国排名倒数第 9 位，属于农药施用较重的省份之一。

在社会发展方面，人均 GDP、服务业产值占 GDP 比例、城镇化率、每千人口医疗卫生机构床位数和农村改水率居于全国中下游水平。人均教育经费投入排名全国第 29 位，居于下游水平。

在协调程度方面，COD 排放变化效应、氨氮排放变化效应排名靠前，稳居全国第 1 位。城市生活垃圾无害化率居全国中游水平，工业固体废物综合利用率、氮氧化物排放变化效应和烟（粉）尘排放变化效应这三项指标居于中下游水平。环境污染治理投资占 GDP 比重和二氧化硫排放变化效应居全国下游水平。

从年度进步情况来看，湖南 2013 ~ 2014 年度的总进步指数为 - 2.92%，全国排名第 25 位，四项二级指标只有社会发展为正增长，生态活力、环境质量和协调程度进步指数为负增长。

生态活力的进步指数为 - 1.90%，居全国第 29 位。与上年比较，森林覆盖率、建成区绿化覆盖率有小幅提高，森林质量、湿地面积占国土面积比重有大幅下降。环境质量的进步指数为 - 7.33%，居全国第 10 位，主要是环境空气质量退步所致。社会发展的进步指数为 5.39%，居全国第 8 位，主要是各项指标均有不同幅度的上升。协调程度的进步指数为 - 4.42%，居全国第 19 位，主要原因在于 COD 排放变化效应、二氧化硫排放变化效应比上年度有所下降。

二　分析与展望

湖南既是一个过渡带，又是一个结合部。过渡带连接的是东南部地区（沿海）和中西部地区（内陆），经济带结合的是水系（长江）和海洋（沿海）。在"一带一部"[①] 战略格局下，湖南经济发展的空间拓展到外围的带和部，传统的长株潭[②]作为产业发展龙头，示范作用加大，湖南的南部区域逐步引进产业[③]、西部地区加大扶贫力度、洞庭湖区域以农业为主，保护生态促发展，潜力巨大。

（一）现状与问题

总体来看，湖南生态文明建设居于全国上游水平。湖南生态文明的四项二级指标中，环境质量、协调程度优势明显，生态活力和社会发展处于中下游。

湖南河网密布，水系发达，洞庭湖是全国第二大淡水湖，湘江、资水、沅水和澧水等四大水系覆盖全省，其中湘江是长江七大支流之一。湖南天然水资源总量为南方九省之冠，尤其是水环境质量优异，地表水体质量、COD 排放变化效应和氨氮排放变化效应 3 个三级指标居全国前列。

但是，湖南的环境污染治理投资占 GDP 比重在全国排名靠后，成为湖

---

① 2013 年 11 月，习近平总书记在湖南考察时，对湖南改革发展提出了"东部沿海地区和中西部地区过渡带、长江开放经济带和沿海开放经济带结合部"（简称"一带一部"）的新定位。

② 2007 年底，长株潭城市群获批全国"两型"社会建设综合配套改革试验区。

③ 2011 年 10 月，湘南地区正式获国家发展改革委批复，成为继安徽皖江城市带、广西桂东、重庆沿江承接产业转移示范区后第 4 个国家级承接产业转移示范区。示范区范围包括衡阳、郴州、永州三市，结合湘南实际，湖南对示范区的发展提出"四个战略定位"，即努力建成中部地区承接产业转移的新平台、跨区域合作的引领区、加工贸易的集聚区和转型发展的试验区。

南生态文明建设的主要制约因素。湖南土壤污染比较严重，历史遗留的重金属污染土壤问题，一直是危害群众健康的突出环境问题；湖南农药使用量较大，化肥中纯氮和磷直接排放到农田，占农村污染源排放量的绝大部分，对农村的生态环境破坏很大，农业生产对农村环境带来了负面影响；湖南大气污染形势严峻，2013 年，长沙市在全国 74 个重点监控城市中环境空气质量排名第 53 位，长株潭城市平均达标天数比例为 55.3%，超标天数比例达44.7%。

（二）对策与建议

以有色行业和敏感地区为重点，全面实施重金属污染整治。湖南的矿产资源丰富，矿产的开发不仅给周围环境带来污染，还大肆消耗能源，关停并转这些产业又不太现实，只有期待新工艺的研发、新设备的引进，尤其是要形成环保产业园，实现节能减排。湖南现有一些企业专门以治理污染为主，形成自己的核心技术，还有新能源汽车、节能环保装备制造、生物质能源开发等，这些行业都可以靠技术创新推动生态文明建设。

加强治理农业污染，增加有机肥料的使用。湖南应当充分利用可再生资源，大力推进农业废弃物向清洁能源资源转化，变废为宝，逐步代替氮、磷肥等，提高农药有效利用率，贯彻农药安全使用标准，尽可能减少农药使用量，增加有机肥料的使用。

以长株潭城市群为重点区域，联防联控大气污染。湖南的大气污染源一般包括汽车尾气、建筑工地扬尘和粉尘、工业废气、第三产业产生的垃圾等。在长株潭三座城市发布 PM2.5 数据，严密监测数据的变化情况，一旦超过警戒线，启动预警系统，提醒市民。为防患于未然，省会城市长沙可以借鉴北京、上海、天津等大城市的管理经验，开展机动车保有量控制试点。进行总量控制，一是可以减少机动车氮氧化物排放量，二是可以畅通城市交通，三是为构建绿色交通体系打下良好基础。

湖南应站在新的历史起点上，充分利用"一带一部"区位优势和"两型社会"综合配套改革的政策优势，谱写建设美丽湖南新篇章。

第二十四章
广　东

一　广东2014年生态文明建设状况

2014年，广东生态文明指数（ECI）得分为86.83分，高居全国第5位。各项二级指标得分和在全国的排名情况见表1。广东绿色生态文明指数（GECI）得分为70.86分，排名全国第9位。

表1　2014年广东生态文明建设二级指标情况

二级指标	得分	排名	等级
生态活力（满分为43.20分）	28.80	6	2
环境质量（满分为36.00分）	20.80	16	3
社会发展（满分为21.60分）	15.98	6	2
协调程度（满分为43.20分）	21.26	8	2

广东2014年生态文明建设的基本特点是，生态活力、社会发展、协调程度三方面普遍较好，均处于全国第二等级，但环境质量还处于第三等级，有着较强的提升需求。如图1所示，广东生态文明建设的类型是社会发达型。

2014年广东生态文明建设三级指标数据见表2。

在生态活力方面，森林覆盖率、建成区绿化覆盖率和湿地面积占国土面积比重继续保持在全国上游水平，分别排在第6、第8和第8位，共同构成全省旺盛生态活力的基础。经过不懈努力，森林质量有所提高，步入全国中游水平。自然保护区的有效保护排名比上一年度提升2个名次，升至第16位。

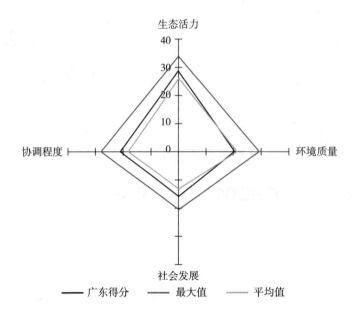

图1 2014年广东生态文明建设评价雷达图

表2 广东2014年生态文明建设评价结果

一级指标	二级指标	三级指标	指标数据	排名
生态文明指数（ECI）	生态活力	森林覆盖率	51.26%	6
		森林质量	39.38 立方米/公顷	20
		建成区绿化覆盖率	41.50%	8
		自然保护区的有效保护	7.21%	16
		湿地面积占国土面积比重	9.76%	8
	环境质量	地表水体质量	80.70%	11
		环境空气质量	70.96%	7
		水土流失率	8.08%	6
		化肥施用超标量	294.16 千克/公顷	27
		农药施用强度	23.43 千克/公顷	28
	社会发展	人均GDP	58540 元	8
		服务业产值占GDP比例	47.80%	6
		城镇化率	67.76%	4
		人均教育经费投入	1794.06 元	13
		每千人口医疗卫生机构床位数	3.55 张	30
		农村改水率	88.38%	10

一级指标	二级指标	三级指标	指标数据	排名
生态文明指数（ECI）	协调程度	环境污染治理投资占 GDP 比重	0.57%	31
		工业固体废物综合利用率	84.98%	10
		城市生活垃圾无害化率	84.62%	24
		COD 排放变化效应	37.21 吨/千米	7
		氨氮排放变化效应	4.16 吨/千米	6
		二氧化硫排放变化效应	1.47 千克/公顷	8
		氮氧化物排放变化效应	3.91 千克/公顷	4
		烟（粉）尘排放变化效应	−1.01 千克/公顷	25

在环境质量方面，环境空气质量和水土流失率保持全国领先水平，分别排在第 7、第 6 位。地表水体质量也较好，排在全国第 11 位。但化肥、农药的施用强度较大，化肥施用超标量、农药施用强度分别排在全国第 27、第 28 位。

在社会发展方面，人均 GDP、城镇化率继续保持在全国第 8、第 4 位，服务业产值占 GDP 比例的排名攀升了 1 个名次，排在全国第 6 位。人均教育经费投入和农村改水率分别居全国第 13、第 10 位。每千人口医疗卫生机构床位数排在全国第 30 位，还有较大的提升空间。

在协调程度方面，环境污染治理投资占 GDP 比重和城市生活垃圾无害化率分别排名第 31、第 24 位。同时，全省产业清洁化、绿色化发展取得明显成效，工业固体废物综合利用率进入全国第 10 名，COD、氨氮、二氧化硫和氮氧化物排放变化效应的全国排名分别为第 7、第 6、第 8、第 4 位，烟（粉）尘排放变化效应排在全国第 25 位，较为靠后。

从年度进步情况来看，广东 2013~2014 年总进步指数为 1.14%，全国排名第 14 位。具体到二级指标：生态活力的进步指数为 8.64%，居全国第 16 位；环境质量进步指数为 −6.63%，居全国第 7 位；社会发展的进步指数为 4.22%，居全国第 20 位；协调程度的进步指数为 −1.44%，居全国第 9 位。

二 分析与展望

改革开放以来，广东的体制创新和经济社会发展一直在全国处于领跑地位。2012年底，习近平同志考察广东时提出"两个率先"的工作要求。放眼未来，全省要继续开展腾笼换鸟工作，促进产业发展全国从劳动密集型向资金密集型、技术密集型转变，综合利用省内外资源、能源，打造水平先进的制造业基地，慎用相对充足的环境容量，着力提升生态承载力，让更好、更多的经济社会成果和生态产品惠及民众，努力在全国率先全面建成小康社会，率先基本实现社会主义现代化。

（一）现状与问题

从评价结果来看，广东的生态系统还能给经济社会发展提供较强支撑，生态活力、社会发展和协调程度都处于全国上游水平，森林覆盖率长期居于全国前10名，森林质量、自然保护区的有效保护和湿地面积占国土面积比重都比上一年度有所进步，服务业产值占地区生产总值比重在较高水平上继续攀升，COD、氨氮、二氧化硫和氮氧化物排放变化效应也在全国位居上游。

统筹生态、经济、社会三个领域，广东能够立足较高的经济社会发展水平，调动更多的资源投入并提高生态承载力，增强发展后劲。合理调整产业布局，探索制造业发展高端化、清洁化、绿色化的新路，不断提高自然资源利用率。落实全面建设小康社会的各项要求，在教育、医疗等领域加强基本公共服务均等化工作，进一步改善人居环境质量。开展体制机制创新，促进省内区域协调发展，形成三个领域相互促进、相互引领的发展格局。

（二）对策与建议

在生态领域，近年来，广东已在生态建设中付出很大努力，以经济实力增强生态活力。2013年8月省委、省政府作出推进新一轮全面绿化行动的决定，明确提出建设全国绿色生态第一省的任务，要求构建全国一流水平的森林生态安全格局，实现以乡土阔叶树种为主的混交林和生态公益林占林地面积比例达到全国最高，创造全国最大的森林生态效益总值，形成全国最强的森林碳汇能力。多年来，全省在北部山区大力开展建设森林生态屏障、主要水源地生态安全体系、珠三角城市群绿地体系、道路林带与绿道网体系、沿海防护林体系，已形成适应省内不同区域自然地理条件和经济社会特点的工作格局。目前，生态建设的直接经济效益也有目共睹，全省共建成850余处森林公园，2012年全年接待游客8003万人次，直接旅游收入接近20亿元，带动地方经济产值超过100亿元。今后，在生产集约高效的基础上，释放更多国土空间给自然原生态系统，运用资金、技术投入增强生态活力，将给生态文明建设提供更深厚的基础。

在经济领域，广东在率先实现社会主义现代化进程中，应依托较好的工业基础和海洋交通优势，抓住全球范围大宗原材料价格平稳的时机，发挥资金融通、技术创新引进便利的优势，有效推进钢铁、石化、造船、汽车等行业的高水平制造业基地建设，引领金融、物流、信息等相关服务业的发展，逐步淘汰原有小而散、污染重的生产活动。广东也是市场经济体制和服务型政府建设的先行区域，产业升级要尊重市场规律，尊重企业的主体地位，发挥多种社会治理主体的功能，以有效的政策制定和执行引导生产行为，以渐趋严格的环保标准提高企业开展清洁生产的自觉性。在促进经济生态化的道路上，广东的这些努力是对生产清洁化、绿色化的持续追求，也体现着对社会管理理念和制度安排的不断创新。

在社会领域，广东长期成功开展经济社会建设，具备率先建成全面小康社会的良好基础。2013年全年各级财政投入1764亿元，全力办好十件民生实事，民生支出占全省公共财政预算支出的比重达67.2%。今后的工作重点在于把握全面小康的丰富内涵，统筹省内各区域协调发展，着力提升教育、卫生等领域基本公共服务均等化水平，推进交通、饮水等生产生活设施向农村延伸，塑造更加和谐、公正的社会发展格局。清洁、美丽的生活环境是重要的公共产品，也是全面小康建设的应有内容。珠三角地区的环境整治

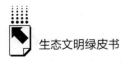

已形成较成功的经验，2010～2012年圆满落实《珠江三角洲清洁空气行动计划》第一阶段的各项任务。2013年，珠海、中山、佛山等地全面推广粤Ⅳ车用汽油，广石化、惠州壳牌等重点企业开展挥发性有机化合物控制试点工作。尽管多年作为"世界工厂"，全省大气、水体质量仍保持在全国中上游水平，环境治理工作功不可没。今后的工作方向是在更大范围推广珠三角的已有做法，加强区域联防联治。珠三角地区制造业向粤东、粤西、粤北地区转移，有利于全省经济扩容，但应以严格的管理规范生产行为，保护好当地相对脆弱的生态环境。在较高的经济平台上全面建成小康社会，应全面把握它的丰富内涵，注重不同区域的发展要求和全省范围的整体建设标准，给全省民众提供更多更好的经济产品、社会产品和生态产品。

第二十五章
广　西

一　广西2014年生态文明建设状况

2014 年，广西生态文明指数（ECI）得分为 86.58 分，居全国第 6 位。各项二级指标的得分和全国排名见表 1。不考虑"社会发展"指标，广西绿色生态文明指数（GECI）得分为 76.23 分，排名全国第 3 位。

表1　广西生态文明建设二级指标情况

二级指标	得分	排名	等级
生态活力（满分为 43.20 分）	25.71	13	3
环境质量（满分为 36.00 分）	24.80	4	1
社会发展（满分为 21.60 分）	10.35	26	3
协调程度（满分为 43.20 分）	25.71	4	1

广西 2014 年生态文明建设的基本特点是，环境质量和协调程度都处于全国第一等级，生态活力和社会发展处于全国第三等级。如图 1 所示，广西的生态文明建设类型属于环境优势型。

2014 年广西生态文明建设三级指标数据见表 2。

在生态活力方面，全自治区的森林覆盖率为 56.51%，高居全国第 4 位。但与此同时，其他几项指标都排在全国 20 名及以后。

在环境质量方面，地表水体质量、环境空气质量和水土流失率都处于全国上游水平，分别排在全国第 4、第 6、第 5 位。同时，由于亚热带农业耕作对农药、化肥的需求量较大，化肥施用超标量和农药施用强度都排在全国第 20 名左右。

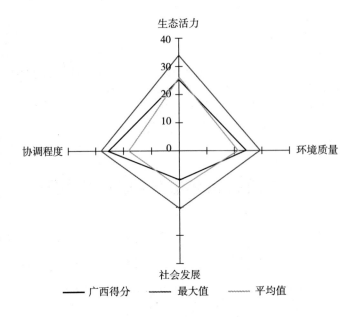

图 1 2014 年广西生态文明建设评价雷达图

表 2 广西 2014 年生态文明建设评价结果

一级指标	二级指标	三级指标	指标数据	排名
生态文明 指数（ECI）	生态活力	森林覆盖率	56.51%	4
		森林质量	37.94 立方米/公顷	21
		建成区绿化覆盖率	37.65%	20
		自然保护区的有效保护	5.99%	20
		湿地面积占国土面积比重	3.20%	24
	环境质量	地表水体质量	95.60%	4
		环境空气质量	75.34%	6
		水土流失率	4.39%	5
		化肥施用超标量	191.64 千克/公顷	21
		农药施用强度	11.25 千克/公顷	18
	社会发展	人均 GDP	30588 元	27
		服务业产值占 GDP 比例	36.00%	23
		城镇化率	44.81%	25
		人均教育经费投入	1278.47 元	25
		每千人口医疗卫生机构床位数	3.97 张	25
		农村改水率	68.28%	24

续表

一级指标	二级指标	三级指标	指标数据	排名
生态文明 指数（ECI）	协调程度	环境污染治理投资占 GDP 比重	1.52%	15
		工业固体废物综合利用率	70.68%	15
		城市生活垃圾无害化率	96.44%	10
		COD 排放变化效应	77.41 吨/千米	2
		氨氮排放变化效应	5.80 吨/千米	4
		二氧化硫排放变化效应	1.02 千克/公顷	13
		氮氧化物排放变化效应	−0.19 千克/公顷	30
		烟（粉）尘排放变化效应	0.33 千克/公顷	6

在社会发展方面，人均 GDP 排在全国第 27 位，服务业产值占 GDP 比例和城镇化率分别居于第 23、第 25 位。每千人口医疗卫生机构床位数和农村改水率有所提升，分别排在全国第 25、第 24 位。

在协调程度方面，环境污染治理投资占 GDP 比重、工业固体废物综合利率、城市生活垃圾无害化率处于全国中游水平，分别排在第 15、第 15、第 10 位。COD 排放变化效应和氨氮排放变化效应都在全国处于上游水平，分别排在第 2、第 4 位。二氧化硫排放变化效应和烟（粉）尘排放变化效应的情况也较好，分别排在全国第 13、第 6 位，氮氧化物排放变化效应排名靠后，居全国第 30 位。

从年度进步情况来看，广西 2013~2014 年总进步指数为 −0.44%，在全国排名第 19 位。其中，生态活力的进步指数为 4.64%，居全国第 23位；环境质量进步指数为 −7.31%，居全国第 9 位；社会发展的进步指数为 5.75%，居全国第 6 位；协调程度的进步指数为 −2.89%，居全国第 14位。

二 分析与展望

广西是华南重要的少数民族聚居区，北回归线穿境而过，光、热、水自然资源充沛，植物生长茂盛，自然生态活力旺盛，具备发展现代农林业的较

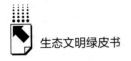

好条件。境内蕴藏多种有色金属，可依托资源禀赋不断增强第二产业的生产能力。

（一）现状与问题

与兄弟省区相比，广西的经济发展水平长期滞后，2014年人均GDP仅排在全国第27位，离全面建成小康社会所需物质基础还有较大差距。令人振奋的是，广西经济近年以快于全国平均增速成长，2013年GDP增幅超过10个百分点，集群化、规模化的现代经济成长迅速，规模以上工业增加值比上一年增长12.9%。经济发展带动民生改善的成效也很明显，全自治区公共财政用于民生领域支出2402.2亿元，占公共财政预算支出的75.3%。

从分析结果来看，广西的环境容量充足，能够在较长期时期内满足现代产业发展的需求。全自治区的环境质量和协调程度高居全国第一等级，地表水体质量、环境空气质量、水土流失率、COD排放变化效应、氨氮排放变化效应和粉（烟）尘排放变化效应都位居全国前10名。二氧化硫排放变化效应上年排在全国第20位，本年度上升到第13位。要谨慎运用好现有的生态容量，需要注意两方面：一是防范可能发生的污染事故，避免一次事故破坏多年治理成果；二是密切关注各项环境指标（如氮氧化物排放变化效应），防止某一层面工作滞后影响环境质量大局。目前全自治区的生产能力快速扩张，许多工业园区在初建、扩建中，循环经济理念尚在落实过程中。如果资金、技术装备不能及时到位，很容易酿成重大事故。为此，必须加强公共管理力量，促进协调发展，保持高压态势严防事故发生，对事故责任人严肃追究责任。得益于优越的自然条件，全自治区森林覆盖率较高，但森林的结构和质量都存在许多改进空间，林业的经济社会效益难以适应时代需求。对此，应通过努力积极增强生态活力，增加林业建设的现代元素，给自然生态系统留出更多空间。广西许多地区尤其是民族地区生活水平还相对不高，应加强全自治区经济和社会统筹工作，引导民生工作共同进步，促进现代产业一体扩展，实现各区域经济发展、社会进步、环境美化同步。

（二）对策与建议

广西的生态文明建设必须紧紧抓住全自治区正处于工业化中期的实际，以协调促发展，以发展增活力，以发展惠民生。

在以协调促发展方面，2012 年，龙江曾发生严重的镉污染环保事故。次年 7 月，人民法院对涉嫌企业及政府责任人作出一审宣判，突出表现了对环境污染"零容忍"的态度。广西把 2013 年确定为"环境安全年"，政府有关部门实行"环境区域负责制""环保监管员制度""环境举报奖励制度""定期研判环境安全形势制度""环境风险基础课题研究制度"等制度，开展多次专项行动。打击型、遏制型和鼓励型措施多元并举，广西较好地应对了当前的环境风险，但从工业化进程的地域性和阶段性特点出发，还应继续长期加强治理力度，凝集治理合力，才能安渡工业化扩展的激流险滩。

在以发展增活力方面，广西继续全面开展国土绿化工作，在对第一轮退耕还林工程形成的 1000 多万亩森林加强抚育管护和改造的基础上，启动新一轮退耕还林工作，在生态脆弱区的坡耕地继续开展荒山造林和封山育林。针对森林质量普遍不高的现状，广西已在改造中低产林方面开展大量工作，努力培育现代林业产业。2013 年 2 月，自治区林业厅正式印发《关于加快低产林改造的意见（修订稿）》，提出用 10 年左右时间完成 2000 万亩低产林改造任务的目标，要求逐步提高林分质量、产量和经济效益，通过政府引导、农民主体、金融支持、社会参与，多渠道筹集低产林改造资金。自然保护区工作继续得到拓展，自治区人民政府常务会议印发实施《广西生物多样性保护战略与行动计划（2013 ~ 2030 年)》。以广西现有经济水平为基础，利用森林覆盖率较高的先天条件，全面发挥林业建设的生态效益、经济效益和社会效益，形成产业发展与生态活力增强相互促进的格局，将是广西生态文明建设的特色优势。

在以发展惠民生方面，农村地区的民生改善和环境治理是全自治区的重要工作。在"美丽广西·清洁乡村"活动开展过程中，"清洁家园、清洁水

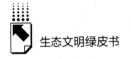
源、清洁田园"三项目标得到普遍实施。在全国改善农村人居环境工作会议上,广西被指定为8个经验交流省份之一。2012年5月,自治旅游局、环保厅联合发出《关于开展广西生态旅游示范区创建工作的通知》,引导现代产业发展和生态文明建设。在广西与全国同步建成全面小康社会的进程中,依托秀美山川、清洁乡村普遍发展的第三产业将与集中、高效的资源密集型工业一道成为全区经济社会发展的重要驱动力量。

第二十六章
海　南

一　海南2014年生态文明建设状况

2014 年，海南生态文明指数（ECI）得分为 95.62 分，排名全国第 1
位。具体二级指标得分及排名情况见表 1。去除"社会发展"二级指标后，
海南绿色生态文明指数（GECI）得分为 82.34 分，全国排名也是第 1 位。

表1　2014 年海南生态文明建设二级指标情况

二级指标	得分	排名	等级
生态活力（满分为 43.20 分）	29.83	4	1
环境质量（满分为 36.00 分）	24.40	6	1
社会发展（满分为 21.60 分）	13.28	12	3
协调程度（满分 43.20 分）	28.11	1	1

从二级指标得分情况来看，生态活力、环境质量和协调程度 3 个二级指
标得分较为靠前，均处于第一等级，社会发展指标处于第三等级。在生态文
明建设类型上，海南属于均衡发展型（见图 1）。

海南 2014 年生态文明建设的三级指标数据及排名见表 2。

从表 2 可以看出，在生态活力方面，除了自然保护区的有效保护排名居
中外，其余指标的排名均比较靠前。

在环境质量方面，各指标的指数排名呈两极分化态势。地表水体质量、
环境空气质量、水土流失率三个权重较大的指标排名都在前 2 名。而化肥施
用超标量和农药施用强度两个权重较小的指标排名则在最后两名，其中农

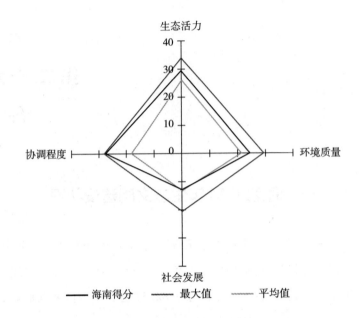

图1　2014年海南生态文明建设评价雷达图

表2　海南2014年生态文明建设评价结果

一级指标	二级指标	三级指标	指标数据	排名
生态文明指数（ECI）	生态活力	森林覆盖率	55.38%	5
		森林质量	47.42 立方米/公顷	11
		建成区绿化覆盖率	42.06%	6
		自然保护区的有效保护	6.96%	18
		湿地面积占国土面积比重	9.14%	10
	环境质量	地表水体质量	100.00%	1
		环境空气质量	93.70%	2
		水土流失率	1.25%	2
		化肥施用超标量	335.82 千克/公顷	30
		农药施用强度	51.26 千克/公顷	31
	社会发展	人均GDP	35317.00 元	21
		服务业产值占GDP比例	48.30%	4
		城镇化率	52.74%	15
		人均教育经费投入	1974.42 元	11
		每千人口医疗卫生机构床位数	3.59 张	29
		农村改水率	81.45%	14

续表

一级指标	二级指标	三级指标	指标数据	排名
生态文明指数(ECI)	协调程度	环境污染治理投资占 GDP 比重	0.85%	29
		工业固体废物综合利用率	65.38%	17
		城市生活垃圾无害化率	99.90%	1
		COD 排放变化效应	—	1
		氨氮排放变化效应	—	1
		二氧化硫排放变化效应	0.46 千克/公顷	20
		氮氧化物排放变化效应	0.83 千克/公顷	16
		烟(粉)尘排放变化效应	-0.37 千克/公顷	19

注：2014 年海南省的 COD 排放变化效应、氨氮排放变化效应两个指标的指数为空值，是因为海南省的水体质量全部在三类以上，也就是未达三类水质河流长度为 0，按上限判断原则，该三级指标等级分都是最高的 6 分。

药施用强度排全国末位，且进步指数为 - 9.52%，与 2014 年进步指数 0.98% 形成较大反差。此外，环境空气质量虽然排名第 2 位，但进步指数却是 -20.76%，呈退步趋势。

在社会发展方面，除服务业产值占 GDP 比例高达 48.30%，排名居第 4 位外，其余五项指标则处于中等偏下水平。其中权重最大的人均 GDP 处于第 21 位，每千人口医疗卫生机构床位数排名更低，仅排第 29 位。

在协调程度方面，也出现了一定程度的两极分化情况。城市生活垃圾无害化率、COD 排放变化效应、氨氮排放变化效应三项指标位列全国之首，其余五项指标则处于中等偏下水平。其中权重较大的环境污染治理投资占 GDP 比重仅排第 29 位，且进步指数为 -45.86%，与 2014 年全国的进步指数 5.03% 形成巨大反差。此外，需要注意的是，二氧化硫排放变化效应、氮氧化物排放变化效应、烟（粉）尘排放变化效应这三个主要影响空气质量的指标仅居中等水平，且三者均呈现出恶化的趋势。

从年度变化情况来看，海南 2013 ~ 2014 年度生态文明进步指数为 -3.84%，排名全国第 27 位。具体到二级指标，生态活力进步指数为 4.27%，居全国第 25 位；环境质量进步指数为 -9.85%，居全国第 20 位；

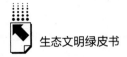

社会发展进步指数为 4.66%，居全国第 17 位；协调程度进步指数为 -11.18%，居全国第 28 位。从数据来看，海南 2013~2014 年度生态文明进步主要得益于生态活力、社会发展等二级指标的正向变化，而环境质量和协调程度的负向变化则是生态文明建设发展的制约因素。

二 分析与展望

总体而言，海南的生态环境基础好、承载力强，这是其生态文明建设的一大优势。1999 年提出的建设"生态省"决定，为海南的发展指明了方向，也让海南得以在生态文明建设上抓住先机。历届政府非常重视生态环境的建设和保护，积极打造优良的生态环境，为把海南建设成"更加美丽的度假天堂和幸福家园"，打造成升级版"国际旅游岛"奠定良好的基础。

（一）现状与问题

2014 年海南因势利导，深入推进生态文明建设，通过开展绿化宝岛大行动、建设污水处理厂、推动清洁生产，修订并出台包括《海南省自然保护区条例》《海南省 2014~2015 年节能减排低碳发展行动方案》等在内的多项法规和政策，规范和指导生态环境保护，多措并举有力推动了生态文明建设且成效显著，在全国独占鳌头。其中良好的协调程度、优良的水质已经成为其生态文明建设的绝对优势。

但海南的生态文明建设还有很多隐患和问题亟待解决，主要体现在以下三方面。

一是化肥和农药的过度使用带来严重的农业面源污染。在全国整体减少和改善农药使用的情况下，海南的农药施用强度却呈现进一步恶化的趋势。虽然早在 2010 年海南已经修订并出台了《海南经济特区农药管理若干规定》，对农药的销售和使用进行严格的限制和监管。但是据 2014 年海南省人大的调研统计，在农业生产中每年约使用 1 万吨的农药，产生约 300 吨的废弃物，但这些废弃物基本没有得到回收和处理①。这在很大程度上带来了严重的农业面源污染问题，阻碍了农村地区生态环境的改善，影响全省的环境质量。

二是经济社会发展水平与发达地区相比存在较大距离，有待提高。作为全国最大的经济特区，海南的人均地区生产总值在全国还处于中下游水平，与发达地区的差距仍然非常大，还需进一步加强。

三是大气污染物排放效应增强，导致环境空气质量呈下降趋势。2014年出台了包括《海南省 2014～2015 年节能减排低碳发展行动方案》《海南省大气污染防治行动计划实施细则》在内的多项措施，以推动大气污染防治工作。但效果不明显，污染物的排放变化效应进一步恶化，在一定程度上导致了环境空气质量的退步，成为"护蓝"的一大隐患。

（二）对策与建议

海南的生态文明建设想要实现长远持续发展，还需要着力解决以下问题。

一是积极治理农业面源污染，发展热带生态农业。可根据《农业部关于打好农业面源污染防治攻坚战的实施意见》，积极推广包括测土配方施肥技术、绿色防控技术在内的现代农业技术，提高化肥和农药的利用率，减少化肥和农药的使用量，减少农业面源污染。与此同时，将生态化的理念和技术融入热带农业生产之中，尤其是天然橡胶、冬季瓜菜等特色农产品的生产，提高农业生产的生态化水平，保障农产品质量安全，同时促进生态优势与热带农业优势相结合，以热带生态农业带动农业以及经济的发展。

二是把握机遇，加快经济社会发展。当前国家正在积极推动"一带一路"战略，海南是 21 世纪海上丝绸之路的交通要道，可利用这一地理优势，在保护生态环境的基础上，积极发展国际交通和国际贸易，尤其是海空

---

① 杜颖、刘操、陈林：《把脉生态开环保良方——省人大集中力量对海南生态保护深入调研摸底 形成了大气污染、农村生态、自然保护区 3 大"生态报告"》，《海南日报》2015 年 2 月 6 日。

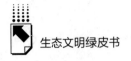

两方面的交通，扩大对外开放，提升海南作为国际旅游岛的开发和开放程度。

三是强化大气污染防治措施，探索提升环境空气质量的长效机制。对大气污染的防治，海南已经出台或者即将出台多项法规政策，此外还应有完善的措施加以强化和落实。就海南的情况而言，应该加大资金投入和生态补偿力度，提高企业的积极性；加强监测预警，建立完善氨氮化物、二氧化硫等污染物的检测体系，掌握其来源、影响、特征等实时情况；强化科技支撑，充分发挥生态软件园的积极作用，紧密围绕节能减排、清洁生产等核心问题，鼓励技术开发与创新。

第二十七章

重 庆

一 重庆2014年生态文明建设状况

2014年，重庆生态文明指数（ECI）为78.24分，排名全国第18位。去除"社会发展"二级指标后，重庆绿色生态文明指数（GECI）为64.29分，全国排名第17位。具体二级指标得分及排名见表1。

表1 2014年重庆生态文明建设二级指标情况汇总

二级指标	得分	排名	等级
生态活力(满分为43.20分)	27.77	7	2
环境质量(满分为36.00分)	20.40	18	3
社会发展(满分为21.60分)	13.95	10	2
协调程度(满分为43.20分)	16.11	20	3

重庆2014年生态文明建设的基本特点是：环境质量、协调程度居全国中下游水平，生态活力、环境质量居全国中上游水平。如图1所示，重庆生态文明类型属于相对均衡型。

重庆2014年生态文明建设三级指标数据见表2。

生态活力方面，重庆的森林覆盖率、森林质量、建成区绿化覆盖率、自然保护区的有效保护均居中上游水平，在全国排名分列第12名、第13名、第7名和第11名。湿地面积占国土面积比重全国排名靠后，居第26位。

环境质量方面，化肥施用超标量、农药施用强度处于全国中上游水平，均居第8位；地表水体质量、环境空气质量居全国中游水平，分列第16、17位。水土流失率偏高，居全国第25位。

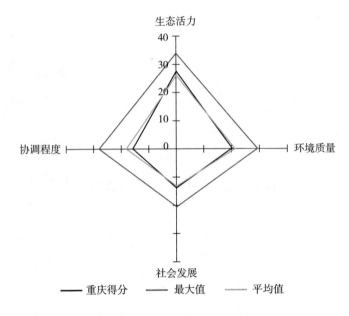

图1　2014年重庆生态文明建设评价雷达图

表2　重庆2014年生态文明建设评价结果

一级指标	二级指标	三级指标	指标数据	排名
生态文明 指数（ECI）	生态活力	森林覆盖率	38.43%	12
		森林质量	46.30 立方米/公顷	13
		建成区绿化覆盖率	41.66%	7
		自然保护区的有效保护	10.25%	11
		湿地面积占国土面积比重	2.51%	26
	环境质量	地表水体质量	68.30%	16
		环境空气质量	56.71%	17
		水土流失率	55.74%	25
		化肥施用超标量	49.88 千克/公顷	8
		农药施用强度	5.22 千克/公顷	8
	社会发展	人均GDP	42795 元	12
		服务业产值占GDP比例	41.40%	12
		城镇化率	58.34%	10
		人均教育经费投入	1726.46 元	15
		每千人口医疗卫生机构床位数	4.96 张	7
		农村改水率	91.04%	9

续表

一级指标	二级指标	三级指标	指标数据	排名
生态文明 指数（ECI）	协调程度	环境污染治理投资占 GDP 比重	1.37%	18
		工业固体废物综合利用率	85.25%	9
		城市生活垃圾无害化率	99.43%	4
		COD 排放变化效应	53.00 吨/千米	4
		氨氮排放变化效应	6.03 吨/千米	3
		二氧化硫排放变化效应	1.18 千克/公顷	12
		氮氧化物排放变化效应	1.42 千克/公顷	12
		烟（粉）尘排放变化效应	−0.62 千克/公顷	23

社会发展方面，除人均教育经费投入（位列第 15）居全国中游水平外，其余各项三级指标人均 GDP（位列第 12）、服务业产值占 GDP 比例（位列第 12）、城镇化率（位列第 10）、每千人口医疗卫生机构床位数（位列第 7）、农村改水率（位列第 9）均居全国中上游水平。

协调程度方面，重庆城市生活垃圾无害化率、COD 排放变化效应、氨氮排放变化效应均居全国领先水平；工业固体废物综合利用率、二氧化硫排放变化效应、氮氧化物排放变化效应全国排名均中等偏上；环境污染治理投资占 GDP 比重位列第 18 位，居全国中等偏下；烟（粉）尘排放变化效应排名靠后，位列全国第 23 位。

从年度进步情况来看，重庆 2013～2014 年度生态文明进步指数为 13.79%，全国排名第 3 位。其中，生态活力的进步指数为 59.45%，居全国第 1 位；环境质量的进步指数为 −8.86%，居全国第 17 位；社会发展的进步指数为 6.20%，居全国第 3 位；协调程度的进步指数为 −9.18%，居全国第 25 位。

二　分析与展望

重庆在全国主体功能区划分中兼具经济发展和生态功能双重任务。一方面，重庆经济区是国家重点开发地区——成渝地区的重要组成部分，是带动和支撑西部大开发的重要战略高地之一。重庆的目标在于成为西部地区重要

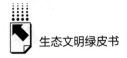
的经济中心，全国重要的金融中心、商贸物流中心和综合交通枢纽，以及高新技术产业基地等。另外，重庆生态地位重要，在构建长江、嘉陵江、乌江生态屏障的同时，要做好水土流失防治和水污染治理工作。

（一）现状与问题

总体而言，2014 年重庆生态文明指数全国排名居中偏下。其中，生态活力、社会发展居全国中上游水平，但环境质量、协调程度居全国中下游水平，环境质量进步指数、协调程度进步指数均出现负值。

重庆地处三峡库区腹心地带，是长江流域的重要生态屏障和我国水资源战略储备库，生态区位非常重要。在生态活力方面，重庆保有良好态势，在森林覆盖率、建成区绿化覆盖率、自然保护区的有效保护等方面均有明确目标和动作，效果积极。"十一五"期间的"森林重庆"建设策略在"十二五"期间得以延续，借助建设"国家森林城市""生态园林城市"的契机，重庆形成了浓厚的生态文化建设氛围，重庆的森林覆盖率、森林质量一直处于稳步上升状态。但重庆尤其是三峡库区生态脆弱、生态建设与恢复任务繁重也是不争的事实。另外，三峡库区地质构造特殊、水力侵蚀活跃，也使该地区成为全国水土流失最严重的地区，一旦植被破坏或过度垦殖，极易造成水土流失。水体质量也是重庆需要重点考虑的问题。

（二）对策与建议

第一，明确目标，维持生态优势。

《重庆市生态建设和环境保护"十二五"规划》[①] 明确提出，至 2015 年重庆市森林覆盖率达到 45%、自然保护区面积占国土面积比例达到 10.8%。2014 年，重庆提出了生态文明建设的"五个决不能"，其一就是"决不能以牺牲绿水青山为代价换取所谓的金山银山"，并且辅以生态环境立法，注重

---

① 《重庆市生态建设和环境保护"十二五"规划》，参见重庆市政府网：http://www.cq.gov.cn/publicinfo/web/views/Show! detail. action? sid = 1057486。

园林绿化、生态环境保护，保证重庆的"林业面积不低于 6300 万亩、森林面积不低于 5600 万亩"①。与此同时，注意脆弱地区的改善与维持，这也是重庆"碧水青山"的愿景顺利实现的保障。

第二，控制水土流失，保证水体质量。

重庆面临较大环境压力。植被破坏或过度垦殖，极易造成水土流失；水土流失的预防、治理应该同水土保持监测、森林建设生态功能区建设统筹进行，积极把生态优势转化为环境容量，达到人与自然的和谐。但重庆地表水体质量一度下降严重。《重点流域水污染防治规划（2011～2015）重庆市实施方案》等政策的实施有效促进了重庆地表水体质量的恢复，在生态文明建设的新时期，重庆也意识到了构建长江、嘉陵江、乌江生态屏障的重要性，致力于干流的水质保证、支流和城市水体水质的好转②。目前，重庆正逐渐形成一套完善的水环境监测预警体系。

第三，淘汰落后产能，推动产业升级。

近年来，重庆社会发展进步指数维持较好态势，一定程度上说明重庆社会发展进步增长点较多，效果显著。在转变经济发展方式、优化产业结构过程中，一方面重庆政府积极优化产业配置，加快构建技术含量高、环境污染低的产业；另一方面，积极扶持第三产业的发展，重庆的服务业产值占GDP 比例也在不断提高。但重庆人均 GDP、人均教育经费投入等指标同发达地区仍有不小差距。重庆经济发展模式、产业结构仍处在调整之中，科技进步对于转型发展支撑不足、社会研发投入明显不足的现状亟须改进。

---

① 《努力把重庆建设成为生态文明城市——〈中共重庆市委、重庆市人民政府关于加快推进生态文明建设的意见〉关键词解读》，http：//news. 163. com/14/1110/06/AALVNE1O 00014AED. html。
② 《努力把重庆建设成为生态文明城市——〈中共重庆市委、重庆市人民政府关于加快推进生态文明建设的意见〉关键词解读》，http：//news. 163. com/14/1110/06/AALVNE1O 00014AED. html。

G.28

第二十八章

四 川

一 四川2014年生态文明建设状况

2014年，四川生态文明指数（ECI）为85.53分，排名全国第7位。去除"社会发展"二级指标后，四川绿色生态文明指数（GECI）为74.06分，全国排名第7位。具体二级指标得分及排名见表1。

表1 2014年四川生态文明建设二级指标情况汇总

二级指标	得分	排名	等级
生态活力（满分为43.20分）	33.94	1	1
环境质量（满分为36.00分）	19.20	25	3
社会发展（满分为21.60分）	11.48	23	3
协调程度（满分为43.20分）	20.91	9	2

四川2014年生态文明建设的基本特点是：生态活力居全国领先水平，环境质量、社会发展居全国中下游水平，协调程度居全国中上游水平。如图1所示，四川生态文明类型属于生态优势型。

四川2014年生态文明建设三级指标数据见表2。

生态活力方面，四川森林质量、自然保护区的有效保护排名靠前，均居全国第3位；森林覆盖率、建成区绿化覆盖率全国排名中游，分列第17位、第16位，湿地面积占国土面积比重列全国第23位，排名靠后。

环境质量方面，地表水体质量、化肥施用超标量、农药施用强度在全国处于中上游水平；环境空气质量较差，全国排名第28位；水土流失率全国排名中等偏下，位列第19位。

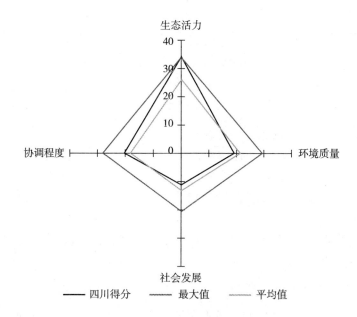

图1　2014年四川生态文明建设评价雷达图

表2　四川2014年生态文明建设评价结果

一级指标	二级指标	三级指标	指标数据	排名
生态文明指数（ECI）	生态活力	森林覆盖率	35.22%	17
		森林质量	98.61 立方米/公顷	3
		建成区绿化覆盖率	38.41%	16
		自然保护区的有效保护	18.54%	3
		湿地面积占国土面积比重	3.61%	23
	环境质量	地表水体质量	83.00%	9
		环境空气质量	38.08%	28
		水土流失率	30.56%	19
		化肥施用超标量	34.39 千克/公顷	7
		农药施用强度	6.19 千克/公顷	9
	社会发展	人均GDP	32454 元	24
		服务业产值占GDP比例	35.20%	26
		城镇化率	44.90%	24
		人均教育经费投入	1272.56 元	26
		每千人口医疗卫生机构床位数	5.26 张	3
		农村改水率	62.97%	26

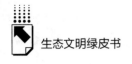
续表

一级指标	二级指标	三级指标	指标数据	排名
生态文明 指数（ECI）	协调程度	环境污染治理投资占 GDP 比重	0.89%	27
		工业固体废物综合利用率	41.27%	30.
		城市生活垃圾无害化率	94.98%	13
		COD 排放变化效应	42.72 吨/千米	5
		氨氮排放变化效应	4..29 吨/千米	5
		二氧化硫排放变化效应	0.38 千克/公顷	23
		氮氧化物排放变化效应	0.27 千克/公顷	24
		烟（粉）尘排放变化效应	0.00 千克/公顷	11

社会发展方面，每千人口医疗结构床位数处于领先水平，全国排名第 3 位；但其余各项三级指标，如人均 GDP、服务业产值占 GDP 比例、城镇化率、人均教育经费投入、农村改水率等排名，均居中等偏下水平。

协调程度方面，COD 排放变化效应、氨氮排放变化效应在全国处于领先水平，均居全国第 5 位；城市生活垃圾无害化率、烟（粉）尘排放变化效应在全国处于中上游水平，分列第 13 位、第 11 位；但环境污染治理投资占 GDP 比重（第 27 位）、工业固体废物综合利用率（第 30 位）、二氧化硫排放变化效应（第 23 位）、氮氧化物排放变化效应（第 24 位）等指标数据全国排名靠后，均处于中下游水平。

从年度进步情况来看，四川 2013～2014 年度生态文明进步指数为 1.45%，全国排名第 12 位。其中，生态活力的进步指数为 12.78%，居全国第 13 位；环境质量的进步指数为 -8.01%，居全国第 15 位；社会发展的进步指数为 5.40%，居全国第 7 位；协调程度的进步指数为 -3.97%，居全国第 17 位。

二 分析与展望

四川在全国功能区划分中兼具经济发展和生态功能双重任务。一方面，成都经济区是国家重点开发地区——成渝地区的重要组成部分，是带动和支撑西部大开发的重要战略高地之一，要努力将成都经济区打造成西部地区重要的经济中心、重要的综合交通枢纽、商贸物流中心和金融中心，以及先进制造业基地、科技创新产业化基地和农产品加工基地；另外，四川重点生态功能区面积占全省的79.3%。

（一）现状与问题

四川2014年度生态文明指数在全国处于中上游水平，其中，生态活力居全国领先水平，生态优势依然明显，但应注意环境质量。

四川自然生态条件较为优越，自然保护区面积大，森林质量高。四川地处长江、黄河上游，地理位置特殊，守好这个地区的生态优势，不但关系9000多万四川人的福祉，也关乎兄弟省市的福祉。但四川的湿地退化、森林结构不合理、西北地区土地沙化等现象仍然存在。环境质量不容乐观，全省近三分之一的土地出现水土流失现象，2300余万亩荒漠化土地亟须治理，湿地退化导致湿地水体质量下降，加之企业排污、水源涵养林遭砍伐等，四川的环境威胁较为严重。

在经济发展方面，四川人多底子薄，区域发展不均衡。从数据来看，四川的医疗条件全国排名靠前，但人均GDP、产业结构、人均教育经费投入等均不理想。

（二）对策与建议

第一，划定生态红线，保障生态安全。

四川重点生态功能区主要包括若尔盖草原湿地生态功能区、川滇森林及生物多样性生态功能区、秦巴生物多样性生态功能区等，约占全省面积的79.3%。值得肯定的是，近年来，四川省在保护生态方面下足了功夫。2014年10月10日，四川省林业厅印发了《四川省林业推进生态文明建设规划纲要（2014~2020年）》，明确了林业在生态文明建设中承担的功能，提出四川省要在2020年在长江上游全面建成生态屏障，明确了林业保有量等23项林业生态文明建设主要指标；与此同时，林业和森林、湿地、沙区植被、物种四条生态红线得以划定，在种类、总量上亮出"底牌"，"既是数量红线，也是空间红线；既分条也分块"①。立足东部绿色盆地和西部生态高原，努力打造美丽四川的新格局，但在实施过程中也要综合考虑不同区域的自然地理条件、生态区位、资源禀赋等实际问题，避免过去曾经出现的林木树种的盲目引种、不重视森林结构等。

第二，控制水土流失，关注水体安全。

四川要想阻止环境质量全国排名下滑趋势，必须做好环境脆弱和敏感地区的环境修复，加强水资源的保护和管理，尤其要加强岷江、沱江、涪江等水系的水土流失防治和水污染治理。在具体举措上，四川已经有了相对明确的政策导向。比如，在水资源的开发利用控制、用水效率控制、水功能区控制等方面划定了红线，取消限制开发区域和生态脆弱区域的地区生产总值考核，对破坏已划定红线的实施一票否决制和责任终身追究制。诸如此类的政策如果执行得力，对四川的环境质量无疑是很好的保障，但因地制宜、保证政策的可行性非常关键。四川也在努力健全生态文明制度体系，"从生态环境源头保护到自然资源有偿使用和生态补偿制度，从生态保护红线制度到污染防治制度体系，方向清晰明确"②。另外，四川也在积极发展生态农业，在化肥施用超标量、农药施用强度控制方面有一定成绩，但仍需努力。

第三，调整产业结构，发展优势产业。

在经济新常态背景下，四川也清醒地认识到，必须主动转方式调结构。四川省委书记王东明强调，"不能把经济发展与生态环境保护对立起来……即使牺牲一定速度也要下决心转方式调结构"，关注生命健康、生活品质与生存环境。从社会发展进步指数来看，四川发展态势良好，增长点较多，但如何实现"保护生态就是保护生产力，改善生态就是发展生产力"依然任

---

① 《四川省林业推进生态文明建设规划纲要发布，划定四条生态红线》，http：//www.gygov.gov.cn/art/2014/10/11/art_ 10688_ 648365. html。

② 王成栋、李淼、刘宇男：《2014年四川省推进生态文明建设工作综述：构筑生态屏障，建设美丽四川》，《四川日报》2015年1月23日。全文见：http://sichuan.scol.com.cn/dwzw/201501/9981983. html。

重而道远①。以成都为代表的地区正在建设生态文明示范区，探索由"环境换增长"向"环境促增长"转变、由工业文明向生态文明跨越的发展模式，努力在空间规划、产业升级、资源、环保、节能、水生态建设等方面进行创新改革，走绿色低碳发展道路。但在这个过程中，也要抓好重点行业、重点产业、重点地区的节能减排，形成经济发展与资源环境相互协调的良性运行机制，并在实践中严格执行。

---

① 王成栋、李淼、刘宇男：《2014 年四川省推进生态文明建设工作综述：构筑生态屏障，建设美丽四川》，《四川日报》2015 年 1 月 23 日。全文见：http：//sichuan. scol. com. cn/dwzw/201501/9981983. html。

G.29

第二十九章
贵　州

一　贵州2014年生态文明建设状况

2014 年，贵州生态文明指数（ECI）得分为 76.05 分，排名全国第 20 位。具体二级指标得分及排名情况见表 1。去除"社会发展"二级指标后，贵州绿色生态文明指数（GECI）得分为 64.57 分，全国排名第 16 位。

表 1　2014 年贵州生态文明建设二级指标情况

二级指标	得分	排名	等级
生态活力（满分为 43.20）	23.66	23	3
环境质量（满分为 36.00）	24.80	4	1
社会发展（满分为 21.60）	11.48	23	3
协调程度（满分为 43.20）	16.11	20	3

贵州 2014 年生态文明建设的基本特点是：环境质量居于全国领先水平，生态活力、社会发展和协调程度均居于全国中下游水平。如图 1 所示，在生态文明建设的类型上，贵州属于环境优势型。

2014 年贵州生态文明建设三级指标数据见表 2。

具体来看，在生态活力方面，森林质量、森林覆盖率居于全国中游水平，分别居于全国第 14 位、第 15 位。而自然保护区的有效保护、建成区绿化覆盖率和湿地面积占国土面积比重分别居全国第 24 位、第 27 位和第 30 位。

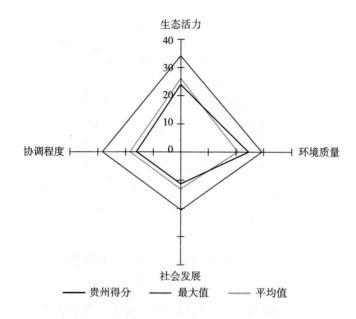

图1 2014年贵州生态文明建设评价雷达图

表2 贵州2014年生态文明建设评价结果

一级指标	二级指标	三级指标	指标数据	排名
生态文明 指数（ECI）	生态活力	森林覆盖率	37.09%	15
		森林质量	46.03 立方米/公顷	14
		建成区绿化覆盖率	34.46%	27
		自然保护区的有效保护	5.01%	24
		湿地面积占国土面积比重	1.19%	30
	环境质量	地表水体质量	79.80%	12
		环境空气质量	76.16%	5
		水土流失率	41.39%	24
		化肥施用超标量	-44.27 千克/公顷	2
		农药施用强度	2.5 千克/公顷	2
	社会发展	人均 GDP	22921.67 元	31
		服务业产值占 GDP 比例	46.60%	7
		城镇化率	37.83%	30
		人均教育经费投入	1300.34 元	24
		每千人口医疗卫生机构床位数	4.76 张	13
		农村改水率	73.34%	19

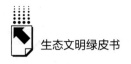
续表

一级指标	二级指标	三级指标	指标数据	排名
生态文明指数（ECI）	协调程度	环境污染治理投资占 GDP 比重	1.37%	19
		工业固体废物综合利用率	50.77%	26
		城市生活垃圾无害化率	92.23%	17
		COD 排放变化效应	3.66 吨/千米	27
		氨氮排放变化效应	0.37 吨/千米	26
		二氧化硫排放变化效应	2.36 千克/公顷	4
		氮氧化物排放变化效应	0.27 千克/公顷	25
		烟（粉）尘排放变化效应	−0.29 千克/公顷	17

在环境质量方面，化肥施用超标量和农药施用强度排名全国领先，均居于全国第 2 位。环境空气质量处于全国领先水平，居于全国第 5 位。地表水体质量处于全国中上游水平，居于第 12 位。水土流失率表现较差，处于全国中下游水平，居于第 24 位。

在社会发展方面，服务业产值占 GDP 比例位于全国上游水平，居于全国第 7 位。每千人口医疗卫生机构床位数、农村改水率位于全国中游水平，分别居于全国第 13 位、第 19 位。人均教育经费投入、城镇化率和人均 GDP 均位于全国下游水平。

在协调程度方面，二氧化硫排放变化效应位于全国领先水平，居于全国第 4 位。烟（粉）尘排放变化效应、城市生活垃圾无害化率和环境污染治理投资占 GDP 比重位于全国中游水平。氮氧化物排放变化效应、氨氮排放变化效应、工业固体废物综合利用率和 COD 排放变化效应均表现不佳，处于全国下游水平。

从年度进步情况来看，2013～2014 年度贵州的总进步指数为 7.71%，全国排名第 5 位。具体到二级指标，生态活力的进步指数为 28.03%，居全国第 2 位。环境质量进步指数为 −4.41%，居全国第 4 位；社会发展的进步指数为 8.02%，居全国第 2 位；协调程度的进步指数为 −2.64%，居全国第 12 位。

二　分析与展望

在西部大开发、区域协调发展等国家战略的支持下，贵州已纳入长江经济带，与云南、福建、江西、青海等地区共同列入《国家生态文明先行示范区建设方案（试行）》，生态文明建设仍有较大的进步空间。2015年6月16～18日，习近平在贵州调研时强调，贵州应"适应我国经济发展新常态，保持战略定力，加强调查研究，看清形势、适应趋势，发挥优势、破解瓶颈，统筹兼顾、协调联动，善于运用辩证思维谋划经济社会发展"①，为贵州发展确定了战略方向。当前，贵州正处于后发赶超、推动跨越发展的重要战略机遇期，与全国同步全面建成小康社会的关键时期，应抓住机会，加快经济发展，巩固生态文明建设成果，在绿色化引领下，实现工业化、信息化、城镇化、农村现代化。

主体功能定位决定着地区生态文明建设的方向和路径选择。作为西南省份，贵州在促进国家经济社会发展与维护生态安全方面处于重要位置。贵州应根据自身的国土空间及国家主体功能区划确立发展目标，在黔中重点开发区，发挥承接东部产业转移"高地"作用，通过产业升级，重点发展新兴产业、高端产业、绿色产业，带动全省经济持续健康发展；在国家生态功能区，重点发展生态畜牧业、培育特色高效农业，实现发展和生态环境保护协同推进，全面提升生态文明建设水平。

（一）现状与问题

贵州的国土空间具有明显的优势和劣势，2014年的生态文明建设延续了上一年度的进步态势，进步幅度扩大，生态活力及社会发展的进步功不可没。

第一，生态承载能力较强。贵州水资源丰富，河网密度大，水资源蕴藏

---

① 《习近平贵州调研：善于运用辩证思维谋划发展》，新华网，2015年6月18日。

量居全国第六位，河流处于长江和珠江两大水系上游地带，是我国重要的水源涵养区；种类繁多的生物资源，具有较大的开发潜力。贵州也是国家重要的能源原材料基地，水能优势与煤炭资源优势并存，资源协调潜力大，独特秀美的旅游资源，是贵州经济发展的支柱产业。

第二，环境质量整体水平较高，始终处于全国前列。贵州空气质量良好，地表水体质量继续提高。作为山区农业省，贵州坚持经济发展与生态建设辩证统一的理念，探索出以质量型为主的现代集约持续农业增长模式，主动调整传统农业结构，发展特色农业、生态农业和生态畜牧业。2014年在耕地面积增加的情况下，化肥和农药使用量双双下降，远低于国际公认使用上限值，为改善、稳定水体环境乃至环境质量作出了不懈努力。

第三，生态活力持续增强。近几年，贵州通过实施退耕还林、石漠化治理等国家林业重点工程，提高了森林覆盖率。毕节地区是经济落后、生态恶化、人口多的岩溶地区，通过整合"三江源"生态保护等项目资金，摸索出"山水林田木"石漠化综合治理模式，已从昔日荒山变为"绿岭"，森林覆盖率从14.9%提高到41.5%，成为"全国石漠化防治示范区"。贵州积极开展湿地资源的保护和开发工作，建立湿地资源数据库，制定《贵州湿地保护工程中长期规划（2010～2030年）》。贵阳阿哈湖国家湿地公园、六盘水明湖国家湿地公园的建成，进一步扩大了湿地面积，提高了湿地调节净化水资源的能力，同时，适度发展生态旅游，促进经济增长，最大限度发挥了湿地的生态、经济、社会效益。

第四，经济增长、社会发展进步明显。虽然贵州社会事业发展整体水平不高，2014社会发展二级指标排在全国第24位，但进步明显，进步指数为8.02%，居全国第二，为生态文明建设提供了经济支撑。2014年的经济增长速度高于全国，人均GDP进步率达16.29%。

作为西南省份，贵州生态文明建设的弱势也较明显。贵州是典型的喀斯特地形，石漠化、水土流失较严重，滑坡、崩塌、泥石流等地质灾害发生频繁，生态脆弱，土地资源短缺，一定程度上限制了工农业的发展。贵州人口分布不均，城镇主要集中在黔中贵阳地区，城镇化水平全国倒数第二；经济总量不足，人均 GDP 水平低，城乡和区域发展不均衡。近五年的生态文明建设评价（ECI）分析显示：贵州生态资源环境协调能力差，环境质量、协调程度呈现负增长的趋势是制约生态文明建设的主要因素。目前，伴随着第二产业扩大与经济持续增长，贵州大气污染物变化效应和空气质量持续退步，现有的大气环境已超出了所能承载污染物的最大能力，经济社会发展与生态资源环境之间存在矛盾，"资源环境约束的影响不断加大，保护和开发绿色空间面临着挑战"[①]。

（二）对策与建议

1. 推进生态文明体制机制创新，巩固环境优势

首先，编制自然资源资产负债表，摸清家底，为生态文明建设提供制度基础、管理基础和数据基础；其次，探索生态文明绿色绩效考核评价制度，将改善环境质量作为责任目标，在环境脆弱地区取消地区生产总值考核；再次，分解贵州大气污染防治行动计划实施方案任务，落实到企事业，并加大奖惩力度；最后，完善贵州生态功能区划，为生态补偿奠定基础，由中央财政、地方政府、企业共同建立"生态补偿基金"，对转型企业（如煤炭）、生态畜牧区、湿地保护区、乌江等流域加大生态转移支付，并探索耕地、土壤生态补偿机制。

2. 建立转移产业负面清单，确保经济绿色增长

发展经济是贵州生态文明建设的基础和落脚点，但经济发展要考虑资源环境承载能力。近几年，贵州作为西部地区的重要经济增长极、内陆开放型经济新高地，积极主动承接东部产业转移，一定程度上带动了经济发展。但随着工业规模扩大，大气污染物排放效应显现，说明贵州不适宜大规模和高强度的工业化开发，长此以往将丧失环境优势。贵州应选择生态环境友好型的产业，在黔中国家重点开发区域，重点建设绿色食品基地，发展生产空间集约高效的产业，如航天工业、生物技术、节能环保、新能源、高端制造等

---

① 《贵州主体功能区划》，贵州省人民政府网，2013 年 7 月 22 日。

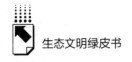

战略性新兴产业，对转移产业建立准入制度，实施"负面清单式管理"，确保经济绿色增长。

3. 确定大气环境容量，守住环境底线

2014年，贵州完成了国家减排目标，主要污染物排放总量控制在国家下达指标范围内，水体环境得到改善，但水体环境改善进步率收窄，大气环境全面退步。今后，贵州应在《贵州省主要污染物总量减排管理办法》等相关制度的引领下，落实2013～2017年环境保护12件实事，将机动车纳入"黄绿标"管理，水泥生产线建设脱硝设施，解决三大磷化工企业的污染问题，在产业园区、煤矿、工业渣场建设污水处理设施工程，进一步改善水体和大气环境。此外，应用模型模拟法或线性规划法，测算各个地区或工业园区的大气环境容量，得出该地区或工业园区所能容纳污染物的最大允许量，为控制和治理大气污染提供重要依据，守住环境底线。

4. 扩大生态畜牧区，促进协调发展

贵州与桂滇同属喀斯特石漠化防治生态功能区，是国家级的重点生态功能区。为遏制石漠化，改善生态环境，地处黔西南的晴隆以生态环境建设为出发点，带动农民退耕还草，种植优质牧草，绿化荒山，减少了水土流失，增加了土壤的有机质，同时，引进优质种羊，发展生态畜牧业，当地农民收入明显增加。未来，在石漠化防治生态功能区应重点发展生态畜牧业、绿色农业，也要限制超载过牧，划定禁牧区，加快植被恢复，将生态修复、治理水土流失与促进经济发展三者结合起来，走低碳经济、协调发展之路，达到生态、社会、经济多赢的局面。

G.30
第三十章
云　南

一　云南2014年生态文明建设状况

2014 年，云南生态文明指数（ECI）得分为 84.35 分，排名全国第 8 位。具体二级指标得分及排名情况见表 1。去除"社会发展"二级指标后，绿色生态文明指数（GECI）得分为 74.23 分，全国排名第 6 位。

表1　2014 年云南生态文明建设二级指标情况

二级指标	得分	排名	等级
生态活力（满分为 43.20）	25.71	13	3
环境质量（满分为 36.00）	25.20	3	1
社会发展（满分为 21.60）	10.13	28	4
协调程度（满分为 43.20）	23.31	6	1

云南 2014 年生态文明建设的基本特点是：环境质量和协调程度居于全国领先水平，生态活力居于全国中游水平，社会发展居于全国下游水平。如图 1 所示，在生态文明建设的类型上，云南属于环境优势型。

2014 年云南生态文明建设三级指标数据见表 2。

具体来看，在生态活力方面，森林质量、森林覆盖率居于全国上游水平，分别居于全国第 4 位、第 7 位。自然保护区的有效保护、建成区绿化覆盖率居于全国中游。湿地面积占国土面积比重居于全国下游水平。

在环境质量方面，环境空气质量处于全国领先水平，居于全国第 4 位。地表水体质量、农药施用强度和化肥施用超标量居于全国中上游水平，分别

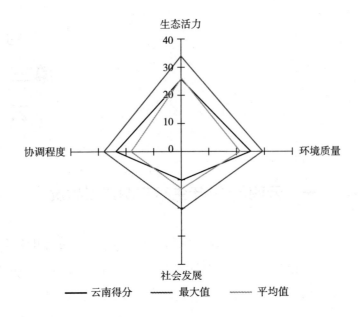

图1 2014年云南生态文明建设评价雷达图

表2 云南2014年生态文明建设评价结果

一级指标	二级指标	三级指标	指标数据	排名
生态文明指数（ECI）	生态活力	森林覆盖率	50.03%	7
		森林质量	88.45立方米/公顷	4
		建成区绿化覆盖率	37.76%	19
		自然保护区的有效保护	7.45%	15
		湿地面积占国土面积比重	1.43%	29
	环境质量	地表水体质量	81.50%	10
		环境空气质量	90.14%	4
		水土流失率	36.15%	23
		化肥施用超标量	81.39千克/公顷	12
		农药施用强度	7.66千克/公顷	11
	社会发展	人均GDP	25083元	29
		服务业产值占GDP比例	41.80%	11
		城镇化率	40.48%	28
		人均教育经费投入	1421.55元	20
		每千人口医疗卫生机构床位数	4.48张	21
		农村改水率	69.95%	21

续表

一级指标	二级指标	三级指标	指标数据	排名
生态文明 指数（ECI）	协调程度	环境污染治理投资占 GDP 比重	1.68%	12
		工业固体废物综合利用率	52.46%	24
		城市生活垃圾无害化率	87.62%	21
		COD 排放变化效应	0.52 吨/千米	29
		氨氮排放变化效应	0.23 吨/千米	29
		二氧化硫排放变化效应	0.21 千克/公顷	25
		氮氧化物排放变化效应	0.49 千克/公顷	20
		烟（粉）尘排放变化效应	0.09 千克/公顷	7

居于第 10 位、第 11 位和第 12 位。水土流失率表现较差，居于全国中下游水平，位于第 23 位。

在社会发展方面，服务业产值占 GDP 比例位于全国中上游水平，居于全国第 11 位。每千人口医疗卫生机构床位数、农村改水率和人均教育经费投入位于全国中下游水平。城镇化率和人均 GDP 均位于全国下游水平。

在协调程度方面，烟（粉）尘排放变化效应位于全国上游水平，居于全国第 7 位。环境污染治理投资占 GDP 比重、城市生活垃圾无害化率、工业固体废物综合利用率和氮氧化物排放变化效应位于全国中游水平。二氧化硫排放变化效应、氨氮排放变化效应和 COD 排放变化效应均表现不佳，处于全国下游水平。

从年度进步情况来看，云南 2013～2014 年度的总进步指数为 3.73%，全国排名第 9 位。二级指标中，环境质量与协调程度进步指数均为负值。生态活力进步指数和社会发展进步指数排名居全国中上游（见表 3）。

表 3　2013～2014 年云南生态文明建设二级指标进步指数

	生态活力	环境质量	社会发展	协调程度
进步指数（%）	20.66	−10.11	5.98	−2.79
全国排名	6	21	5	13

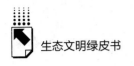

二　分析与展望

云南正处在生态文明建设、跨越式发展战略机遇期。当前，云南已纳入长江经济带、"一带一路"国家战略，列入《国家生态文明先行示范区建设方案（试行）》中，是面向南亚、东南亚辐射中心，生态文明建设有了坚实的基础。

主体功能定位决定着地区生态文明建设的方向、努力的重点和路径选择。2015年初，习近平在云南考察时强调："云南作为西南生态安全屏障，承担着维护区域、国家乃至国际生态安全的战略任务。同时，云南又是生态环境比较脆弱敏感的地区，生态环境保护的任务很重，一定要像保护眼睛一样保护生态环境，坚决保护好云南的绿水青山、蓝天白云。"① 作为西南省份，云南还肩负带动贫困地区、民族地区经济发展的重要责任。未来，在滇中重点开发区，发挥地缘优势，建设连接东南亚、南亚陆路区域性交通枢纽，面向国际的商贸物流中心、大数据信息中心，适度扩大先进制造业空间，发展民族特色产业，建设特色农产品生产基地；为发挥"两屏三带"生态安全战略格局作用，在重点生态功能区实行生态保护优先，以提供生态产品为首要任务，涵养水源、保持水土，保护自然生态系统，提高生态活力。

（一）现状与问题

2014年云南生态文明建设成效显著，环境质量和协调程度全国排名靠前，ECI也排在前位，生态文明进步指数延续了上一年度的进步态势，进步幅度提高。在国土空间和生态文明建设方面，云南有明显的优势和基础。

第一，国土空间优势明显。云南高原湖泊众多，九大高原湖泊尤其著名，水资源丰富，蕴含着巨大的水能资源，仅次于西藏、四川，居全国第三

---

① 《2015年云南省环境保护工作重点》，环保部网站，2015年3月5日。

位。云南拥有"动物王国""植物王国"的美誉,生态类型多样,生物物种繁多,是我国生物多样性的重点保护区。云南也是"有色金属王国",具有较大的开发潜力。

第二,环境容量高于周边省域。2015 年 6 月 4 日,环保部公布了《2014 年中国环境状况公报》,在空气质量年均值达标的 16 个城市中,云南占三个。2015 年生态文明指数数据显示,云南空气质量良好,居全国第 4 位。近几年,云南重视发展高原特色现代农业,建设了一批特色农业基地,创新农业科技,开发绿色、有机品牌,逐渐降低农药施用强度,土地环境得到不断改善。

第三,森林覆盖率、森林质量提高,生态活力持续增强。云南坚持以建设"森林云南""美丽云南"为统领,制定《云南省生态文明建设林业行动计划(2013~2020)》,开展陡坡地生态治理、生态红线保护、石漠化治理等十大行动。陡坡地生态治理工程是云南改善生态环境的一项重大生态建设项目,南华县结合新一轮的退耕还林工程,将生态区位重要、有一定水源条件的荒山荒坡规划发展成果林,在陡坡上种植 1 万亩经济树种核桃和佛手,既保护了生态又培育了特色产业。

第四,经济增长、社会发展进步明显。2013 年以来,云南依托新一轮建设创新型云南行动计划,实施了六大科技工程,把科技创新作为经济发展的坚强后盾,经济社会效益明显。推进煤炭产业转型升级,淘汰水泥等落后产能,推动钢铁、有色金属等行业结构调整,发展方式得到进一步转变。云南是一个少数民族聚集区,民族事业的发展影响云南整体的社会发展进步。多年来,通过兴边富民工程、示范县(乡镇、村)建设项目深入推进民族团结进步、边疆繁荣稳定,2014 年民族地区的主要经济指标均高于全省平均水平。

然而,云南生态文明建设的弱势也较明显。首先,云南地处云贵高原,水资源时空分配不均,横断山脉、高山峡谷导致地震、滑坡、泥石流、干旱等自然灾害频发,生态系统脆弱,可利用土地少。其次,云南人口分布不均,城镇主要集中在昆明地区,城镇化率处于全国下游水平,云南经济发展速度虽快，但经济总量不足，人均 GDP 低，城乡和区域发展不均衡。再次，云南虽一直致力于环境治理，改善水体环境和大气环境，但近五年的生态文明建设评价（ECI）分析显示，随着工农业发展，水体环境和土壤环境总体不容乐观，呈现持续退步趋势，生态活力与环境质量、协调程度发展不均衡，协调程度呈现负增长。未来，随着经济增长、工业化水平提高、城镇化发展，云南对土地的需求不断增加，利用与保护的矛盾将更加突出，水资源调配将更加困难，导致水土资源承载力下降的可能性更大，云南生态文明建设面临严峻的挑战。

（二）对策与建议

绿水青山、蓝天白云是云南的名片，为了让这张名片更耀眼，云南应抓住当前的战略机遇期，将生态文明建设提升到新水平。

1. 建立生态红线管控体系

云南处于"黄土高原—川滇生态屏障""桂滇黔喀斯特石漠化生态功能区""川滇森林及生物多样性"生态安全战略格局中，肩负维护国家生态安全的责任。云南应探索建立资源环境生态红线管控体系，实行底线管理，即对不同区域地理内的河湖水城岸、资源环境、生物多样性、资源消耗和污染排放等进行环境容量、生态承载量测算、监测，并建立预警机制，对达到破坏环境临界线的企业、地区进行警告，确保绿色生态空间不减少。同时，完善生态补偿机制，对自然保护区、湿地保护区、生态功能区、重点流域给予生态转移支付，探索耕地、土壤生态补偿机制。

2. 以发展特色产业作为经济发展的突破口

发展经济，向全面小康社会迈进，是未来几年云南的第一要务，也是生态文明建设的必要条件。云南应充分利用面向东南亚对外开放重要门户、国家能源重要通道、承接国内外产业转移基地的优势，以保护环境作为前提，以发展特色产业作为经济发展的突破口，进一步降低资源能耗，减少污染物的排放。在环境资源承载力允许和保护水体环境条件下，发展科技创新含量高的新兴产业，如电子商务、物流中心、通信服务、交通服务等，发展鲜花深加工产业、非木质林产品产业、绿色蔬菜加工产业等现代农业和绿色农业，发挥云南"旅游王国"的资源优势，开发生态旅游，增加居民收入，把特色产业作为促进经济发展的原动力。

3. 实施水生态修复工程，改善水体质量

近五年，云南加大对滇池等河流湖泊的治理，但水体质量没有得到根本改善，且出现持续恶化的趋势。为了遏制这个趋势，建议实施水资源区域性调配机制，合理、适度开发利用水资源，与贵州进行区域合作，发展生态畜牧业，退耕还林还草，治理石漠化，防止水土流失。严格水体排放标准，在禁止开发区域逐渐减少人为活动，实施零排污，对矿产、石油化工等排污重点企业，实行严格的排放标准，在控源减污的前提下，用生态技术恢复水生态系统，使经济与资源环境达到协调统一。此外，严格执行环境保护制度，对违规排放的行为加大惩治力度，以最大的努力保护水体质量，维护生态平衡。

G.31

第三十一章

西 藏

一 西藏2014年生态文明建设状况

2014年，西藏生态文明指数（ECI）得分为88.21分，全国排名第4位。去除"社会发展"指标，绿色生态文明指数（GECI）得分76.17分，全国排名第4位。2014年西藏各项二级指标的得分、排名和等级情况见表1。

表1 2014年西藏生态文明建设二级指标情况汇总

二级指标	得分	排名	等级
生态活力（满分为43.20分）	26.74	11	2
环境质量（满分为36.00分）	29.20	1	1
社会发展（满分为21.60分）	12.04	19	3
协调程度（满分为43.20分）	20.23	10	2

从二级指标来看，西藏的环境质量排名第1位，居于全国领先水平；生态活力排名第11位，协调程度排名第10位，居于全国中游水平；社会发展排名靠后，居于全国中下游水平。从生态文明建设类型上看，西藏属于环境优势型（见图1）。

2014年西藏生态文明建设的三级指标见表2。在所有24个三级指标中，西藏2014年排名前10位的有11个指标，主要体现在环境质量和生态活力领域。环境质量的三级指标都在前10名内，地表水体质量（第2位）、环境空气质量（第3位）、水土流失率（第7位）、化肥施用超标量（第5位）、农药施用强度（第6位）的良好排名使西藏的环境质量居全国第1位；

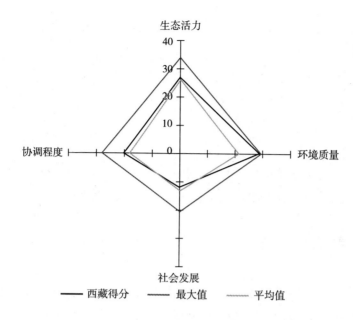

图1 2014年西藏生态文明建设评价雷达图

表2 2014年西藏生态文明建设评价结果

一级指标	二级指标	三级指标	指标数据	排名
生态文明 指数(ECI)	生态活力	森林覆盖率	11.98%	25
		森林质量	153.72 立方米/公顷	1
		建成区绿化覆盖率	18.06%	31
		自然保护区的有效保护	33.91%	1
		湿地面积占国土面积比重	5.35%	15
	环境质量	地表水体质量	99.00%	2
		环境空气质量	93.42	3
		水土流失率	9.37%	7
		化肥施用超标量	4.31 千克/公顷	5
		农药施用强度	4.15 千克/公顷	6
	社会发展	人均GDP	26068.00 元	28
		服务业产值占GDP比例	53.00%	3
		城镇化率	23.71%	31
		人均教育经费投入	2723.71 元	5
		每千人口医疗卫生机构床位数	3.53 张	31
		农村改水率	—	—

续表

一级指标	二级指标	三级指标	指标数据	排名
生态文明 指数（ECI）	协调程度	环境污染治理投资占 GDP 比重	3.50%	2
		工业固体废物综合利用率	1.52%	31
		城市生活垃圾无害化率	—	—
		COD 排放变化效应	−0.13 吨/千米	30
		氨氮排放变化效应	−0.01 吨/千米	30
		二氧化硫排放变化效应	0.00 千克/公顷	29
		氮氧化物排放变化效应	0.00 千克/公顷	28
		烟（粉）尘排放变化效应	0.00 千克/公顷	10

生态活力领域的森林质量和自然保护区的有效保护都是第 1 名，处于全国最高水平。

西藏的社会发展在全国排名靠后，城镇化率和每千人口医疗卫生机构床位数都排在全国倒数第一，但经济发展结构相对优化，三大产业中，服务业产值占 GDP 比例达到 53.00%。同时，重视教育投入（人均教育经费投入居第 5 位），为经济社会发展提供了可持续发展的动力。西藏国土面积广袤，人口稀少，又以农牧业生产方式为主，因而城镇化率一直很低。

西藏的协调程度在全国的排名相对靠前，从三级指标数据来看，主要是工业发展过程中资源投入效率和环境污染治理得到改善，如环境污染治理投资占 GDP 比重排名第 2 位。西藏工业发展相对落后，农牧业生产中化肥农药使用量较低，对环境和生态的影响不大。但工业固体废物综合利用率、COD 排放变化效应、氨氮排放变化效应、氮氧化物排放变化效应和二氧化硫排放变化效应都排在全国后几位，这说明随着工业发展和农牧业现代化的转型，资源能源的投入和对生态环境的压力会逐步增大。

西藏 2013～2014 年度生态文明的总进步指数为 18.78%，排名第 1 位。其中社会发展和协调程度进步最大，进步指数均排名全国第 1 位（见表3）。这说明西藏在经济社会快速发展的同时，保持了发展的协调性。

表 3　西藏 2013～2014 年度生态文明建设进步指数

	生态活力	环境质量	社会发展	协调程度
进步指数(%)	-2.48	-7.87	8.12	67.57
全国排名	30	14	1	1

二　分析与展望

西藏全区地处青藏高原高海拔高寒地带，植物生长速度慢，森林覆盖率一直不高，属于生态脆弱区。资源环境承载能力不高，农牧业的容量有限，开发密度和开发强度都难以提高，因此全国功能区规划把西藏大部分地区归入限制开发区域（重点生态功能区），也是国家重要的生态安全屏障[1]。西藏生态系统类型多样且脆弱，以草甸与草原生态系统为主要形式。

（一）现状与问题

2014 年西藏生态文明建设总体进步明显，生态文明指数和绿色生态文明指数在全国的排名都有所上升，这主要得益于西藏环境质量、生态活力的优势地位和协调程度的持续提高。《2014 年西藏自治区环境状况公报》显示，2014 年西藏主要城镇大气环境质量整体保持优良。拉萨市全年环境空气质量优良天数达 356 天，占 97.5%，在全国 74 个重点城市中空气质量排名第三位。但随着西藏工业生产的进步、农牧业规模扩大和市场化程度加深、生产中的资源能源投入，西藏未来发展的生态及环境压力会逐步增大。

藏西北的羌塘高原荒漠生态功能区，其荒漠生态系统保存完整，拥有藏羚羊、黑颈鹤等珍稀特有物种。目前土地沙化、病虫害和溶洞滑塌等灾害日益增多，应加强草原草甸保护，维护草畜平衡，打击盗猎，保护野生珍稀动物。藏东南的高原边缘森林生态功能区以亚热带常绿阔叶林为主，山高谷

---

① 《全国主体功能区规划》，中国政府网，2011 年 8 月 8 日。

深，人迹罕至，多数地区仍处于原始状态，要重点保护原始的自然生态系统。藏中南地区是我国重要的农林畜产品生产加工业、藏医药产业、旅游业以及矿产资源和水力资源的重要基地，要以拉萨为中心增强大城市功能，做大做强农林畜产品加工、旅游和藏药产业，有序开发利用矿产资源。

（二）对策与建议

根据生态文明发展现状，从西藏经济社会发展与生态、环境和资源能源实际出发，结合西藏发展定位，今后西藏生态文明建设可考虑从以下方面开展。

生态保护和修复方面，以保护为主，在保护中改善和增强生态功能。西藏被称为"地球第三极"，是南亚、东南亚地区的"江河源"和"生态源"，是中国乃至东半球气候的"启动器"和"调节区"，也是重要的生物物种基因库。2009 年国务院通过的《西藏生态安全屏障保护与建设规划》和《全国主体功能区规划》把西藏作为生态功能区，是从西藏实际出发为西藏发展作出的战略定位。根据这一定位，西藏应充分依托西藏的生态和资源优势，大力发展绿色能源产业，发展生态旅游、藏医药等特色产业；充分利用高原独特的生态资源优势，坚持保护优先、适度开发、点状发展，因地制宜发展资源环境可承载的特色产业。把生态资源优势转化为经济优势，实施生态立区战略、科学发展促进战略和环境安全保障战略，把西藏建成一个生态经济、绿色发展的示范大区。西藏生态环境脆弱，尤其是冻融区草地生态，抗干扰能力差，一旦破坏，影响极大且短期内难以恢复，甚至完全丧失生态功能。西藏历年来的建成区绿化覆盖率一直偏低，主要原因是绿化恢复难、恢复慢。因此，经济社会建设要以生态环境保护为开发建设的前提，尽量不破坏、少破坏或破坏后尽快恢复。

资源节约和高效利用方面，2014 年西藏的 COD 排放变化效应、氨氮排放变化效应、二氧化硫排放变化效应、氮氧化物排放变化效应排名都靠后，反映了经济社会发展高耗能高排放的现实，而西藏生态环境承载力低的实际，要求西藏的发展必须走绿色生态低碳发展之路，因此，如何协同推进经济社会发展与资源节约循环、高效利用将是西藏生态文明建设的重要任务。西藏矿产资源丰富，但开发利用程度低；可再生能源丰富，化石能源匮乏。这就要求西藏在资源开发与利用中，要扬长避短，大力发展可再生能源；坚持节约优先的原则，提高资源投入产出效益。经济社会发展要立足长远，发挥后发优势，坚持绿色、循环、低碳的产业发展方向，在生产、流通、消费各环节推进资源能源的循环利用，通过提高资源能源利用效率避免资源能源的高投入，走能源节约高效、生态安全和环境友好的产业发展之路。

环境保护和治理方面，以形成环境保护型产业结构为发展目标，推进绿色发展、循环发展、低碳发展。西藏空间辽阔，但适宜开发区域少。在环境质量上始终保持全国领先，这与西藏工业化发展水平较低有关，也是西藏传统生态型农牧业生产方式的结果。西藏有美好的生态和优良的环境，这就是西藏的优势和发展基础。西藏要把推进绿色发展、循环发展、低碳发展，形成环境保护型产业发展格局作为未来发展的定位和目标，把生态优势变成经济优势，把环境质量变成经济发展质量，走出一条生态安全型、环境友好型和资源节约型的发展道路和发展模式。

经济社会发展方面，要扬长避短，走生态经济发展模式。2013 年，西藏生产总值中，第一、二、三产业增加值所占比重分别为 10.7%、36.3%、53.0%[①]。其中工业产值只占 36.3%，但增长率达到 20%，比第一产业和第三产业总和还大，对生态环境的冲击力很大。就 COD 排放变化效应这一指标来看，江苏 2014 年第一、二、三产业增加值比例为 6.1∶49.2∶44.7，第二产业比重高于西藏，人均 GDP 是西藏的 2.9 倍，但 COD 排放变化效应是西藏的 400 多倍。可见，西藏的工业发展还是一种粗放式的发展方式，第二产业发展对生态环境的影响在急剧增大。因此，西藏应扬长避短，按照"一产上水平、二产抓重点、三产大发展"[②] 的经济发展战略，以生态农牧业发展和第三产业发展为主，走生态经济发展模式；把旅游文化、清洁能

---

① 2013 年西藏自治区国民经济和社会发展统计公报。
② 西藏自治区主体功能区规划，2014 年。

源、天然饮用水作为强区产业重点培育，把高原种养、特色食品、生态林果、藏医药、民族手工业作为富民产业大力扶持①。首先，要以提高农牧业劳动生产率、资源产出率和商品化率为发展方向，推进农牧业的生态化现代化。要继续以增加农牧民收入，以促进可持续发展为目标，利用现代科技和装备，以家庭承包经营为基础，以市场化社会化为途径，走农牧工贸、产加销一体化的农牧业产业发展道路。其次，要突出西藏优势和特色，加快形成藏西北绒山羊、藏东北牦牛、藏东南林下资源、藏药材、藏中优质粮油菜等优势产业，打造高原特色农产品基地。最后，要统筹区域经济协调发展，在巩固藏中地区发展优势的基础上，大力发展藏东和藏西地区。

---

① 2015 年西藏自治区政府工作报告。

第三十二章

陕 西

一 陕西2014年生态文明建设状况

2014年，陕西省生态文明指数（ECI）得分为74.83分，排在全国第23名。具体二级指标得分及排名情况见表1。除去"社会发展"二级指标，陕西省绿色生态文明指数（GECI）为62.46分，全国排名第19位。

表1 2014年陕西生态文明建设二级指标情况

二级指标	得分	排名	等级
生态活力(满分为43.20分)	24.69	18	3
环境质量(满分为36.00分)	19.60	21	3
社会发展(满分为21.60分)	12.38	17	3
协调程度(满分为43.20分)	18.17	11	3

陕西2014年生态文明建设的基本特点是，协调程度居于全国中上游水平，社会发展居于全国中游水平，生态活力和环境质量欠佳，居于全国中下游水平。如图1所示，陕西省的生态文明建设类型为相对均衡型。

2014年陕西生态文明建设三级指标数据见表2。

具体到生态活力上，森林覆盖率、建成区绿化覆盖率、森林质量均居于全国上游水平，分别位于第10、11、12位。但自然保护区的有效保护和湿地面积占国土面积比重都处于全国下游水平。

在环境质量方面，农药施用强度低，居全国第3位。地表水体质量居于全国中上游水平。但是环境空气质量、水土流失率都居于全国下游，化肥施用超标量过大，全国排名最末位。

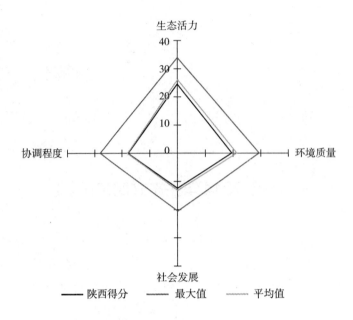

图1 2014年陕西生态文明建设评价雷达图

表2 陕西2014年生态文明建设评价结果

一级指标	二级指标	三级指标	指标数据	排名
生态文明 指数(ECI)	生态活力	森林覆盖率	41.42%	10
		森林质量	46.40立方米/公顷	12
		建成区绿化覆盖率	40.19%	11
		自然保护区的有效保护	5.67%	21
		湿地面积占国土面积比重	1.50%	28
	环境质量	地表水体质量	71.30%	14
		环境空气质量	43.01	26
		水土流失率	61.44%	27
		化肥施用超标量	341.25千克/公顷	31
		农药施用强度	3.04千克/公顷	3
	社会发展	人均GDP	42692元	13
		服务业产值占GDP比例	34.90%	28
		城镇化率	51.31%	18
		人均教育经费投入	1827.16元	12
		每千人口医疗卫生机构床位数	4.92张	9
		农村改水率	40.22%	30

续表

一级指标	二级指标	三级指标	指标数据	排名
生态文明指数（ECI）	协调程度	环境污染治理投资占 GDP 比重	1.38%	17
		工业固体废物综合利用率	63.52%	20
		城市生活垃圾无害化率	96.44%	11
		COD 排放变化效应	9.74 吨/千米	17
		氨氮排放变化效应	1.35 吨/千米	14
		二氧化硫排放变化效应	0.79 千克/公顷	14
		氮氧化物排放变化效应	1.03 千克/公顷	15
		烟（粉）尘排放变化效应	−1.58 千克/公顷	27

社会发展方面，人均 GDP、每千人口医疗卫生机构床位数及人均教育经费投入都位于全国中上游水平。城镇化率处于全国中游偏下水平。服务业产值占 GDP 比例和农村改水率居于全国下游。

在协调程度方面，城市生活垃圾无害化率、氨氮排放变化效应、二氧化硫排放变化效应、氮氧化物排放变化效应均位于全国中上游，环境污染治理投资占 GDP 比重、COD 排放变化效应以及工业固体废物综合利用率都居于全国中游偏下水平。烟（粉）尘排放变化效应居于全国下游水平。

从年度进步情况来看，陕西 2013~2014 年度的总进步指数为 0.67%，全国排名第 16 位。具体到二级指标，生态活力的进步指数为 4.79%，居全国第 22 位。环境质量进步指数为 −4.89%，居全国第 5 位；社会发展的进步指数为 3.35%，居全国第 24 位；协调程度的进步指数为 −0.17%，居全国第 6 位。从数据可见，陕西 2013~2014 年度环境质量和协调程度的进步指数都居于全国上游，生态活力和社会发展的进步指数居于全国下游。

二　分析与展望

改革开放尤其是实施西部大开发战略以来，陕西确立了建设"经济强、科教强、文化强、百姓富、生态美"的西部强省目标。在全国主体功能区

划分中，关中地区和榆林北部地区为重点开发区域，黄土高原丘陵沟壑水土保持生态功能区和秦巴生物多样性生态功能区为限制开发区域①。

（一）现状与问题

总体而言，陕西2014年度生态文明指数处于全国下游水平。其中，生态活力和社会发展居于中下游水平，环境质量居于下游水平，协调程度居中上游水平。从年度进步情况看，陕西总进步指数居全国中游。其中环境质量和协调程度进步指数虽为负数，但是在全国居上游水平。生态活力和社会发展的进步指数位列全国下游。

在生态活力方面，陕西的森林覆盖率、森林质量、建成区绿化覆盖率均居全国中上游水平，这得益于陕西近年来大力推行的生态环境建设措施。例如，确立了生态环境建设"三化"方略，绿化宜林荒山荒地，优化森林结构，发展林业产业，实现林业可持续发展。十分重视湿地保护，把湿地保护和修复列为陕西"生态美"建设的重要组成部分，2013年共保护恢复湿地22.5万亩，新增国家级湿地公园8个。但是陕西地处中国西北内陆，属干旱半干旱地区，水资源缺乏，湿地面积比重偏小，仅占全省总面积的1.49%，在全国居于下游水平。

在环境质量方面，陕西地表水体质量较上年有所提升，这得益于陕西深化开展渭河污染治理工作，加快了污水处理厂以及污染治理项目建设速度，强化了沿线污染企业的监督和管理②。陕西的环境空气质量差，煤烟型污染和光化学污染并存，大气中细颗粒物和臭氧浓度显著偏高，雾霾年均天数大大增加，对生态安全和人民的身体健康造成严重威胁。陕西也是全国水土流失最为严重的省份之一，全省水土流失面积占全省总面积的61.44%。在"十二五"期间，全省计划实现总投资107亿元，未来五年治理水土流失面积3.25万平方公里。同时，陕西的化肥施用超标量高，这些都造成了环境

---

① 参见《陕西省主体功能区规划》。

② 参见《陕西省2014年政府工作报告》。

质量在全国处于中下游水平。

在社会发展方面，近年来陕西经济保持又好又快的发展势头，2013年人均GDP达42692元，居于全国中上游水平。在经济发展的同时，社会保障体系更加完善，教育水平、医疗保障能力继续提高。在民生方面，陕西应重视农村公共设施建设，如陕西的农村改水率只有40.22%，居全国第30位，政府应引导资金更多投向基础设施、民生改善等领域。另外，陕西服务业产值占GDP比重较低，成为经济发展的短板。

在协调程度方面，陕西经济与环境的协调程度较好，多数三级指标都稳中有进。但是烟（粉）尘排放量有增无减直接导致了空气质量的恶化。

（二）对策与建议

1. 采取多种措施切实改善环境质量

在改善环境空气质量方面，应严密把控空气污染源，大力推行"气化陕西"和"煤改气""煤改电"。推进绿色、低碳的生产生活方式，淘汰黄标车，强化大气污染监测防治工作。同时大力开展植树造林，通过森林的生态效应实现治霾减霾的目标。为此陕西已经出台了《陕西省全面改善城市环境空气质量工作方案》和《关中城市群治污减霾林业三年行动方案》，全力推进治气、治污、治霾。

针对水土流失，今后应继续坚持生态保护与经济发展协调统一，依托小流域综合治理、淤地坝、坡耕地综合整治、能源开发区综合治理等重点项目，加快水土流失综合治理步伐。

对于化肥施用超标严重的问题，应大力推广生态农业生产技术，科学施用化肥、农药，开展有机肥加工项目，治理和控制农业污染。

2. 加大生态保障力度

加强黄土高原地区的水土流失防治工作和植被保护工作，开展小流域综合治理和淤地坝系建设，实施封山禁牧，恢复退化植被。加强幼林抚育管护，巩固和扩大退耕还林（草）成果，促进生态系统恢复。要强化"三北"防护林建设，实施京津风沙源治理二期工程，推进防沙治沙示范区建设，依

法划定一批沙化土地封禁保护区，巩固防风固沙成果。

3. 加快现代服务业的发展

陕西在旅游、文化、教育等资源方面有得天独厚的优势，应依托悠久的历史和丰富的文化底蕴，打造以文化产业、旅游产业为代表的特色优势产业体系。同时继续抓住西部大开发的机遇，加快物流、电子商务、信息技术、金融等现代服务业的发展。2010 年陕西也出台了《陕西省服务业发展规划 (2010 ~ 2015)》，系统全面地对服务业发展的目标、重点、布局等作出了全面规划。

第三十三章
甘　肃

一　甘肃2014年生态文明建设状况

2014 年，甘肃生态文明指数（ECI）得分为 66.41 分，名列全国第 28 位。具体二级指标得分情况及排名情况见表 1。去除"社会发展"指标后，甘肃绿色生态文明指数（GECI）得分为 56.29 分，排名全国第 28 位。

表 1　2014 年甘肃生态文明建设二级指标情况汇总

二级指标	得分	排名	等级
生态活力（满分为 43.20 分）	22.63	26	4
环境质量（满分为 36.00 分）	19.60	21	3
社会发展（满分为 21.60 分）	10.13	28	4
协调程度（满分为 43.20 分）	14.06	26	3

甘肃生态活力、环境质量、协调程度、社会发展都处于全国下游水平。在生态文明建设的类型上属于低度均衡型（见图 1）。

2014 年甘肃生态文明建设三级指标具体数据见表 2。

在生态活力方面，自然保护区的有效保护处于全国领先位置，森林覆盖率虽然比较低，但是整体森林质量处于全国中游水平。受自然环境因素的影响，甘肃建成区绿化覆盖率处于全国下游水平。湿地面积占国土面积比重处于全国中下游水平。

甘肃的环境质量排名下降幅度较大，从第 16 名下降为第 24 名。其中，地表水体质量有所好转，上升至全国第 17 名，居于中游地位。环境空气质

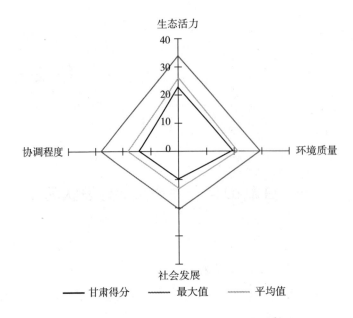

图 1　2014 年甘肃生态文明建设评价雷达图

表 2　甘肃 2014 生态文明建设评价结果

一级指标	二级指标	三级指标	指标数据	排名
生态文明指数(ECI)	生态活力	森林覆盖率	11.28	27
		森林质量	42.28 立方米/公顷	16
		建成区绿化覆盖率	32.07%	28
		自然保护区的有效保护	16.42%	4
		湿地面积占国土面积比重	3.73%	22
	环境质量	地表水体质量	63.50%	17
		环境空气质量	52.88%	20
		水土流失率	64.13%	29
		农药施用强度	18.71 千克/公顷	27
		化肥施用超标量	2.89 千克/公顷	4
	社会发展	人均 GDP	24296 元	30
		服务业产值占 GDP 比例	41%	15
		城镇化率	40.13%	29
		人均教育经费投入	1407.14 元	21
		每千人口医疗卫生机构床位数	4.49 张	20
		农村改水率	66.15%	25

续表

一级指标	二级指标	三级指标	指标数据	排名
生态文明指数(ECI)	协调程度	环境污染治理投资占 GDP 比重	2.81%	5
		工业固体废物综合利用率	55.86%	21
		城市生活垃圾无害化率	42.29%	30
		COD 排放变化效应	4.50 吨/千米	25
		氨氮排放变化效应	0.81 吨/千米	18
		二氧化硫排放变化效应	0.14 千克/公顷	26
		氮氧化物排放变化效应	0.40 千克/公顷	23
		烟(粉)尘排放变化效应	-0.25 千克/公顷	16

量排名下降幅度比较大,从第 10 名下降到第 20 名,水土流失率、农药施用强度和化肥施用超标量变化幅度不大。

在社会发展方面,服务业产值占 GDP 比例处于全国中等水平。每千人口医疗卫生机构床位数、人均教育经费投入处于全国中等水平,人均 GDP、城镇化率、农村改水率处于全国下游水平。

在协调程度方面,甘肃继续加大环境污染治理投资力度,在全国处于领先水平。工业固体废物综合利用率有一定上升,全国排名由第 25 名上升到第 21 名。

进步指数分析显示,甘肃在 2013～2014 年的总进步指数为 -0.11%,排名全国第 18 位。具体二级指标进步指数见表 3。

表 3　2013～2014 年甘肃生态文明建设二级指标进步指数

	生态活力	环境质量	社会发展	协调程度
进步指数(%)	8.86	-11.19	4.95	-2.38
全国排名	15	24	11	11

二 分析与展望

号称"雍凉之地"的甘肃是中国黄河水系、长江水系的重要途径地，是中国西北重要的生态屏障、黄土高原生态安全屏障、黄河上游生态安全屏障、长江上游生态安全屏障、河西内陆河生态安全屏障，在全国生态系统中占据非常重要的位置。在全国生态功能区划分上，甘肃分属青藏高原生态大区以及北部干旱、半干旱生态大区①。在国家重点生态功能区目录中，甘肃省有37个市县进入目录，分别承担祁连山冰川与水源涵养生态功能区、三江源草原草甸湿地生态功能区的生态保护与恢复功能，承担水源涵养态功能区、水土保持功能区、生物多样性功能区三大功能。

（一）现状与问题

甘肃生态安全的重要意义不言而喻，同时生态脆弱性高②。甘肃的水土流失率达到64.13%，水土流失严重，水体质量较差。甘肃生态环境脆弱、自然灾害频发、经济发展滞后，是国家水土流失重点治理区、地质灾害重点防治区重点攻坚区。气候干旱、植被稀少、人口增加、资源过度开发、经济增长困境等诸多不利因素挑战着甘肃的生态布局与经济布局。

以资源型产业为主体的甘肃经济，形成了过度依赖资源的产业结构，高耗能、高污染、资源型特征明显③，甘肃作为中国的资源大省，近几年来面临着开采资源与治理环境两者如何平衡的难题，在保持经济增长与优化环境之间难以取舍。《甘肃省生态保护与建设规划（2014~2020年）》对甘肃生态的战略定位进行了全新评价，首次提出了甘肃生态"是西部乃至全国重要的战略稳定器，是丝绸之路经济带建设和实现中华民族伟大复兴的'中国梦'的坚实生态后盾"的新概念，进一步阐明了甘肃生态在区域经济社会发展和国家生态战略中的重要作用，丰富了甘肃生态的战略内涵，为甘肃

---

① 中华人民共和国环境保护部：《全国生态功能区划》。
② 张龙生、李萍、张建旗：《甘肃省生态脆弱性及影响因素分析》，《中国农业资源与规划》2013年第3期，第55~59页。
③ 张慧雅：《"反弹琵琶"奏金曲》，中国经济网，http://www.ce.cn/xwzx/gnsz/gdxw/201409/03/t20140903_3471802.shtml。

生态建设理论提供了重要依据，正面回答了"甘肃如何建设国家生态安全屏障综合试验区"的问题。

（二）对策与建议

打造"丝绸之路经济带"甘肃黄金段是甘肃生态文明建设的重大战略机遇。甘肃应充分发挥战略平台的优势、资源禀赋优势、人文地缘优势、产业基础优势，走出资源—能源型不可再生且污染环境的经济增长模式，走出经济—环境不兼容的破坏模式，走出已有传统工业布局的思维定式，发展生态产业和循环经济，着力打造循环经济产业链[①]。甘肃应培育战略性新兴产业，坚持绿色发展之路，大力培养风能、光能等新能源产业，是甘肃实现经济转型发展的关键所在。

甘肃省的丝绸之路黄金通道优势十分明显，在产业布局与产业升级时，要充分考虑产业清洁引进，既要发展，又要权衡甘肃的生态脆弱带，全力做好丝绸之路的绿色屏障。

充分利用文化旅游资源，建设文化旅游生态大省。一方面，甘肃省应该加强文化建设和文化资源整合，促进文化创新与文化融合；另一方面，甘肃省应该扩大文化宣传，树立生态甘肃、美丽甘肃、开放甘肃的文化形象，带动经济、环境、文化的良性互动发展。

甘肃的经济社会发展不仅要在甘肃省范围内考虑，更要在区域经济、环境一体化的高度上考虑。甘肃省可以充分吸收借鉴京津冀地区、长三角、珠三角地区的经济建设一体化经验，以及经济发展对环境一体化的迫切要求，从区域经济一体化、区域环境一体化的高度，与周边省市进行区域经济合作，资源共享、优势互补，形成健康、协调、可持续发展的战略经济布局。

---

① 张慧雅：《"反弹琵琶"奏金曲》，中国经济网，http：//www.ce.cn/xwzx/gnsz/gdxw/201409/03/t20140903_ 3471802. shtml。

G.34

第三十四章

青 海

一 青海2014年生态文明建设状况

2014 年，青海生态文明指数（ECI）得分为 81.76 分，名列全国第 11 位。具体二级指标得分状况及排名情况见表 1。去除"社会发展"二级指标后，青海省绿色生态文明指数（GECI）得分为 70.06 分，排名全国第 11 位。

表1 2014 年青海生态文明建设二级指标情况汇总

二级指标	得分	排名	等级
生态活力（满分为43.20分）	25.71	15	3
环境质量（满分为36.00分）	27.20	2	1
社会发展（满分为21.60分）	11.70	22	3
协调程度（满分为43.20分）	17.14	17	3

青海 2014 年生态文明建设的基本特征是，环境质量位于全国中上游水平，生态活力、社会发展和协调程度位于全国中下游水平。青海的生态文明建设类型属于环境优势型（见图 1）。

2014 年青海省生态文明建设三级指标详细数据见表 2。

在生态活力方面，自然保护区的有效保护在全国排名靠前，居于第 2 位。湿地面积占国土面积比重排在全国第 5 位。森林覆盖率、森林质量和建成区绿化覆盖率这 3 项指标居全国下游水平。

在环境质量方面，化肥施用超标量、农药施用强度、地表水体质量排名靠前，环境空气质量处于中上游水平，而水土流失率处于中下游水平。

在社会发展方面，人均教育经费投入居于全国第 4 位。农村改水率位于

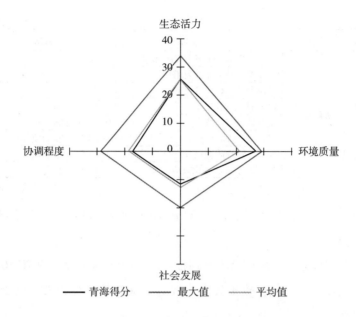

图1　2014年青海生态文明建设评价雷达图

表2　青海2014年生态文明建设评价结果

一级指标	二级指标	三级指标	指标数据	排名
生态文明 指数（ECI）	生态活力	森林覆盖率	5.63%	30
		森林质量	10.66 立方米/公顷	31
		建成区绿化覆盖率	31.2%	30
		自然保护区的有效保护	30.13%	2
		湿地面积占国土面积比重	11.27%	5
	环境质量	地表水体质量	95.30%	5
		环境空气质量	59.18	13
		水土流失率	28.38%	18
		化肥施用超标量	−48.67 千克/公顷	1
		农药施用强度	3.59 千克/公顷	4
	社会发展	人均GDP	36510 元	20
		服务业产值占GDP比例	32.80%	30
		城镇化率	48.51%	20
		人均教育经费投入	2732.39 元	4
		每千人口医疗卫生机构床位数	5.11 张	4
		农村改水率	78.65%	16

续表

一级指标	二级指标	三级指标	指标数据	排名
生态文明指数（ECI）	协调程度	环境污染治理投资占 GDP 比重	1.75%	10
		工业固体废物综合利用率	54.92%	23
		城市生活垃圾无害化率	77.83%	27
		COD 排放变化效应	1.07 吨/千米	28
		氨氮排放变化效应	0.30 吨/千米	28
		二氧化硫排放变化效应	−0.02 千克/公顷	30
		氮氧化物排放变化效应	−0.05 千克/公顷	29
		烟（粉）尘排放变化效应	−0.14 千克/公顷	13

全国第 16 位。人均 GDP、服务业产值占 GDP 比例、城镇化率 3 项指标处于全国中下游水平。

在协调程度方面，环境污染治理投资占 GDP 比重排名全国第 10 位。氨氮排放变化效应、二氧化硫排放变化效应、COD 排放变化效应则处于全国中下游水平。

进步指数分析显示，青海在 2013～2014 年的总进步指数为 2.23%，排名全国第 10 位。具体二级指标进步指数见表 3。

表3 2013～2014 年青海生态文明建设二级指标进步指数

	生态活力	环境质量	社会发展	协调程度
进步指数(%)	18.37	−10.52	4.77	−4.54
全国排名	7	22	14	20

二 分析与展望

作为三江之源的青海省，是我国重要的生态屏障，具有重要的维护国家生态安全的战略屏障生态地位①。

---

① 《中华水塔三江源，十年保护见成效——三江源生态保护和建设工程生态成效综合评估成果综述》，http://hbhl.gov.cn/xwzx/xw/snxw/201505/t20150522_355343.html。

（一）现状与问题

青海确立了生态立省战略①，积极开展生态工程建设，实施生态保护与生态养育，探索生态补偿机制，青海省政府制定了管理办法和工作细则，落实了跟踪审计和综合监理制度，开展了专项稽查和督察。监测结果表明，生态工程实施以来，三江源区草地生态系统、水体与湿地生态系统面积增加，工程前30年荒漠面积扩大的趋势发生初步逆转②。

但是我们也应该看到，青海生态文明建设面临新的任务与挑战。具体表现为：人民生活水平提高对生活空间提出新需求；新型工业化进程中的城镇化、基础设施建设对空间提出新需求；青海交通、能源、水利、信息等基础设施尚处于继续发展完善阶段，随着基础设施建设力度进一步加大，对建设用地的需求将持续增加，甚至不可避免地要占用一些耕地和绿色生态空间。

（二）对策与建议

打造世界生态公园是青海发展思路的重大提升。青海应大力发展循环绿色低碳高效经济，成为人与自然协调发展的先行区是青海的战略目标③。

保护生态就是保护生产力④。未来的经济社会发展，生态就是除了人才、科技之外的重要生产力。保持良好的生态活力与环境质量，就是保持了生产力。青海可以把生态旅游业、生态文化产业培育成新的经济增长点。例如，青海注重挖掘传统生态文化，打造生态文化品牌——"大美青海"。

青海省的发展不仅要定位于青海省自身的经济、社会、生态环境，更要立足于西部地区经济、生态区域规划与协调发展。以区域生态经济为主体，

① 罗占祥：《青海确立"生态立省"战略》，中国广播网，http：//www.cnr.cn/tupian/200811/t20081107_505145281.html。
② 《三江源区生态系统退化趋势得到初步遏制》，青海新闻网，http：//www.qhepb.gov.cn/xwzx/xw/snxw/201505/t20150522_355337.html。
③ 王志强：《青海发展战略定位：打造成世界生态公园》，《青海日报》2014年3月31日。
④ 罗保铭：《保护生态就是保护生产力的关键要素》，中国青年网，http：//news.youth.cn/zt/12ncp/gdsj/201203/t20120309_2002152.htm。

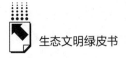

打造循环经济产业链，发展生态畜牧业经济，促进全区域自然生态系统和社会生态系统协调、可持续发展。

依托资源优势的特色工业，无污染、低污染、可持续、绿色循环型经济模式。青海省应该抓住丝绸之路经济带的战略机遇，着力打造丝绸之路经济带上的"黄金通道"。首先，应该着眼于高铁经济，交通的迅猛发展将极大带动物流、商业的发展。其次，青海应该更加重视物联网、互联网、大数据等新兴战略产业，成为丝绸之路经济带上的"数据战略通道"。

在国家层面上应该开展青海生态功能服务及经济价值评价，在评价结果的基础上，建议在国家层面开展转移贡献率量化计算评估工作。作为全国的生态安全屏障，青海省的努力有目共睹。国家应该开展生态转移贡献率量化计算，为青海省的经济、社会发展作生态补偿评估，并落实到具体政策中。

值得提出的是，以森林质量、森林覆盖率对青海的生态活力进行评价并不能反映客观情况。青海天然草原辽阔，是我国五大牧区之一，草场面积达3161万公顷，占全国可利用草原面积的15%，草原面积占全省面积的50%。因此，未来青海的生态活力评价中，应该以草原面积和草原质量作为衡量青海生态活力的重要指标，而不是森林质量和森林覆盖率。

G.35

第三十五章

宁　夏

一　宁夏2014年生态文明建设状况

2014 年，宁夏生态文明指数（ECI）得分为 71.91 分，排名全国第 25 位。具体二级指标得分及排名情况见表 1。去除"社会发展"二级指标后，宁夏绿色生态文明指数（GECI）得分为 59.09 分，全国排名第 26 位。

表 1　2014 年宁夏生态文明建设二级指标情况

二级指标	得分	排名	等级
生态活力（满分为43.20 分）	21.60	29	4
环境质量（满分为36.00 分）	20.00	20	3
社会发展（满分为21.60 分）	12.83	14	3
协调程度（满分为43.20 分）	17.49	13	3

宁夏2014 年生态文明建设的基本特点是，环境质量、社会发展、协调程度居全国中下游水平，生态活力居全国下游水平。在生态文明建设的类型上，宁夏属于相对均衡型（见图 1）。

2014 年宁夏生态文明建设三级指标数据见表 2。

具体来看，在生态活力方面，自然保护区的有效保护在全国排名靠前，居第 10 位。建成区绿化覆盖率居全国中游，湿地面积占国土面积比重排名居全国中下游，分别排名第 15 位、第 20 位。森林覆盖率、森林质量居全国下游水平。

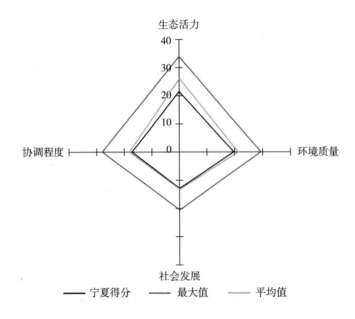

图1 2014年宁夏生态文明建设评价雷达图

表2 宁夏2014年生态文明建设评价结果

一级指标	二级指标	三级指标	指标数据	排名
生态文明指数（ECI）	生态活力	森林覆盖率	11.89%	26
		森林质量	10.68 立方米/公顷	30
		建成区绿化覆盖率	38.49%	15
		自然保护区的有效保护	10.29%	10
		湿地面积占国土面积比重	4.00%	20
	环境质量	水体环境质量	11.90%	28
		环境空气质量	68.22%	8
		水土流失率	71.37%	31
		化肥施用超标量	94.77 千克/公顷	13
		农药施用强度	2.13 千克/公顷	1
	社会发展	人均GDP	39420 元	15
		服务业产值占GDP比例	42%	10
		城镇化率	52.01%	17
		人均教育经费投入	2054.67 元	8
		每千人口医疗卫生机构床位数	4.76 张	14
		农村改水率	84.29%	13

续表

一级指标	二级指标	三级指标	指标数据	排名
生态文明指数（ECI）	协调程度	环境污染治理投资占GDP比重	2.82%	4
		工业固体废物综合利用率	73.18%	14
		城市生活垃圾无害化率	92.50%	16
		COD排放变化效应	5.04吨/千米	23
		氨氮排放变化效应	0.31吨/千米	27
		二氧化硫排放变化效应	2.22千克/公顷	5
		氮氧化物排放变化效应	2.36千克/公顷	9
		烟（粉）尘排放变化效应	−4.24千克/公顷	31

在环境质量方面，农药施用强度依然居全国最佳水平，施用强度最低。环境空气质量居全国上游水平。化肥施用超标量较低，居于全国第13位。水体环境质量差，水土流失最为严重。

在社会发展方面，人均教育经费投入、服务业产值占GDP比例居全国上游水平，分别位列第8位、第10位。人均GDP、城镇化率、每千人口医疗卫生机构床位数、农村改水率均居全国中游水平。

在协调程度方面，环境污染治理投资占GDP比重、二氧化硫排放变化效应全国排名靠前，分别居于第4位、第5位。氮氧化物排放变化效应、工业固体废物综合利用率、城市生活垃圾无害化率位居中上游，分别居于第9位、第14位、第16位。COD排放变化效应、氨氮排放变化效应居全国中下游水平。烟（粉）尘排放变化效应全国排名最低。

从年度进步情况来看，宁夏2013～2014年度的生态文明进步指数为15.69%，全国排名第2位。具体到二级指标，生态活力的进步指数为7.98%，居全国第19位；环境质量进步指数为16.81%，居全国第1位；社会发展的进步指数为4.67%，居全国第16位；协调程度的进步指数为27.97%，居全国第2位。从数据可见，宁夏2013～2014年度环境质量进步指数、协调程度进步指数全国排名靠前，生态活力进步指数排名居全国中下游，社会发展进步指数居全国中游。

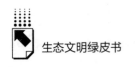
二 分析与展望

宁夏 2013～2014 年生态文明建设总进步指数为 15.69%，列全国第 2 位，进步幅度明显，在波动中上升，且在一些领域具有比较优势。近年来在农药施用强度、环境污染治理投资占 GDP 比重、环境空气质量等方面排名都比较靠前。但宁夏生态文明指数全国排名靠后。本年度，在西部 12 个省、自治区、直辖市中排名仅高于甘肃。这表明，在生态文明建设进程中，宁夏还有长的路要走，与全面建设"开放—富裕—和谐—美丽宁夏"尚有不小距离。

（一）现状与问题

发展不足仍是宁夏最大的区情。在人均 GDP 方面，自西部大开发以来，宁夏人均 GDP 虽有提高，却没有达到全国平均水平，与发达省份相比差距甚大。宁夏贫困地区占全区国土面积的 65%，贫困人口曾占全区总人口的 41%。"十二五"时期需要解决的贫困人口依然高达 105 万人，占全区农业人口的 29.7%[①]。

资源环境约束突出依然是宁夏生态文明建设面临的深层次问题。其生态环境指数[②]多年处在差、较差、一般状态。水资源严重短缺，人均当地水资源占有量为全国的 1/12，中部干旱带仅为全国的 1/72。水资源短缺，有些地区存在一定程度的地下水超采。更为严重的是，当前水环境质量相对较差，水污染较为严重。生物丰度、植被覆盖率低，水土流失多年来最为严重，中南部土地人口压力大，土地的人口容量超过合理承载能力的 8～10 倍。

---

① 宁夏回族自治区扶贫开发"十二五"规划。

② 生态环境指数（EI），EI = 0.25 × 生物丰度指数 + 0.2 × 植被覆盖指数 + 0.2 × 水网密度指数 + 0.2 × （100 − 土地退化指数）+ 0.15 × 环境质量指数。根据生态环境状况指数，将生态环境分为五级，优（EI≥75）、良（75 > EI≥55）、一般（55 > EI≥35）、较差（35 > EI≥20）和差 EI < 20。差的状态是人类生存的环境恶劣；较差的状态是存在明显限制人类生存的因素；一般的状态是较适合人类生存，但有不适合人类生存的制约因子存在。

（二）对策与建议

针对上述情况，促进经济又好又快发展依然是宁夏生态文明建设中最迫切的任务，建议宁夏在以下方面作出努力。

首先，第一产业要积极发挥农产品生态优势，培育生态农产品市场，走特色、高质、高端、高效的路子。第一产业当前的情况是社会效益高，经济效益低，应在提高经济效益方面下功夫。宁夏的农产品使用农药较少，农产品的安全健康程度最高，具有较强的比较优势。然而因其"鲜活"特性制约，其交易时间、空间受限，建议加大农产品的存储、运输、加工能力，大力发展特色农产品加工业，延长农产品的产业链，积极开拓生态农产品市场。

其次，优化升级第二产业，加强第二产业对第一产业和第三产业的关联度和辐射能力。第二产业当前经济效益高，然而资源环境约束突出。具体来说，宁夏当前第二产业的情况依赖资源消耗，倚"重"依"能"特征明显，导致重工业偏重、轻工业偏轻，高新技术产业比重低，一些产品处于产业链的前端和价值链的低端。值得一提的是，宁夏越来越重视第二产业的优化升级，2014年6月印发了《宁夏工业转型升级和结构调整实施方案》，明确了产业转型升级的主要目标、基本原则和时间表以及路线图。可以预测，随着方案的实施和推进，宁夏的第二产业将迎来一个新的发展阶段，与此同时，协调程度也会有大的提高。

再次，壮大第三产业，加快发展现代服务业。当前的第三产业经济效益较好，但面临着内部结构升级的问题。建议未来宁夏在稳定生活性服务业发展的同时，大力发展生产性服务业。比如，通过加强综合交通运输体系建设，完善现代物流体系，加快发展旅游和金融等服务业，逐步建立起生产性服务业与第一产业、第二产业尤其是第二产业发展的良性互动机制。加快第三产业内部结构升级，大幅度提高知识密集型、技术密集型现代服务业，逐步增加其在第三产业中的比重。

最后，提高经济外向度，适度"借力"。宁夏对外开放相对滞后，对周边

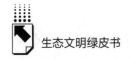

地区人力、物力等生产要素的"虹吸"效应较弱，在发展外向型经济方面，远远落后于全国平均水平。宁夏应积极寻找外部资源，开拓外部市场，突破本地资源约束。要紧紧抓住国家扶贫攻坚计划、生态移民战略、西部大开发战略、国家主体功能区规划、"一带一路"等机遇，全面提高经济外向度。

生态环境建设方面，宁夏应全力解决好水问题以及水土流失问题。

宁夏的水问题主要表现为水资源短缺、水污染严重。建议严格控制用水总量，优化用水格局，全面提高用水效率，发挥水资源效益。加大水功能区监督管理、严格纳污总量，加快水生态文明试点建设，做好表率和示范，加快水资源监控能力建设，提高管理水平。

宁夏的水土流失问题为全局问题，事关重大。在北部沿黄经济区以控制人为水土流失为主，加大预防监督力度；在中部干旱草原区人口密度小区域，依靠大自然的自我修复功能恢复生态，尽量减少生产活动；南部黄土丘陵沟壑区水土流失严重，是治理的重点。大力推广"彭阳经验"①，山水田林草路综合治理、集中连片规模治理。利用"全国防沙治沙综合示范区"政策，积极争取外部资金、技术，助力水土流失治理。

总体来看，作为西北5省、自治区中最小的一员，宁夏在生态文明建设过程中面临着一系列挑战，如经济总量、自我发展能力、产业结构、生态环境脆弱等方面的挑战，然而甘肃紧紧抓住了国家扶贫攻坚计划、生态移民战略、西部大开发战略、国家主体功能区规划、"一带一路"等机遇，立足现实，踏踏实实发展自身，在"十一五""十二五"期间不断开创全面协调可持续发展的新局面，在多个领域皆有建树。相信随着国家对宁夏的持续支持，以及宁夏全体人民的不懈努力，一个开放的、富裕的、和谐的、美丽的宁夏会很快到来。

---

① "彭阳经验"的核心和实质就是"县委决策、政府导演、水保搭台、各部门唱戏，水保立县"，"一届接着一届干，一张蓝图干到底"的水土保持工作经验和良好的协作机制。

第三十六章
新　疆

一　新疆2014年生态文明建设状况

2014 年，新疆生态文明指数（ECI）为 75.28 分，排名全国第 22 位。具体二级指标得分及排名情况见表 1。去除"社会发展"二级指标后，新疆绿色生态文明指数（GECI）为 62.46 分，全国排名第 19 位。

表1　2014 年新疆生态文明建设二级指标情况汇总

二级指标	得分	排名	等级
生态活力(满分为43.20 分)	22.63	26	4
环境质量(满分为36.00 分)	22.00	11	2
社会发展(满分为21.60 分)	12.83	14	3
协调程度(满分为43.20 分)	17.83	12	3

新疆 2014 年生态文明建设的基本特点是，环境质量居于全国上游水平，社会发展、协调程度居全国中游水平，生态活力居全国下游水平。如图 1 所示，在生态文明建设的类型上，新疆属于相对均衡型。

2014 年新疆生态文明建设三级指标数据见表 2。

具体来看，在生态活力方面，自然保护区的有效保护、森林质量在全国排名靠前，同为第 8 位。森林覆盖率、建成区绿化覆盖率、湿地面积占国土面积比重均较低。

在环境质量方面，地表水体质量、农药施用强度指标在全国处于上游水平。水土流失率高、环境空气质量差，分别居全国第 28 位和第 21 位。化肥施用超标量较高，居全国第 18 位。

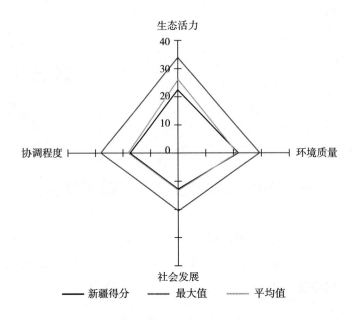

图1　2014年新疆生态文明建设评价雷达图

表2　新疆2014年生态文明建设评价结果

一级指标	二级指标	三级指标	指标数据	排名
生态文明指数（ECI）	生态活力	森林覆盖率	4.24%	31
		森林质量	48.20 立方米/公顷	8
		建成区绿化覆盖率	36.40%	23
		自然保护区的有效保护	11.74%	8
		湿地面积占国土面积比重	2.38%	27
	环境质量	水体环境质量	91.80%	6
		环境空气质量	50.41	21
		水土流失率	61.95%	28
		化肥施用超标量	164.89 千克/公顷	18
		农药施用强度	4.08 千克/千公顷	5
	社会发展	人均 GDP	37181 元	18
		服务业产值占 GDP 比例	37.40%	21
		城镇化率	44.47%	26
		人均教育经费投入	2085.32 元	7
		每千人口医疗卫生机构床位数	6.06 张	1
		农村改水率	91.91%	7

续表

一级指标	二级指标	三级指标	指标数据	排名
生态文明指数(ECI)	协调程度	环境污染治理投资占 GDP 比重	3.81%	1
		工业固体废物综合利用率	51.86%	25
		城市生活垃圾无害化率	78.09%	26
		COD 排放变化效应	5.47 吨/千米	22
		氨氮排放变化效应	0.56 吨/千米	22
		二氧化硫排放变化效应	-0.01 千克/公顷	31
		氮氧化物排放变化效应	-0.20 千克/公顷	31
		烟(粉)尘排放变化效应	-0.18 千克/公顷	14

在社会发展方面,每千人口医疗卫生机构床位数、农村改水率、人均教育经费投入在全国排名靠前,分别居于第 1 位、第 7 位和第 7 位。人均 GDP 处于全国中下游水平。城镇化率、服务业产值占 GDP 比例较弱,处于全国中下游水平。

在协调程度方面,环境污染治理投资占 GDP 比重在全国排名靠前,居第 1 位。烟(粉)尘排放变化效应居全国中游水平。工业固体废物综合利用率、城市生活垃圾无害化率、COD 排放变化效应、氨氮排放变化效应、二氧化硫排放变化效应、氮氧化物排放变化效应均处于全国下游水平。

从年度进步情况来看,新疆 2013 ~ 2014 年度的总进步指数为 4.98%,全国排名第 7 位。具体到二级指标,生态活力的进步指数为 25.20%,居全国第 4 位。环境质量进步指数为 -7.57%,居全国第 12 位;社会发展的进步指数为 4.53%,居全国第 18 位;协调程度的进步指数为 -4.55%,居全国第 21 位。

二　分析与展望

新疆 2013 ~ 2014 年生态文明进步指数全国排名靠前,居第 7 位,总体发展趋势较好。在西北 5 省中,ECI 排名居第 2 位,GECI 排名和陕西并列

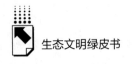

第 1 位, 具有一定的比较优势。近些年来, 新疆在环境污染治理投资占 GDP 比重、水体环境质量、农药施用强度、自然保护区的有效保护方面具有明显优势。

(一) 现状与问题

从全国范围来看, 新疆生态文明指数全国排名靠后, 除了环境质量情况较好, 生态活力、社会发展、协调程度均较弱。这表明, 在生态文明建设进程中, 新疆还有很长的路要走, 与建设 "团结和谐—繁荣富裕—文明进步—安居乐业的社会主义新疆" 目标尚有不小距离, 实现 "把新疆建设成最洁净的地方" 的蓝图还有待努力。

同西部多数省份一样, 发展不足仍是新疆最大的区情。在人均 GDP 方面, 自西部大开发以来, 新疆人均 GDP 虽有提高, 却没有达到全国平均水平, 与发达省份相比, 差距甚大。例如, 新疆 2013 年人均生产总值为 37181 元, 而天津人均 GDP 却高达 99607 元。同年, 城镇居民可支配收入为 19873.8 元, 新疆居全国第 28 位, 而居第 1 位的上海城镇居民可支配收入却高达 43851.4 元。同年, 工资性收入 1131.8 元, 居全国第 31 位, 而居第 1 位的上海工资性收入却高达 12239.4 元, 与上海的差距高达 10 倍左右[①]。这都表明, 作为国家资源能源战略基地, 其资源优势并没有完全转化为经济优势。发展成为新疆面临的首要任务, 发展仍然是解决一切新疆问题的关键, 是新疆 "团结和谐、繁荣富裕、文明进步、安居乐业" 的基础。

同西部多数省份一样, 资源环境约束突出依然是新疆生态文明建设面临的深层次问题。2009 ~ 2014 年, 森林覆盖率处于全国最低水平, 成为生态活力的明显制约因子。空气承载量尤其是城市空气承载量面临严峻挑战, 废气及烟 (粉) 尘排放总量逐年增加, 全区城市空气污染严重。

---

① 《2014 年新疆统计年鉴》。

（二）对策与建议

促进经济又好又快发展依然是新疆生态文明建设最迫切的任务，这不仅是经济问题，也是关系到长治久安、社会稳定的政治问题，建议新疆在以下方面作出努力。

首先，第一产业要积极发挥农产品生态优势，培育生态农产品市场，走特色、高质、高端、高效的路子。新疆是全国棉花基地、粮食基地、林果业基地、畜牧业基地，当前第一产业社会效益高，且具有一定的经济效益。2014年，第一产业占GDP的比重为17.6%，居全国第3位[①]。然而新疆第一产业的资源优势并没有完全转化为经济优势，突出表现就是第一产业的产业链短，附加值低，向第二产业延伸规模和幅度小。2014年，十大重点产业增加值占规模以上工业增加值的比重中，与第一产业关系较为密切的农副食品加工业仅占2%，纺织仅占1.3%[②]。因此建议，除培育生态农产品市场，提高农产品的存储、运输、加工能力外，还要大力发展农产品加工业，延长农产品产业链，提高农产品的附加值。

其次，第二产业要降低污染行业[③]比重，同时降低经济效益高的污染行业的环境效应。根据污染行业的特点，在新疆的十大重点产业中，污染行业包括石油、化工、电力、有色、煤炭，当前这些产业多是经济效益高的产业。因此，建议新疆除加大农副食品加工业、纺织业这些具有资源优势的产业支持，酌情扩大汽车、机器装备业的规模外，当务之急是下大力气促进经济效益高的污染行业向集约、循环、低碳、环保的方向转变。在这些方面，新疆通过着力建设工业园区，提升工业园区集聚发展能力，大力发展循环经济和清洁生产，加强企业技术改造，促进重点产业优化升级，并通过工业化

① 海南、黑龙江位次分别为第1、第2，《2014年新疆统计年鉴》。
② 《新疆维吾尔自治区2014年国民经济和社会发展公报》。
③ 污染行业的特点：产出过程产生大量污染物，对生态环境、人类及生物的危害较大；生产过程和技术较为复杂，运行过程对工人安全和健康产生威胁；处理和污染防治有一定的难度，所需费用大，需要大量资本、技术和管理资源来建立合理的污染防治和处理系统；是环境管理政策和法规关注的重点。

和信息化的融合提升工业化水平。但是，因其产业结构特点，环境污染风险越来越大，其一，因煤化工、石油化工行业高风险行业的快速发展，安全隐患呈倍增趋势；其二，新的环境问题逐渐表现出来。一是大量的新化学物质可能成为自然系统中新的持久性有机污染物；二是重金属污染和危险化学品环境风险问题凸显。新疆的二氧化硫排放变化效应、氮氧化物排放变化效应、工业固体废物综合利用率等指标的情况皆可印证上述观点。新疆依然面临在发展中转型、在优化中升级的严峻课题。

再次，抓住机遇，大力发展第三产业。未来新疆应紧紧抓住"一带一路"战略机遇，全面大力发展生产性服务业和生活性服务业。把新疆建设成为丝绸之路经济带上重要的交通枢纽中心、商贸物流中心、金融中心、文化科技中心、医疗服务中心，积极推动能源、农业、商贸、科技、金融和基础设施互联互通、全方位合作。打造丝绸之路国际旅游精品系列，把旅游业培育成战略性支柱产业和富民产业，把新疆建设成为我国西部新的经济增长点和对外开放的前沿地带。

在生态与环境保护方面，新疆首先应保持水环境向好的趋势，其次，全力以赴应对大气环境污染问题。近年来，部分城市空气质量出现下降趋势，如以乌鲁木齐为主的城市群冬季污染重，南疆城市春秋季沙尘天气可吸入颗粒物污染仍较为突出。要有效应对这一情况，除加强三北防护林工程、退牧还草项目的建设，推进建立大气污染综合防治体系，继续加大国土整治的资金投入，巩固小流域水土保持综合治理的效果外，新疆还应进一步抓好主要污染物总量减排、强化重点流域区域污染防治，加大重点行业脱硫脱硝工程建设。在生态活力建设方面，值得警醒的是，新疆森林覆盖率增长空间越来越小，受各种因素制约，造林面积下降，同时，自然保护区面积在萎缩，局部生态环境恶化趋势明显，如绿洲—荒漠过渡带以及农牧交错带的生态环境仍呈现恶化趋势。基于此，新疆要坚守森林覆盖面积、自然保护区面积红线，大力发展生态县、生态乡镇、生态村。

总体来看，作为西北5省、自治区中国土面积最大的一员，新疆在生态文明建设过程中面临着一系列挑战，如结构性矛盾突出、自我发展能力不强、区域发展不平衡、生态环境脆弱等。新疆紧紧抓住国家扶贫攻坚计划、生态移民战略、西部大开发战略、国家主体功能区规划、"一带一路"等战略机遇，立足现实，踏踏实实发展自身，在"十一五""十二五"期间不断开创全面协调可持续发展的新局面，在多个领域皆有建树。相信随着国家对新疆的支持力度加大，以及新疆全体人民的不懈努力，一个大美新疆会很快到来。

附录1
ECCI 2015指标解释和数据来源

本年度，经改进、完善后的 ECCI 2015 共包括 4 项二级指标和 24 项三级指标，各三级指标的具体含义、计算公式与数据来源如下。

1. 生态活力考察领域

（1）森林覆盖率：指以行政区域为单位的森林面积占区域土地总面积的比例。森林覆盖率是表现陆地生态系统安全稳定的重要指标。国家"十二五"规划提出，积极应对气候变化，推进植树造林，森林覆盖率提高到 21.66%。

计算公式：森林覆盖率 = 森林面积 ÷ 土地总面积 × 100%。

数据来源：国家林业局《第七次全国森林资源清查资料（2004 ~ 2008）》、国家统计局《中国统计年鉴》。

（2）森林质量：指行政区域内单位森林面积存在的林木树干部分的总材积，即单位森林面积的蓄积量。它是反映一个地区森林资源丰富程度的指标，也是衡量森林生态系统演替阶段和质量优劣的重要依据。国家"十二五"规划提出了要重点落实的约束性指标，森林蓄积量增加 6 亿立方米。

计算公式：森林质量 = 森林蓄积量 ÷ 森林面积。

数据来源：国家林业局《第七次全国森林资源清查资料（2004 ~ 2008）》、国家统计局《中国统计年鉴》。

（3）建成区绿化覆盖率：指行政区域内，在城市建成区中乔木、灌木、草坪等所有植被的垂直投影面积占建成区总面积的比例。建成区绿化覆盖率是表现城市生态系统健康程度的重要指标，覆盖率高能带来热岛效应降低等一系列生态效应。

计算公式：建成区绿化覆盖率＝建成区的绿化覆盖面积÷建成区总面积×100%。

数据来源：住房和城乡建设部《中国城市建设统计年鉴》、国家统计局《中国统计年鉴》。

（4）自然保护区的有效保护：指行政区域内自然保护区面积占行政区域土地总面积的比重。即为保护自然环境和自然资源，促进国民经济持续发展，经各级人民政府批准，划分出来进行特殊保护和管理的陆地和水体的面积占辖区土地总面积的比重。自然保护区的有效保护对于维护生物多样性、保障生态安全具有特别重要的意义。

计算公式：自然保护区的有效保护＝自然保护区面积÷土地总面积×100%。

数据来源：国家统计局《中国统计年鉴》。

（5）湿地面积占国土面积比重：指行政区域内湿地面积占辖区土地总面积的比重。湿地是具有最大生态生产力的生态系统，是提高生态活力的最大贡献者。

计算公式：湿地面积占国土面积比重＝湿地面积÷辖区土地总面积×100%。

数据来源：国家林业局《中国首次湿地调查资料（1995～2003）》、国家统计局《中国统计年鉴》。

2. 环境质量考察领域

（1）地表水体质量：指行政区域内Ⅰ～Ⅲ类水质的河流长度占评价总河长的比例。当前，湖泊、水库等重要水体的水质和地下水资源量和水质情况，没有按省级行政区统计发布的数据，因此，地表水体质量指标暂时用该指标来代替，以反映水体环境质量状况。

计算公式：地表水体质量＝Ⅰ～Ⅲ类水质河长÷评价总河长×100%。

数据来源：水利部《中国水资源公报》。

（2）环境空气质量：指本年度省会城市的空气质量好于二级的天数占全年天数的比例。中国环境监测总站发布了1～11月的环境空气质量综合指

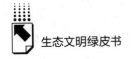

数，但缺12月的数据，因此未能采用这个更加全面综合的指标，只能采用这个指标来代替，以反映空气环境质量状况。

计算公式：环境空气质量＝本年度省会城市的空气质量好于二级的天数÷当年的总天数×100%。

数据来源：国家统计局《中国统计年鉴》。

（3）水土流失率：指行政区域内水土流失面积占辖区土地总面积的比例。这是反映土壤环境质量的一个重要指标。

计算公式：水土流失率＝水土流失面积÷土地调查面积×100%。

数据来源：国家统计局《中国统计年鉴》。

（4）化肥施用超标量：指行政区域内单位农作物播种面积的化肥施用量超过国际公认安全使用上限的量。化肥过量不合理施用会导致土壤板结、酸化等耕地质量退化问题，农业面源污染已经成为我国环境污染的最主要贡献者。化肥施用超标量是反映土壤环境质量的关键指标。

计算公式：化肥施用超标量＝化肥施用量÷农作物总播种面积－国际公认的化肥安全施用上限（225千克/公顷）。

数据来源：国家统计局《中国统计年鉴》、环境保护部《中国环境统计年鉴》。

（5）农药施用强度：指行政区域内单位农作物播种面积的农药使用量。农药施用强度也是反映土壤环境质量的关键指标。现阶段，由于农药的过量不合理使用所导致的土地污染和农产品质量安全隐患有愈演愈烈之势，值得全社会高度重视。

计算公式：农药施用强度＝农药使用量÷农作物总播种面积。

数据来源：国家统计局《中国统计年鉴》、环境保护部《中国环境统计年鉴》。

3. 社会发展考察领域

（1）人均GDP：指行政区域内实现的生产总值与辖区内常住人口的比值。人均GDP是反映经济社会发展的核心指标，能表现一个地区的经济规模、经济发展水平和发展阶段。

计算公式：人均 GDP = 国内生产总值÷辖区常住人口总数。

数据来源：国家统计局《中国统计年鉴》。

（2）服务业产值占 GDP 比例：指行政区域内第三产业生产总值占该区域实现生产总值的比例。国家"十二五"规划明确提出，要营造有利于服务业发展的环境，推动服务业大发展。

计算公式：服务业产值占 GDP 比例 = 第三产业生产总值÷地区生产总值×100%。

数据来源：国家统计局《中国统计年鉴》。

（3）城镇化率：指行政区域内居住在城镇范围内的全部常住人口占辖区内常住人口的比例。国家"十二五"规划也提出，要积极稳妥推进城镇化，加强城镇化管理，不断提升城镇化的质量和水平，目前我国还有较大发展空间。

计算公式：城镇化率 = 居住在城镇范围内的常住人口数量÷辖区常住人口总数×100%。

数据来源：国家统计局《中国统计年鉴》。

（4）人均教育经费投入：指行政区域内国家财政性教育经费、民办学校中举办者投入、社会捐赠经费、事业收入以及其他教育经费的合计与辖区内常住人口的比值。国家"十二五"规划明确提出，要健全以政府投入为主、多渠道筹集教育经费的体制，2012 年财政性教育经费支出占国内生产总值比例达到4%。

计算公式：人均教育经费投入 = 各项教育经费投入合计÷辖区常住人口总数。

数据来源：国家统计局《中国统计年鉴》。

（5）每千人口医疗卫生机构床位数：指行政区域内医院和卫生院床位数与辖区常住人口数量的比值。国家"十二五"规划提出，要不断完善公共医疗卫生服务体系。

计算公式：每千人口医疗卫生机构床位数 = 医院和卫生院床位数÷辖区常住人口总数×1000。

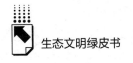

数据来源：国家统计局《中国统计年鉴》。

（6）农村改水率：指行政区域内使用自来水的农村人口数量占辖区内农村人口总数的比例。国家"十二五"规划提出，要加快实施农村饮水安全工程，改善农村生产生活条件。

计算公式：农村改水率＝使用自来水的农村人口数量÷辖区内农村人口总数×100%。

数据来源：国家卫生和计划生育委员会、环境保护部《中国环境统计年鉴》。

4. 协调程度考察领域

（1）环境污染治理投资占 GDP 比重：指行政区域内，工业新老污染源治理工程投资、当年完成环保验收项目环保投资以及城镇环境基础设施建设投入的资金，占地区生产总值的比重，反映各地对生态、环境建设的投入力度。

计算公式：环境污染治理投资占 GDP 比重＝环境污染治理投资总额÷国内生产总值×100%。

数据来源：住房和城乡建设部、环境保护部《中国环境统计年鉴》。

（2）工业固体废物综合利用率：指行政区域内，企业通过回收、加工、循环、交换等方式，从固体废物中提取或者使其转化为可以利用的资源、能源和其他原材料的固体废物量，占固体废物产生量的比例。国家"十二五"规划提出，要推行循环型生产方式，大力发展循环经济。

计算公式：工业固体废物综合利用率＝工业固体废物综合利用量÷工业固体废物产生量×100%。

数据来源：国家统计局《中国统计年鉴》。

（3）城市生活垃圾无害化率：指行政区域内，生活垃圾无害化处理量与生活垃圾产生量的比率。由于统计上生活垃圾产生量不易取得，可用清运量代替。国家"十二五"规划提出，要提高城镇生活垃圾处理能力，城市生活垃圾无害化处理率达到80%。

计算公式：城市生活垃圾无害化率＝生活垃圾无害化处理量÷生活垃圾产生量×100%。

数据来源：国家统计局《中国统计年鉴》。

（4）COD排放变化效应：指行政区域内，本年度化学需氧量排放量比上年度的减少量，与辖区内未达到Ⅲ类以上水质河流长度的比值。该指标的设置并不绝对苛求各地务必大量削减化学需氧量排放量，而是以水体质量的变化为依据，如未引起水体质量恶化，则继续排放就为合理诉求。体现降低化学需氧量排放量，改善水体质量，在生态、环境承载能力范围内有条件排放的政策导向。是国家"十二五"规划提出的需要重点控制的约束性指标，化学需氧量排放减少8%。

计算公式：COD排放变化效应=（上年度化学需氧量排放量－本年度化学需氧量排放量）÷未达到Ⅲ类以上水质河流长度。

数据来源：水利部《中国水资源公报》、国家统计局《中国统计年鉴》。

（5）氨氮排放变化效应：指行政区域内，本年度氨氮排放量比上年度的减少量，与辖区内未达到Ⅲ类以上水质河流长度的比值。本指标的设立并不绝对否定各地的氨氮排放，而是以水体质量的变化情况为依据，如未导致水体质量的恶化，即表明排放量在生态、环境容量之内，继续排放则为合理诉求。体现降低氨氮排放量，改善水体质量，在生态、环境承载能力范围内有条件排放的政策导向。是国家"十二五"规划提出的需要重点控制的约束性指标，氨氮排放需要减少10%。

计算公式：氨氮排放变化效应=（上年度氨氮排放量－本年度氨氮排放量）÷未达到Ⅲ类以上水质河流长度。

数据来源：水利部《中国水资源公报》、国家统计局《中国统计年鉴》。

（6）二氧化硫排放变化效应：指行政区域内，本年度排入大气的二氧化硫质量比上年度的减少量，与辖区面积和环境空气质量的比值。本指标并不绝对强调要减少二氧化硫等大气污染物排放量，而是以空气质量变化情况为依据，如未引起空气质量恶化，则经济社会发展导致的二氧化硫等大气污染物排放量正常上升即为合理诉求。体现降低二氧化硫等大气污染物排放量，改善空气质量，在生态、环境承载能力范围内有条件排放的政策导向。是国家"十二五"规划提出的需要重点落实的约束性指标，单位国内生产

总值二氧化硫排放减少8%。

计算公式：二氧化硫排放变化效应 =（上年度二氧化硫排放量 – 本年度二氧化硫排放量）÷（辖区土地总面积÷空气质量综合指数）。

数据来源：中国环境监测总站《京津冀、长三角、珠三角区域及直辖市、省会城市和计划单列市空气质量报告》、国家统计局《中国统计年鉴》。

（7）氮氧化物排放变化效应：指行政区域内，本年度排入大气的氮氧化物质量比上年度的减少量，与辖区面积和环境空气质量的比值。本指标并不绝对强调要减少氮氧化物等大气污染物排放量，而是以空气质量变化情况为依据，如未引起空气质量恶化，则经济社会发展导致的氮氧化物等大气污染物排放量正常上升即为合理诉求。体现降低氮氧化物等大气污染物排放量，改善空气质量，在生态、环境承载能力范围内有条件排放的政策导向。是国家"十二五"规划提出的需要重点落实的约束性指标，单位国内生产总值氮氧化物排放削减10%。

计算公式：氮氧化物排放变化效应 =（上年度氮氧化物排放量 – 本年度氮氧化物排放量）÷（辖区土地总面积÷空气质量综合指数）。

数据来源：中国环境监测总站《京津冀、长三角、珠三角区域及直辖市、省会城市和计划单列市空气质量报告》、国家统计局《中国统计年鉴》。

（8）烟（粉）尘排放变化效应：指行政区域内，本年度排入大气的烟（粉）尘质量比上年度的减少量，与辖区面积和环境空气质量的比值。本指标并不绝对强调要减少烟（粉）尘等大气污染物排放量，而是以空气质量变化情况为依据，如未引起空气质量恶化，则经济社会发展导致的烟（粉）尘等大气污染物排放量正常上升即为合理诉求。体现降低烟（粉）尘等大气污染物排放量，改善空气质量，在生态、环境承载能力范围内有条件排放的政策导向。

计算公式：烟（粉）尘排放变化效应 =（上年度烟（粉）尘排放量 – 本年度烟（粉）尘排放量）÷（辖区土地总面积÷空气质量综合指数）。

数据来源：中国环境监测总站《京津冀、长三角、珠三角区域及直辖市、省会城市和计划单列市空气质量报告》、国家统计局《中国统计年鉴》。

附录2
ECCI 2015算法及分析方法

（一）相对评价算法

ECCI 2015采用的相对评价算法，首先，根据三级指标选取情况，明确正指标和逆指标；然后，采用统一的Z分数（标准分数）方式，对三级指标进行无量纲化，赋予等级分；最后，对各指标得分加权求和，实现对各省域生态文明建设状况的量化评价。

1. 数据标准化

对三级指标数据无量纲化，采用了统一的Z分数（标准分数）处理方式，避免数据过度离散可能导致的误差。

首先，计算出三级指标原始数据的平均值与标准差。

然后，剔除大于2.5倍标准差以上的数据，确保最后留下的数据标准差在2.5以内（$-2.5 < \partial < 2.5$，2.5个标准差包括了整体数据的96%）。

2. 计算临界值

根据标准分数计算规则，以标准分数-2，-1，0，1，2为临界点，计算组内临界值。

3. 赋予等级分，构建连续型随机变量

按照临界值，给各三级指标赋予1~6分的等级分。小于标准分数-2临界值的数据，赋予1分；标准分数-2与-1临界值之间的数据，赋予2分；标准分数-1与0临界值之间的数据，赋予3分；标准分数0与1临界值之间的数据，赋予4分；标准分数1与2临界值之间的数据，赋予5分；最后，大于标准分数2临界值以上的数据，赋予6分。构建成符合正态分布

的连续型数据结构。

4.计算三级指标等级分数

将三级指标原始数据转换为等级分数。其中，等级分 1 分出现的概率约为 2%，2 分出现概率约为 14%，3 分出现概率约为 34%，4 分出现概率约为 34%，5 分出现概率约为 14%，6 分出现概率约为 2%。

5.对指标体系赋权

ECCI 2015 四项二级指标的权重，在广泛征求专家意见的基础上进行了调整，其中，生态活力和协调程度赋予最高的权重，环境质量次之，最后是社会发展，生态活力、环境质量、社会发展、协调程度的权重分别为 30%、25%、15%、30%。环境直接支撑着人类社会的生存与发展，而生态系统范围更大、具有更基础性的地位和作用，且全球范围内都存在局部环境质量状况改善整体生态保护形势严峻的现象，因此，对生态活力赋予更高的权重。社会发展是生态文明建设的应有之义，但当今社会普遍强调经济发展，大有唯 GDP 论英雄之势，且不科学的发展正是导致生态、环境、资源危机的根源所在，故社会发展二级指标权重较以往略有降低。建设生态文明的关键就是要实现协调发展，因此，协调程度也被赋予较高权重。

三级指标权重的确定采用德尔菲法（Delphi Method）。选取 50 余位生态文明相关研究领域专家，发放加权咨询表，让专家根据自身认识的各指标重要性，分别赋予 5、4、3、2、1 的权重分，最后经统计整理得出各三级指标的权重分和权重。各级指标权重分配见表 1。

6.逆指标确定

根据各指标解释和具体含义，结合专家咨询意见，ECCI 2015 中水土流失率、化肥施用超标量、农药施用强度等 3 项指标为逆指标，其余 21 项为正指标。正指标的原始数据越大，等级分得分越高；逆指标原始数据越小，等级分得分越高。

7.特殊值处理

全国统一发布的数据中，部分指标存在个别地区数据缺失的情况，ECCI 2015 评价时采取赋予平均等级分的办法处理，对于各省本年度均未发

表1　生态文明建设评价指标体系（ECCI 2015）权重分配表

一级指标	二级指标	三级指标	权重分	权重（%）
生态文明建设评价指标体系（ECCI 2015）	生态活力（30%）	森林覆盖率	4	8.57
		森林质量	2	4.29
		建成区绿化覆盖率	2	4.29
		自然保护区的有效保护	4	8.57
		湿地面积占国土面积比重	2	4.29
	环境质量（25%）	地表水体质量	4	6.67
		环境空气质量	5	8.33
		水土流失率	2	3.33
		化肥施用超标量	2	3.33
		农药施用强度	2	3.33
	社会发展（15%）	人均GDP	5	4.69
		服务业产值占GDP比例	4	3.75
		城镇化率	2	1.88
		人均教育经费投入	2	1.88
		每千人口医疗卫生机构床位数	2	1.88
		农村改水率	1	0.94
	协调程度（30%）	环境污染治理投资占GDP比重	3	4.29
		工业固体废物综合利用率	4	5.71
		城市生活垃圾无害化率	2	2.86
		COD排放变化效应	3	4.29
		氨氮排放变化效应	3	4.29
		二氧化硫排放变化效应	2	2.86
		氮氧化物排放变化效应	2	2.86
		烟（粉）尘排放变化效应	2	2.86

布新数据的指标，则使用上年度数据代替。例如，西藏的农村改水率、城市生活垃圾无害化率等数据缺失，相应指标等级分直接赋3.5分；各地区教育经费投入数据未公布，权宜之计是采用上年数据代替。

　　部分指标由于个别省份原始数据极大或极小，导致整个指标数据序列离散度较大，由此计算出的标准差和平均值可能出现偏差，为真实表现数据的分布特性，平衡数据整体，直接剔除这种极端值，在等级分赋值时赋予最高（最低）6分（1分）。例如，湿地面积占国土面积比重指标，上海达

73.27%，而山西仅为0.97%，上海该指标的等级分就直接赋6分；农药施用强度指标，海南高达51.26千克/公顷，宁夏为2.13千克/公顷，海南该指标等级分就直接赋予1分。

污染物排放变化效应指标，反映地区资源能源消耗产生的污染物排放与生态、环境承载能力之间的关系，包括水体污染物排放变化效应指标（COD排放变化效应、氨氮排放变化效应）和大气污染物排放变化效应指标（二氧化硫排放变化效应、氮氧化物排放变化效应、烟（粉）尘排放变化效应）。为体现不仅追求污染物总量减排，更重环境质量改善的目标导向，对污染物排放变化效应指标数据的处理，引入环境质量达标判断，如环境质量未达国家相关要求标准，该指标等级分直接赋予最低1分，环境质量达到天花板值，则给该指标赋予6分。例如，水体污染物排放变化效应指标，先判断其主要流域水质优良（达到或优于Ⅲ类）比例是否达到70%（我国《水污染防治行动计划》的要求），未达到者该指标直接赋予1分，如果水质优良已达100%，则该指标赋予6分；大气污染物排放变化效应指标也一样，先判断省会城市年均PM2.5浓度是否超过二级空气质量规定的上限（35毫克/立方米），超过的地区等级分直接赋予1分，如果空气质量达到及好于二级的天数为100%，则直接赋予6分，其他环境质量达标而未到天花板值的省份再按照Z分数方式赋予等级分。

8. 计算ECI、GECI得分

根据各指标所得等级分，按权重加权求和，可计算出二级指标评价得分。所有二级指标得分再次加权求和，即获得反映各省整体生态文明建设状况的生态文明指数（ECI 2015）。为侧重从生态、环境以及协调发展的角度考察各省域生态文明建设情况，课题组去掉社会发展二级指标得分，计算了各省的绿色生态文明指数（GECI 2015）。

（二）ECCI 2015分析方法

为克服相对评价算法的不足，课题组继续根据三级指标原始数据和评价结果，进行了类型分析、相关性分析和年度进步指数分析，并根据指标的调整，丰富了进步指数的算法。

1. 整体性聚类分析

评价结果显示，各省份不仅 ECI 得分差异明显，即使得分相近的省份，其生态活力、环境质量、社会发展、协调程度各方面的建设情况也不尽一致，表明它们处在不同的生态文明建设阶段，属于不同的生态文明建设类型。为帮助各省域定位生态文明建设类型，明确优势与不足。课题组根据最新数据及评价结果，按照各省生态活力、环境质量、社会发展、协调程度二级指标得分等级，以及二级指标间的相互关系，采用聚类分析方法，将全国31 个省级行政区（未包括港澳台），划分为均衡发展型、社会发达型、生态优势型、相对均衡型、环境优势型、低度均衡型等六种生态文明建设类型。

2. 相关性分析

ECCI 2015 采用多指标综合评价法，指标间相互影响、联系密切。为探寻生态文明建设的主要驱动因素和下一步生态文明建设的重点，本年度继续采用皮尔逊（Pearson）积差相关，并选择可信度较高的双尾（又称为双侧检验：Two-tailed）检验方法，利用 SPSS 软件对最新数据展开相关性分析。

3. 年度进步指数分析

本年度，课题组继续根据三级指标原始数据进行生态文明建设进步指数分析，反映全国及各省的生态文明建设成效和变化情况。鉴于我国现行统计数据发布情况，国家层次的数据相对全面，为更准确地判断我国整体生态文明建设发展态势，对全国和各省的进步指数分析部分指标所选用数据及算法稍有差异。

全国和各省进步指数计算过程中，湿地面积占国土面积比重、水体质量和人均教育经费投入三项指标数据来源略有不同。各省分析时，湿地面积占国土面积比重直接采用国家统计年鉴发布数据，水体质量使用主要流域优于三类水质河长比例，人均教育经费投入因数据缺失按无进步也无退步处理。全国进步指数分析，湿地面积占国土面积比重使用了同口径统计数据，湿地面积减少 8.82%；水体质量综合考虑主要流域、湖泊（水库）和地下水的水质变化情况，各自权重按 25%、25%、50% 分配；人均教育经费投入有

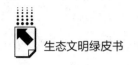
数据支撑，通过进步指数算法核算。

进步指数分析算法方面，化肥施用超标量、COD排放变化效应、氨氮排放变化效应、二氧化硫排放变化效应、氮氧化物排放变化效应、烟（粉）尘排放变化效应等6项三级指标采用了与其他指标不同的年度进步率算法。

首先，化肥施用超标量指标，根据其指标计算公式，为单位播种面积化肥施用强度减去国际公认的化肥安全使用上限（225千克/公顷），如果正常采用逆指标年度进步率算法，分子分母均减去225，由此计算出来的进步率可能与现实不符，因此，化肥施用超标量的年度进步率，使用上年度单位播种面积化肥施用量的超标率（与国际公认化肥安全使用上限比较）减去本年度化肥施用超标率。

其次，COD排放变化效应和氨氮排放变化效应指标本身已有年度变化的含义，计算年度进步率则直接使用它们的绝对量数据，具体算法为：COD排放变化效应进步率，采用上年度化学需氧量排放量与Ⅰ～Ⅲ类水质河长比例的比值除以本年度化学需氧量排放量与Ⅰ～Ⅲ类水质河长比例的比值，减去1，乘以100%。氨氮排放变化效应进步率，采用上年度氨氮排放量与Ⅰ～Ⅲ类水质河长比例的比值除以本年度氨氮排放量与Ⅰ～Ⅲ类水质河长比例的比值，减去1，乘以100%。

同样，二氧化硫排放变化效应、氮氧化物排放变化效应、烟（粉）尘排放变化效应指标也有年度变化的含义，空气质量采用年度平均空气质量综合指数。具体年度进步率算法为：二氧化硫排放变化效应进步率，采用上年度二氧化硫排放量除以辖区土地总面积与空气质量综合指数的比值，除以本年度二氧化硫排放量与辖区土地总面积和空气质量综合指数的比值，减去1，乘以100%：

$$\left\{\frac{[\text{上年度二氧化硫排放总量}/(\text{辖区面积}/\text{空气质量综合指数})]}{[\text{本年度二氧化硫排放总量}/(\text{辖区面积}/\text{空气质量综合指数})]} - 1\right\} \times 100\%$$

氮氧化物排放变化效应进步率，采用上年度氮氧化物排放量除以辖区土地总面积与空气质量综合指数的比值，除以本年度氮氧化物排放量与辖区土地总面积和空气质量综合指数的比值，减去1，乘以100%：

$$\left\{\frac{[上年度氮氧化物排放总量／(辖区面积／空气质量综合指数)]}{[本年度氮氧化物排放总量／(辖区面积／空气质量综合指数)]} - 1\right\} \times 100\%$$

烟（粉）尘排放变化效应进步率，采用上年度烟（粉）尘排放量除以辖区土地总面积与空气质量综合指数的比值，除以本年度烟（粉）尘排放量与辖区土地总面积和空气质量综合指数的比值，减去 1，乘以 100%：

$$\left\{\frac{[上年度烟(粉)尘排放总量／(辖区面积／空气质量综合指数)]}{[本年度烟(粉)尘排放总量／(辖区面积／空气质量综合指数)]} - 1\right\} \times 100\%$$

其余三级指标年度进步率算法与往年一致，正指标年度进步率为本年度数据除以上年度数据（逆指标用上年度数据除以本年度数据），减去 1，乘以 100%。由三级指标年度进步率加权求和，计算出各二级指标的年度进步指数和整体生态文明建设进步指数。最终进步指数计算结果，数据为正值表明生态文明建设有进步，反之则表示退步。

G. 39

参考文献

一、译著

〔德〕弗里德希·亨特布尔格、弗莱德·路克斯、玛尔库斯·史蒂文：《生态经济政策：在生态专制和环境灾难之间》，葛竞天、从明才、姚力、梁媛译，东北财经大学出版社，2005。

〔美〕大卫·弗里德曼（David Freedman）等：《统计学》，魏宗舒、施锡铨等译，中国统计出版社，1997。

〔美〕巴里·康芒纳：《封闭的循环》，侯文蕙译，吉林人民出版社，1997。

〔美〕丹尼斯·米都斯等：《增长的极限》，李宝恒译，吉林人民出版社，1997。

〔美〕赫尔曼·E. 戴利、肯尼思·N. 汤森：《珍惜地球》，马杰、钟斌、朱又红译，商务印书馆，2001。

〔美〕霍尔姆斯·罗尔斯顿：《环境伦理学：大自然的价值以及人对大自然的义务》，杨通进译，中国社会科学出版社，2000。

〔美〕加勒特·哈丁：《生活在极限之内》，戴星翼、张真译，上海译文出版社，2007。

〔美〕杰弗里·希尔：《自然与市场：捕获生态服务链的价值》，胡颖廉译，中信出版社，2006。

〔美〕莱斯特·R. 布朗：《生态经济：有利于地球的经济构想》，林自新、戢守志等译，东方出版社，2002。

〔美〕蕾切尔·卡逊：《寂静的春天》，吕瑞兰、李长生译，吉林人民出版社，1997。

〔美〕理查德·瑞吉斯特：《生态城市——建设与自然平衡的人居环

境》，王如松、胡聃译，社会科学文献出版社，2002。

〔美〕理查德·瑞杰斯特：《生态城市伯克利：为一个健康的未来建设城市》，沈清基、沈贻译，中国建筑工业出版社，2004。

〔美〕罗纳德·哈里·科斯著：《企业、市场与法律》，盛洪、陈郁译，格致出版社、上海三联书店、上海人民出版社，2009。

〔美〕马修·卡恩：《绿色城市：城市发展与环境》，孟凡玲译，中信出版社，2007。

〔美〕约翰·贝米拉·福斯特：《生态危机与资本主义》，耿建新、宋兴无译，上海译文出版社，2006。

〔西〕米格尔·鲁亚诺：《生态城市：60 个优秀案例研究》，吕晓惠译，中国电力出版社，2007。

〔英〕乔·特里威克（Jo Treweek）：《生态影响评价》，国家环境保护总局环境工程评估中心译，中国环境科学出版社，2006。

〔英〕阿诺德·汤因比：《人类与大地母亲》，徐波等译，上海人民出版社，2001。

〔英〕大卫·布林尼：《生态学》，李彦译，北京三联书店，2003。

〔英〕罗宾·柯林伍德：《自然的观念》，吴国盛、柯映红译，华夏出版社，1990。

〔英〕马凌诺斯基：《文化论》，费孝通译，华夏出版社，2002。

〔英〕迈克·詹克斯、伊丽莎白·伯顿、凯蒂·威廉姆斯：《紧缩城市——一种可持续发展的城市形态》，周玉鹏、龙洋、楚先锋译，中国建筑工业出版社，2004。

《21 世纪议程》，国家环境保护局译，中国环境科学出版社，1993。

世界环境与发展委员会：《我们共同的未来》，王之佳、柯金良等译，吉林人民出版社，2004。

二、著作

《生态文明建设读本》编撰委员会：《生态文明建设读本》，浙江人民出

版社，2010。

北京大学中国可持续发展研究中心、东京大学生产技术研究所：《可持续发展：理论与实践》，中央编译出版社，1997。

本书编写组：《生态文明建设学习读本》，中共中央党校出版社，2007。

曹凑贵：《生态学概论》，高等教育出版社，2002。

陈学明：《生态文明论》，重庆出版社，2008。

陈宗兴、祝光耀：《生态文明建设》（理论卷/实践卷），学习出版社，2014。

迟福林：《第二次改革——中国未来30年的强国之路》，中国经济出版社，2010。

国家环境保护总局：《全国生态现状调查与评估》（综合卷），中国环境科学出版社，2005。

国家林业局宣传办公室、广州市林业局：《生态文明建设理论与实践》，中国农业出版社，2008。

国务院发展研究中心课题组：《主体功能区形成机制和分类管理政策研究》，中国发展出版社，2008。

胡锦涛：《坚定不移沿着中国特色社会主义道路前进，为全面建成小康社会而奋斗——在中国共产党第十八次全国代表大会上的报告》，人民出版社，2012。

姬振海：《生态文明论》，人民出版社，2007。

江泽慧等：《中国现代林业》，中国林业出版社，2008。

江泽民：《在庆祝中国共产党成立八十周年大会上的讲话》，人民出版社，2001。

姜春云：《姜春云调研文集——生态文明与人类发展卷》，中央文献出版社、新华出版社，2010。

李惠斌、薛晓源、王治河：《生态文明与马克思主义》，中央编译出版社，2008。

廖福霖：《生态文明建设理论与实践》，中国林业出版社，2001。

刘思华：《刘思华选集》，广西人民出版社，2000。

刘湘溶：《生态文明论》，湖南教育出版社，1999。

卢风：《从现代文明到生态文明》，中央编译局出版社，2009。

卢风：《启蒙之后》，湖南大学出版社，2003。

卢风：《人类的家园》，湖南大学出版社，1996。

卢风等：《生态文明新论》，中国科学技术出版社，2013。

《中共中央关于全面深化改革若干重大问题的决定》，人民出版社，2013。

沈国明：《21世纪生态文明：环境保护》，上海人民出版社，2005。

王玉梅：《可持续发展评价》，中国标准出版社，2008。

吴风章：《生态文明构建——理论与实践》，中央编译局出版社，2008。

许启贤：《世界文明论研究》，山东人民出版社，2001。

薛晓源、李惠斌：《生态文明研究前沿报告》，华东师范大学出版社，2007。

严耕、林震、杨志华：《生态文明理论构建与文化资源》，中央编译出版社，2009。

严耕、王景福等：《中国生态文明建设》，国家行政学院出版社，2013。

严耕、杨志华：《生态文明的理论与系统建构》，中央编译出版社，2009。

严耕等：《中国生态文明建设发展报告2014》，北京大学出版社，2015。

严耕等：《中国省域生态文明建设评价报告（ECI 2010）》，社会科学文献出版社，2010。

严耕等：《中国省域生态文明建设评价报告（ECI 2011）》，社会科学文献出版社，2011。

严耕等：《中国省域生态文明建设评价报告（ECI 2012）》，社会科学文献出版社，2012。

严耕等：《中国省域生态文明建设评价报告（ECI 2013）》，社会科学文献出版社，2013。

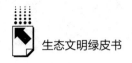
严耕等：《中国省域生态文明建设评价报告（ECI 2014）》，社会科学文献出版社，2014。

杨通进、高予远：《现代文明的生态转向》，重庆出版社，2007。

叶裕民：《中国城市化与可持续发展》，科学出版社，2007。

余谋昌：《生态文明论》，中央编译出版社，2010。

张慕萍、贺庆棠、严耕：《中国生态文明建设的理论与实践》，清华大学出版社，2008。

章友德：《城市现代化指标体系研究》，高等教育出版社，2006。

中共中央文献研究室：《科学发展观重要论述摘编》，中央文献出版社、党建读物出版社，2008。

中共中央文献研究室：《毛泽东邓小平江泽民论科学发展》，中央文献出版社、党建读物出版社，2008。

中共中央宣传部：《习近平总书记系列重要讲话读本》，学习出版社、人民出版社，2014。

中共中央宣传部编《科学发展观学习读本》，学习出版社，2008。

中共中央宣传部理论局编《中国特色社会主义理论体系学习读本》，学习出版社，2008。

中国环境监测总站：《中国生态环境质量评价研究》，中国环境科学出版社，2004。

中国科学院可持续发展战略研究组：《2008中国可持续发展战略报告：政策回顾与展望》，科学出版社，2008。

中国科学院可持续发展战略研究组：《2009中国可持续发展战略报告：探索中国特色的低碳道路》，科学出版社，2009。

中国可持续发展林业战略研究项目组：《中国可持续发展林业战略研究》（战略卷），中国林业出版社，2003。

中国现代化战略研究课题组、中国科学院中国现代化研究中心：《中国现代化报告2007：生态现代化研究》，北京大学出版社，2007。

周海林：《可持续发展原理》，商务印书馆，2004。

诸大建：《生态文明与绿色发展》，上海人民出版社，2008。

庄锡昌等：《多维视角中的文化理论》，浙江人民出版社，1987。

左其亭、王丽、高军省：《资源节约型社会评价——指标·方法·应用》，科学出版社，2009。

三、期刊论文

北京林业大学生态文明研究中心：《中国省级生态文明建设评价报告》，《中国行政管理》2009 年第 11 期。

杜斌、张坤民、彭立颖：《国家环境可持续能力的评价研究：环境可持续性指数 2005》，《中国人口·资源与环境》2006 年第 1 期。

关琰珠、郑建华、庄世坚：《生态文明指标体系研究》，《中国发展》2007 年第 2 期。

蒋小平：《河南省生态文明评价指标体系的构建研究》，《河南农业大学学报》2008 年第 1 期。

马凯：《坚定不移推进生态文明建设》，《求是》2013 年第 9 期。

潘岳：《论社会主义生态文明》，《绿叶》2006 年第 10 期。

申曙光：《生态文明及其理论与现实基础》，《北京大学学报》1994 年第 3 期。

吴明红、严耕：《高校生态文明教育的路径探析》，《黑龙江高教研究》2012 年第 12 期。

谢洪礼：《关于可持续发展指标体系的述评》（二），《统计研究》1999 年第 1 期。

谢洪礼：《关于可持续发展指标体系的述评》（一），《统计研究》1998 年第 6 期。

严耕、林震、吴明红：《中国省域生态文明建设的进展与评价》，《中国行政管理》2013 年第 10 期。

严耕、杨志华、林震等：《2009 年各省生态文明建设评价快报》，《北京林业大学学报》（社会科学版）2010 年第 1 期。

杨开忠、杨咏、陈洁：《生态足迹分析理论与方法》，《地球科学进展》，2000年第6期。

杨开忠：《谁的生态最文明》，《中国经济周刊》2009年第32期。

杨志华、严耕：《中国当前生态文明建设关键影响因素及建设策略》，《南京林业大学学报》（人文社会科学版）2012年第4期。

杨志华、严耕：《中国当前生态文明建设六大类型及其策略》，《马克思主义与现实》2012年第6期。

耶鲁大学环境法律与政策中心、哥伦比亚大学国际地球科学信息网络中心：《2006环境绩效指数（EPI）报告》（上），高秀平、郭沛源译，《世界环境》2006年第6期。

耶鲁大学环境法律与政策中心、哥伦比亚大学国际地球科学信息网络中心：《2006环境绩效指数（EPI）报告》（下），高秀平、郭沛源译，《世界环境》2007年第1期。

叶文虎、仝川：《联合国可持续发展指标体系述评》，《中国人口·资源与环境》1997年第3期。

余谋昌：《生态文化问题》，《自然辩证法研究》1989年第4期。

余谋昌：《生态文明：建设中国特色社会主义的道路——对十八大大力推进生态文明建设的战略思考》，《桂海论丛》2013年第1期。

俞可平：《科学发展观与生态文明》，《马克思主义与现实》2005年第4期。

张高丽：《大力推进生态文明　努力建设美丽中国》，《求是》2013年第24期。

张丽君：《可持续发展指标体系建设的国际进展》，《国土资源情报》2004年第4期。

浙江省发展计划委员会课题组：《生态省建设评价指标体系研究》，《浙江经济》2003年第7期。

钟茂初、张学刚：《环境库兹涅茨曲线理论及研究的批评综论》，《中国人口·资源与环境》2010年第2期。

钟明春：《生态文明研究述评》，《前沿》2008年第8期。

四、报纸文献

李景源、杨通进、余涌：《论生态文明》，《光明日报》2004年4月30日。

潘岳：《论社会主义生态文明》，《中国经济时报》2006年9月26日。

齐联：《致公党中央在提案中建议要建立生态文明指标体系》，《中国绿色时报》2008年3月6日，第A01版。

五、网络文献

国家林业局：《2011中国林业发展报告》，http：//www. forestry. gov. cn/CommonAction. do？ dispatch = index&colid = 62（2013 – 5 – 18）。

国家林业局：《2012中国林业发展报告》，http：//www. forestry. gov. cn/CommonAction. do？ dispatch = index&colid = 62 2013 – 5 – 18。

国家林业局：《第八次全国森林资源清查结果新闻发布会》，http：//cftv. forestry. gov. cn：8080/ivss/web/jwzt/service09/inMeetingMgr/web/2010 – 05 – 26/16 – 27 – 54_ 44646943090083786 15/after_ meeting. jsp？ meetingId = 379&isLogin = no。

环境保护部：《环境保护部开展华北平原排污企业地下水污染专项检查》，http：//www. zhb. gov. cn/gkml/hbb/qt/201305/t20130509_ 251858. htm（2013 – 5 – 26）。

申振东等：《建设贵阳市生态文明城市的指标体系与监测方法》，http：//www. gyjgdj. gov. cn/contents/63/9485. html。

世界卫生组织：《世界卫生组织关于颗粒物、臭氧、二氧化氮和二氧化硫的空气质量准则（2005年全球更新版）风险评估概要》，http：//www. who. int/publications/list/who_ sde_ phe_ oeh_ 06_ 02/zh/（2013 – 5 – 21）。

浙江省统计局：《浙江省生态文明建设的统计测度与评价》，http：//www. zj. stats. gov. cn/art/2010/1/18/art – 281 – 38807. html。

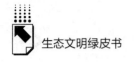
六、其他文献

国家林业局:《中国森林可持续经营标准与指标》(中华人民共和国林业行业标准 LY/T1594 - 2002)。

环境保护部、国家质量监督检验检疫总局:《环境空气质量标准》(GB3095_ 2012),2012 年 2 月 29 日发布。

环境保护部、中国科学院:《全国生态功能区划》,2008。

中国环境监测总站:《京津冀、长三角、珠三角区域及直辖市、省会城市和计划单列市空气质量报告》,2013。

七、英文文献

Arthur P. J. Mol, David A. *Sonnenfeld and Gert Spaargaren*, *The Ecological Modernisation Reader*, Routledge, London and New York, 2009.

Cai DW. "Understand the Role of Chemical Pesticides and Prevent Misuses of Pesticides." *Bulletin of Agricultural Science and Technology*. 2008 (1).

Christopher Belshaw, *Environmental Philosophy*, Montreal & Kingston: McGill - Queen's University Press, 2001.

Ronald W. Hepburn, *Philosophical Ideas of Nature*, in The Encyclopedia of Philosophy, Macmillan Publishing Co., Inc. & The Free Press, 1967.

The Ramsar Convention on Wetlands, The List of Wetlands of International Importance (2013 - 3 - 21) http://www. ramsar. org/cda/en/ramsar - documents - list/main/ramsar/1 - 31 - 218_ 4000_ 0_ _ (2013 - 04 - 01).

八、数据来源

经济合作与发展组织统计数据, http://stats. oecd. org/。

联合国环境规划署环境数据, http://geodata. grid. unep. ch/。

联合国粮食及农业组织(FAO)统计资料, http://www. fao. org/corp/statistics/zh/。

联合国统计司千年发展目标指标，http：//unstats. un. org/unsd/mdg/Data. aspx。

世界银行数据库，http：//data. worldbank. org. cn/indicator/。

世界资源研究所统计数据集，http：//earthtrends. wri. org/publications/data – sets。

中华人民共和国国家统计局：《环境统计数据 2011》，http：//www. stats. gov. cn/tjsj/qtsj/hjtjzl/hjtjsj2011/（2013 – 5 – 25）。

中华人民共和国国家统计局、环境保护部：《中国环境统计年鉴》，中国统计出版社，2003 ~ 2014。

中华人民共和国国家统计局农村社会经济调查司：《中国农村统计年鉴》，中国统计出版社，1991 ~ 2011。

中华人民共和国国家统计局：《中国能源统计年鉴》，中国统计出版社，2003 ~ 2014。

中华人民共和国国家统计局：《中国统计年鉴》，中国统计出版社，1991 ~ 2015。

中华人民共和国水利部：《中国水资源公报》，中国水利水电出版社，2001 ~ 2014。

G.40
后 记

《中国省域生态文明建设评价报告（ECI 2015）》是连续第 6 部年度出版的生态文明绿皮书，也是国家社科基金一般项目"完善中国省域生态文明建设评价指标体系研究"（项目编号：14BKS054）和国家社科基金青年项目"中国生态建设国际比较研究"（项目编号：13CKS022）的阶段性成果。本年度，ECCI 整体框架基本保持稳定，局部指标、算法略有调整，在继续坚持绝对协调评价，反映各省域资源能源消耗和污染物排放与生态、环境承载能力关系的基础上，引入环境质量达标判断，体现主要污染物强度控制与总量减排并举，尤其兼顾环境质量改善的目标导向。

本书是课题组集体长期研究的成果。课题研究、全书谋篇布局及统稿工作均在严耕主持下完成，吴明红、樊阳程、杨志华、杨智辉、金灿灿、陈佳、田浩、巩前文、杨昌军等协助严耕做了大量研究和编写工作。

课题组成员分工协作，完成本书的撰写。第一部分"中国省域生态文明建设评价总报告"，集全书之精华，凝聚着课题组的主要观点，由严耕拟定写作思路，杨志华、樊阳程、吴明红、巩前文参与拟写初稿，严耕最终修改、定稿。

第二部分"ECCI 理论与分析"，包括五个分报告。第一章"ECCI 2015理论框架"，介绍 ECCI 理论基础、设计思路、评价分析方法以及最新进展，由杨志华执笔；第二章"中国生态文明建设的国际比较"，完善了 ECCI 国际版，樊阳程执笔；第三章"生态文明建设类型"，解析各省生态文明建设的优势与短板，金灿灿执笔；第四章"相关性分析"，探寻生态文明建设的主要驱动因素，杨智辉执笔；第五章"年度进步指数"，反映我国生态文明建设的成效与发展态势，吴明红执笔。

　　第三部分"省域生态文明建设分析",评价、分析我国 31 个省、自治区、直辖市(不含港澳台)的生态文明建设状况,提出针对性的政策建议。田浩执笔吉林、辽宁,陈丽鸿执笔云南、贵州,张秀芹执笔宁夏、新疆,李飞执笔浙江、安徽,仲亚东执笔广东、广西,高兴武执笔内蒙古、西藏,徐保军执笔重庆、四川,杨昌军执笔上海、江苏,郎洁执笔山西、黑龙江,展洪德执笔河南、河北,李媛辉执笔湖南、湖北,王广新执笔甘肃、青海,孙宇执笔山东、陕西,王艳芝执笔北京、天津,吴守蓉执笔福建,揭芳执笔海南,周景勇执笔江西。

　　研究生陈铭、蔡越等参与了资料收集和数据整理等编写工作,本书能付梓出版,他们也功不可没,在此一并致谢。

　　由于缺乏权威数据支撑,部分重要指标迟迟未能如愿纳入 ECCI。受作者水平所限,书中不足之处,恳请读者批评指正!

法 律 声 明

　　"皮书系列"（含蓝皮书、绿皮书、黄皮书）之品牌由社会科学文献出版社最早使用并持续至今，现已被中国图书市场所熟知。"皮书系列"的LOGO（▨）与"经济蓝皮书""社会蓝皮书"均已在中华人民共和国国家工商行政管理总局商标局登记注册。"皮书系列"图书的注册商标专用权及封面设计、版式设计的著作权均为社会科学文献出版社所有。未经社会科学文献出版社书面授权许可，任何使用与"皮书系列"图书注册商标、封面设计、版式设计相同或者近似的文字、图形或其组合的行为均系侵权行为。

　　经作者授权，本书的专有出版权及信息网络传播权为社会科学文献出版社享有。未经社会科学文献出版社书面授权许可，任何就本书内容的复制、发行或以数字形式进行网络传播的行为均系侵权行为。

　　社会科学文献出版社将通过法律途径追究上述侵权行为的法律责任，维护自身合法权益。

　　欢迎社会各界人士对侵犯社会科学文献出版社上述权利的侵权行为进行举报。电话：010 - 59367121，电子邮箱：fawubu@ ssap. cn。

社会科学文献出版社

权威报告·热点资讯·特色资源

皮书数据库
ANNUAL REPORT(YEARBOOK)
DATABASE

当代中国与世界发展高端智库平台

S 子库介绍
ub-Database Introduction

中国经济发展数据库

涵盖宏观经济、农业经济、工业经济、产业经济、财政金融、交通旅游、商业贸易、劳动经济、企业经济、房地产经济、城市经济、区域经济等领域，为用户实时了解经济运行态势、把握经济发展规律、洞察经济形势、做出经济决策提供参考和依据。

中国社会发展数据库

全面整合国内外有关中国社会发展的统计数据、深度分析报告、专家解读和热点资讯构建而成的专业学术数据库。涉及宗教、社会、人口、政治、外交、法律、文化、教育、体育、文学艺术、医药卫生、资源环境等多个领域。

中国行业发展数据库

以中国国民经济行业分类为依据，跟踪分析国民经济各行业市场运行状况和政策导向，提供行业发展最前沿的资讯，为用户投资、从业及各种经济决策提供理论基础和实践指导。内容涵盖农业，能源与矿产业，交通运输业，制造业，金融业，房地产业，租赁和商务服务业，科学研究，环境和公共设施管理，居民服务业，教育，卫生和社会保障，文化、体育和娱乐业等 100 余个行业。

中国区域发展数据库

以特定区域内的经济、社会、文化、法治、资源环境等领域的现状与发展情况进行分析和预测。涵盖中部、西部、东北、西北等地区，长三角、珠三角、黄三角、京津冀、环渤海、合肥经济圈、长株潭城市群、关中一天水经济区、海峡经济区等区域经济体和城市圈，北京、上海、浙江、河南、陕西等 34 个省份及中国台湾地区。

中国文化传媒数据库

包括文化事业、文化产业、宗教、群众文化、图书馆事业、博物馆事业、档案事业、语言文字、文学、历史地理、新闻传播、广播电视、出版事业、艺术、电影、娱乐等多个子库。

世界经济与国际政治数据库

以皮书系列中涉及世界经济与国际政治的研究成果为基础，全面整合国内外有关世界经济与国际政治的统计数据、深度分析报告、专家解读和热点资讯构建而成的专业学术数据库。包括世界经济、世界政治、世界文化、国际社会、国际关系、国际组织、区域发展、国别发展等多个子库。